海兰白蛋鸡

海兰褐蛋鸡

海兰灰蛋鸡

罗曼粉蛋鸡

罗曼褐蛋鸡

海赛克斯蛋鸡

罗斯褐蛋鸡

星杂 288 白蛋鸡

迪卡褐壳蛋鸡

伊莎褐蛋鸡

京白蛋鸡

京红 1 号

白耳黄鸡

仙居鸡

麻城绿壳蛋鸡

苏禽绿壳黄羽蛋鸡

苏禽绿壳黑羽蛋鸡

新杨白壳蛋鸡配套系

现代化蛋鸡舍

林下蛋鸡养殖

生态循环蛋鸡养殖

全自动喂料机

条垛堆肥技术

自动饮水系统

畜禽高效养殖技术丛书

蛋鸡高产技术问答

主编　张莺莺　宋云清

河南科学技术出版社

·郑州·

图书在版编目(CIP)数据

蛋鸡高产技术问答 / 张莺莺,宋云清主编. —郑州:河南科学技术出版社,2014.6

(畜禽高效养殖技术丛书)

ISBN 978-7-5349-6927-0

Ⅰ.①蛋… Ⅱ.①张…②宋… Ⅲ.①卵用鸡-饲养管理-问题解答 Ⅳ.①S831.4-44

中国版本图书馆CIP数据核字(2014)第098706号

出版发行:河南科学技术出版社

地址:郑州市经五路66号　　邮编:450002

电话:(0371)65737028　65788613

网址:www.hnstp.cn

策划编辑:陈淑芹

责任编辑:陈　艳

责任校对:柯　姣

封面设计:宋贺峰

版式设计:栾亚平

责任印制:张　巍

印　　刷:郑州龙洋印务有限公司

经　　销:全国新华书店

幅面尺寸:140 mm×202 mm　　印张:10.5　　彩插:4　　字数:250千字

版　　次:2014年6月第1版　　2014年6月第1次印刷

定　　价:18.00元

本书编写人员名单

主　编　张莺莺　宋云清

副主编　梅承君　董翠翠　闫红建

编　者　李华民　张　玉　陈　悦　赵全成

　　　　宋　歌　李超雷　高卫东　华书嫱

前　言

随着社会经济的发展和人们生活水平的提高，人们的生态环保意识、食品安全意识和社会效益意识不断增强，也对畜牧业发展提出了新的挑战，要求畜牧业向质量效益型和生态效益型转变。为优化产业结构，提高养殖效益，近年来我国积极推动蛋鸡产业从散养向适度规模化、标准化、专业化方向迈进，大力倡导生产绿色、安全、无公害的蛋鸡产品。随着散养户的退出和规模化进程的推进，中小规模化蛋鸡养殖场数量激增，一些劣势和问题也很快凸显出来，如养殖场设计不合理、设备设施落后、饲养管理不规范、种禽使用不合理、生产工艺不科学等，尤其是技术落后、粪污无害化处理滞后、疫病防控能力差、发病率和死亡率高等，导致蛋鸡生产效率低，难以提高质量和效益，给广大蛋鸡养殖户带来了巨大的风险和经济损失。

为了满足广大蛋鸡生产者对现代蛋鸡生产技术的需要，传播蛋鸡科学养殖理念和知识，促进养殖户蛋鸡生产技术和经营管理水平的提高，我们根据蛋鸡养殖在经营管理、蛋鸡良种、鸡场规划、饲养管理、疫病防治、粪污处理等方面可能遇到的普遍问题，总结我国蛋鸡生产的经验和教训，吸纳国内外有关蛋鸡养殖文献资料中的最新研究成果，以宣传安全、健康、生态、环保、

高效的养殖理念和实用技术为重点，编写了这本《蛋鸡高产技术问答》。本书注重系统性、先进性、适用性和实用性，内容深入浅出，语言通俗易懂，可供从事蛋鸡养殖业相关的科研人员、生产管理人员和技术人员使用和参考。

本书在编写过程中，参考了大量专家、学者发表的文献资料、同类书籍和研究报告，以及国际和国家颁布的饲养标准等，在此深表感谢。由于编者水平有限，编写时间仓促，书中可能存在疏漏和不足之处，敬请同行和读者批评指正。

编者

2014 年 2 月

目 录

一、蛋鸡高产基础知识

1. 鸡有哪些经济生物学特性?

鸡的经济生物学特性，是指与其生产性能相关的生物学特性。从事养鸡生产，首先要熟悉鸡个体及鸡群与生俱来的生物学特性和活动规律，根据这些特点，为之提供适宜的生活设施和条件，才能达到健康高效生产的目的。

(1) 代谢旺盛和体温高。鸡代谢非常旺盛，鸡的心跳次数可达160~470次/分，平均心率在300次/分以上。蛋鸡（图1-1）的心率受体型、年龄、性别和环境等因素的影响。体型小比体型大的心率高，幼禽比成年禽心率高，公鸡比母鸡和阉鸡心率低，环境温度高、噪声、惊扰都会使鸡的心率增高。蛋鸡的平均体温为41.5℃，体温的维持主要依靠鸡体内物质代谢产热，因此，蛋鸡既要维持体温，又要生长发育和产蛋，尤其需要充足的能量供应，如果日粮中营养物质不能满足其需要，蛋鸡就很难发挥最佳的生产潜能。

(2) 繁殖潜力大。如果我们在显微镜下观察鸡的卵巢，可发现其中有超过1.2万个卵泡，不禁惊叹蛋鸡如此强大的繁殖能力。现代蛋鸡品种选育尤其重视蛋鸡的繁殖性能，使蛋鸡的这一性能更加突出。优良蛋鸡品种的高产个体，年产蛋可达300个以上，大群产蛋已经达280个以上，如果孵化率为70%，一只母鸡

图1－1 蛋鸡

就可繁殖200只鸡苗。公鸡繁殖能力也很强。正常情况下，一只种公鸡一天可交配40次以上，平均10次/天。公鸡母鸡以1:(10~15)的比例配种，可获得很高的受精率。鸡的精子活力很强，通常在母鸡输卵管内可存活5~10天，最长达30天以上。现代蛋鸡生产为进行大规模人工孵化，利用鸡精子寿命长这一特点，提前为蛋鸡进行人工授精，受精率也得以提高。受精蛋5~15℃贮存10~20天，仍可孵出小鸡。

(3) 日粮营养要求高。鸡蛋含蛋白质、脂肪、矿物质、碳水化合物和多种维生素等丰富的营养物质。蛋鸡日粮必须含有丰富的营养物质，才能满足蛋鸡产蛋的需要。鸡的粗饲料利用率很低，除了盲肠可消化少量粗纤维，其他部位不能消化纤维素。因此，为保障高产，必须供给蛋鸡全价高质量的日粮，以精料为主，粗纤维含量不应超过5%。此外，鸡的消化道短，饲料食入后4小时左右就被排出，针对这一点，生产中要让蛋鸡少食多餐，在满足蛋鸡营养需要的同时，防止饲料浪费。

（4）体温调节能力差。鸡的皮肤上除尾部上方的尾脂腺外，没有汗腺等其他腺体。当环境气温较高时，无法通过汗液蒸发散热，只能依靠张口增加呼吸次数来散热。因此，鸡的体温调节能力是非常有限的。环境温度在 7.8 ~30 ℃范围内时，鸡可保持健全的体温调节机能。否则，鸡就会出现低温和高温反应，尤其是高温反应更加明显，高温环境易造成鸡的高温应激，对鸡的生长、健康和产蛋产生不良影响，蛋鸡最佳环境温度为 15 ~23 ℃。

（5）对环境变化敏感。蛋鸡天生胆小、神经敏感。当鸡舍中突然出现噪声、鲜艳的颜色和陌生人时，鸡会惊恐不安，乱飞乱叫，这种现象俗称“炸群”。这主要是因为鸡的听力和视力较好，嗅觉能力较差。因此，蛋鸡饲养环境一定要保证安静。蛋鸡对光照也很敏感，其性成熟的快慢受光照时间的影响。产蛋期应注意保持合理的光照时间，否则会引起换羽停产。此外，环境的温度、湿度和通风等都会影响鸡的健康和产蛋。

（6）抗病能力差。因为鸡的身体构造特殊，同样环境条件下，鸡比其他家畜禽的抗病能力相应较差。第一，鸡的肺脏与体内各个部位的气囊相连，空气中的病原体可沿着呼吸道进入肺和气囊，继而进入体腔、肌肉和骨骼中，可以说呼吸道是鸡防御病原微生物的第一道屏障。第二，鸡无横膈膜，腹腔感染易传染胸部器官。第三，鸡的生殖孔与排泄口都在泄殖腔，产蛋易受污染。第四，鸡无淋巴结，不能阻止病原体在体内通行。因此，鸡易患呼吸道传播疾病，鸡病防治是养鸡成败的关键环节。

（7）生长发育有规律。蛋鸡生长发育和体重增长有其规律性，10 ~20 日龄雏鸡相对增长最大，随着年龄增长相对增长减慢，绝对增长加快，增长到一定程度，绝对增长又会逐渐减少。

（8）适应工厂化饲养。鸡天生喜爱群居，行动灵活，饮水少，粪便尿液较稠，这都是鸡高密度饲养管理的有利条件。为提高蛋鸡生产效率，充分发挥蛋鸡遗传潜力，现代养鸡通常采取工厂化饲养方式。先进的工业设备、一流的养殖技术、科学的管理经营是工厂化养鸡的几个要素。

2. 从事蛋鸡生产首先要考虑哪些问题?

选择从事蛋鸡生产，必须充分考虑以下几个问题。

(1) 确定适宜的饲养规模。有很多农户认为，饲养规模越大越能提高经济效益，其实不然。从养鸡发展史来看，一般情况下，规模越大反而生产效率有降低的趋向。这是因为规模大，单位成本反而增加，单位效益相应下降，只有适度规模才是最佳选择。那么多大规模才算适宜呢？规模和群体大小的确定，应由自身的财力物力、掌握的养殖技术、市场需求、料蛋比、周围的环境和卫生条件、是否有完善的养鸡设备等因素来决定。饲养规模水平不同，目标市场定位也不同。小规模饲养的销售对象可定位在低收入人群和乡镇、农村消费市场；中等规模饲养可定位在中等发达城市地区和中等收入人群的消费市场；较大规模饲养可定位在国内各大城市、国际消费市场和高收入群体的消费市场上。

(2) 充分认识蛋鸡饲养的风险。从事蛋鸡生产，一定要避免盲目跟从，生产经营决策一定要慎重。许多养鸡农户在蛋价和利润上升时一哄而上，当单价和利润下降时便一哄而下，导致蛋鸡存栏量波动变化太大，蛋价背离价值规律，形成明显的周期性波动，让养鸡农户不堪重负。蛋鸡产业不仅疾病风险大，市场价格波动风险也很大。H7N9 禽流感给养禽业带来的强烈冲击就是最好的例子，也警示经营者一定要头脑清醒，认识到风险的存在，有抗风险的心理准备，具备抗风险的经济实力。

(3) 要有雄厚的经济基础准备。从事现代养鸡生产必须具备相应的经济基础。规模化、标准化养鸡是重要的发展方向，也对鸡场环境、鸡舍、设备等提出了更高的要求，这是做好蛋鸡卫生保健、搞好疫病防治、保障蛋鸡生物安全的需要。许多养鸡农

户考虑欠妥，盲目从事规模化养鸡生产，最终付出了一定的代价。由于经济实力差，硬件设施跟不上，管理方式粗放，鸡舍内冬天冷夏天热，导致蛋鸡疫病不断发生，还要投入大量药物来控制疫病，蛋品质量安全受到严重影响，损失惨重。

3. 发展蛋鸡养殖应从哪几方面抓起？

由于鸡蛋在人们的日常生活消费中不可缺少，蛋鸡业将不会消失，发展也将越来越好，是农民增收致富的一个有效途径。但养蛋鸡机遇与风险并存，为提高蛋鸡生产经营效益，一定要抓好以下几个方面。

（1）品种要选好。蛋鸡的品种和质量直接影响产蛋量的高低和生产效益。要提高养鸡经济效益，首先要根据经营方向、饲养方式和市场价格因素，选择总体经济效益较好的优良品种。优良的蛋鸡品种必须具备以下特点：生产性能高的遗传性，群体间无遗传差异，适应能力和抗病能力强等。优良祖代鸡品种经过科学的饲养管理，能确保生产出高遗传性能的父母代种鸡；高遗传性能的父母代种鸡在一致良好的饲养条件下，能保证种鸡健康整齐，生产合格一致的种蛋；这些种蛋经科学孵化和严格的免疫，能保证得到大小一致和抗体一致的高质量的4A级商品雏鸡。

（2）饲料要选好。饲料的质量不仅影响蛋鸡的产蛋性能，还直接影响蛋鸡的健康和免疫应答水平。选择性价比高的饲料，可以提高养鸡的产出效益，是实现养殖回报的关键。蛋鸡的不同生理阶段需要不同的营养，应按阶段分别配制。目前有三类饲料产品，全价（配合）饲料、浓缩饲料和添加剂预混合饲料。①全价（配合）饲料按蛋鸡营养需要配制，可直接饲喂，不需添加其他饲料即可满足蛋鸡对各种营养物质的需求。②浓缩饲料由蛋白质、矿物质、微量元素、维生素和非营养性添加剂等按比例配制的混合物，再与一定比例的能量饲料配合，即成为营养基本平衡的配合饲料。这类饲料的意义在于，减少能量饲料的来回运输，节省费用，降低成本，还能解决农村蛋鸡蛋白质饲料短缺的问题。在使用蛋鸡浓缩料时一定要注意，因饲料中营养物质浓度高，不能直接饲喂蛋鸡，必须按一定比例与能量饲料相互配合后饲喂。③添加剂预混合饲料含有一种或多种微量成分，加有载体和稀释剂的均匀混合物，是浓缩料和全价配合饲料的重要组成部分。具有完善饲料营养价值、提高饲料利用率、促进蛋鸡生长、增进蛋鸡健康水平、改善蛋品品质、降低成本和提高效益的作用。

（3）饲养管理要科学。饲养管理对蛋鸡生产性能的影响程度非常大，往往超过遗传因素造成的影响。饲养环境直接影响鸡的生长发育、繁殖产蛋和健康水平，因此，饲养环境的人工控制尤其重要，在温湿度、通风换气和光照等方面要尽可能最适宜蛋鸡的需要。在硬件设备和饲养方式的选择上，要尽量避免蛋鸡应激的发生，科学管理，防止饲料的浪费。

（4）构建健康安全保障体系。现代蛋鸡生产饲养密度大，疫病风险很大。健康保障体系科学合理，卫生防疫制度规范，重大疫病预警机制健全，有效控制传染源，切断传播途径，净化生产环境，是蛋鸡健康安全生产的关键。应重视鸡场环境卫生，合理规划鸡场布局，严格执行消毒制度，建立切实可行的免疫程序，坚持全进全出制度，制定高效的药物预防方案，严格执行废弃物处理制度，建立疫情预警系统和应急预案，全方位构建健康安全保障体系。

（5）经营管理要现代化。传统养鸡场的经营管理方式陈旧、决策盲目，直接影响到企业的生存与发展。在经营管理方面，应与时俱进，学习现代企业管理模式中的精华，促进企业科学决策和规范管理，达到提高生产效益的目的。第一，改进组织管理机构和决策机制。如家族式企业所有权和经营权应适当放开，解决

企业管理跟不上企业发展的矛盾。第二，改善用人机制，提高员工福利，加强员工培训，逐步实践“人本管理”，发挥知识经济的优势。再次，要树立生物安全意识，强化管理。第四，财务管理应规范健全，做好成本分析和生产效率分析，为企业发展状况的判断和改进提供准确依据。

4. 我国蛋鸡生产的特点?

蛋鸡生产仍是我国农民致富增收的重要产业。目前，我国蛋鸡业已进入理性发展阶段，总体朝着规模化、标准化和产业化方向发展。

（1）蛋鸡生产有一定风险。蛋鸡生产的制约因素很多，特别是疫病因素，长期困扰行业发展、阻碍蛋品国际贸易步伐，也成为食品安全问题的隐患。我国蛋鸡生产疫病防控体系还不健全，疫病控制难度大，造成蛋鸡生产有一定风险。同时市场因素的千变万化，也是影响蛋鸡生产的主导因素，优胜劣汰的市场机制，公平又无情，为蛋鸡生产的未来增加了一份不确定性。

（2）蛋品市场需求的持续性和波动性。蛋品市场的需求是持续不断的，但同时又是波动变化的。首先，其他畜禽消费产品日益丰富，人们以禽肉、蛋为主体消费对象的状况受到遏制；其次，蛋品消费总量的上升与人口增长因素相关；再次，国内蛋品市场受传统节日影响，价格上下波动。能否做到供蛋高峰期与市场需求高峰期相吻合，是蛋鸡经营者能否获利和获利多少的重要因素之一。

（3）蛋鸡生产的波动变化。这个特点是由蛋鸡的特点决定的。蛋鸡鸡群的产蛋量具有初期少、高峰期多、后期少的变化特点，在生产中呈现波浪式变化。

（4）蛋鸡生产的周期性变化。一般蛋鸡的生产周期为500天，140天为后备阶段，为资金投入期，360天为产蛋阶段，为资金回收期。第一个产蛋周期结束后，母鸡换羽陆续停产，此时必须人工强制换羽，否则就要更新鸡群。换羽后第二个产蛋年，产蛋量比第一个产蛋年低约30%。

5. 现代化蛋鸡生产的特点？

充分了解现代蛋鸡生产的特点是经营者从事蛋鸡生产能否获利的重要前提。以生产水平为标志，现代养鸡生产可总结为“三高一低”，即产品生产率高，饲料报酬率高，劳动生产率高，生产成本低。

（1）生产专业化、规模化。规模化、专业化的优势区域生产是现代农业发展的一大趋势，是一种比较理想的资源整合方式。我国广大蛋鸡养殖户以目前的经济和技术水平，大多很难依靠自身实现规模经营，但小企业和农户如果以产业区的方式进行重新组织，应用现代科学技术成就，充分发挥企业优势，以前所未有的效率最大限度地把饲料变为蛋鸡产品，供应市场需要。集中搞好一个产业，能将小企业和分散的农户联合起来，形成“以小搏大”的竞争优势。同时在一定的区域内的专业化生产，能发挥出特色优势，并不断地提高产品的质量和档次，争创优质高效，实现人无我有、他有我优的局面，逐步形成自己的名牌优质产品。在专业化的基础上，不断横向扩张，增加品种；纵向拉长，系列发展，逐步形成一业为主、关联产业并存的产业化格局。

（2）管理机械化、自动化。现代养鸡运用现代科学技术成果，从给料、供水、集蛋、除粪、屠宰到加工等各个生产环节，都采用机械化和自动化，饲养人员仅需操作机械和监视鸡群。在先进国家，利用电脑将生产管理过程编成程序，实行自动化管理（图1-2）。国外一个人可管理5万~10万只鸡群，国内一个人可管理1万只以上的鸡群，提高了劳动生产效率，保证了管理规

范化，极大地提高了管理水平。

图1－2　蛋鸡养殖自动化管理

（3）鸡种品系化、杂交化。在育种专业上有纯种和杂种的概念区分，对生产而言，其含义已经不是那么重要，关键是配套系的配合力和反映在生产性能的数值和指标。现代养鸡普遍使用高产的专门化品系及其配套筛选的杂交种，保证高产、稳定和整齐的生产性能及良好的适应性。

（4）营养全价化、平衡化。在饲养上保证了营养的全价化和平衡化。既不使营养不足影响蛋鸡的生产性能，又不会导致营养物质超量，造成饲料的浪费。

6. 现代蛋鸡生产体系包括哪些主要环节？

（1）良种繁育体系。建立良种繁育体系，以现代遗传育种理论为指导，以丰富的品种资源为基础，选育出经济性状突出的配套系，满足现代养鸡生产对优质高产、专门化、规格化的优良蛋鸡品种的需求。

（2）饲料生产体系。饲料生产体系应具备科技含量高、经济效益好、资源消耗低、环境污染少的特点，饲料检测体系和饲料法律法规体系健全，饲料企业卫生制度完善，饲料企业国际竞争力强，有能力实现安全、优质、高效生产，能够确保饲料产品供求平衡和饲料卫生质量安全，才能满足现代蛋鸡生产持续健康发展的要求。

（3）鸡舍设备供应体系。良好的设备环境条件是充分发挥蛋鸡的生产力和保证蛋鸡高效生产的重要因素。这一体系主要提供鸡舍结构设计和设备用具。在充分考虑环境因素对蛋鸡生产性能影响的基础上，将鸡舍的一般结构型设计与鸡笼的布局、通风、温度、光照因素统一起来考虑，设计建造适应不同生理阶段的鸡舍，采取人工控制温度、湿度、光照、通风等措施，使蛋鸡生产不受季节影响，全年连续生产。

（4）生产经营体系。现代养鸡生产是一个复杂的生产系统，各个生产环节紧密关联、相互制约，只有采用一套先进和科学的经营管理方法，才能保证生产活动有序高效。

（5）禽病防制体系。禽病是威胁养鸡生产的关键因素。现代养鸡生产要认真贯彻“防重于治，养防结合”的方针，重在预防和控制，采取疾病净化、全进全出、隔离消毒、做好免疫、培育抗病品系，辅以投药预防等预防措施，建立一套完整的预防和控制体系，构成现代养鸡的健康保障体系。

（6）环境保护体系。该体系的建立，目的是创造一种最佳的蛋鸡生产环境，促进鸡场生态环境良性循环，减少蛋鸡养殖对环境的污染。建立现代蛋鸡生产环境保护体系可从以下几个方面考虑：①根据蛋鸡生产工艺流程要求，合理规划鸡场建设环境设计。②通过日粮调控，降低对环境的污染。③应用微生物制剂进行生态养殖。④合理安排饲养密度。⑤控制饲料成分，重视饲料

质量安全。⑥加强对病死鸡的处理。⑦建立粪尿及垫料混合物的无害化处理系统。

(7) 产品处理加工销售体系。现代养鸡生产的最终目的在于提供质优价廉的禽蛋产品，既要保证生产，又要维护消费者利益，因此，产品的处理、加工和销售也构成现代养鸡业发展的重要环节。

7. 我国鸡蛋产品市场有何特点?

(1) 蛋鸡养殖生产成本较高。我国蛋鸡产业整体来看仍具有小规模、大群体的特点，这就导致饲料、兽药、设备和鸡种等大部分生产要素都需通过中间商获得，成本相对较高。近年来，城市化进程的加快推进对养殖空间造成严重挤压，许多老鸡场不得不面临搬迁，承受巨大压力，而新场建设用地的审批手续烦琐，土地成本高，极大地限制了禽业的发展。而随着养殖行业的迅速发展，人力资源严重缺乏，人力成本不断上升也使企业招工难的现状雪上添霜。2014 年 1 月 1 日开始施行的《畜禽规模养殖污染防治条例》，在养殖污染防治和畜禽粪便无害化处理等方面，对企业提出了严格的要求，也让企业的投入成本增加。此外，饲料原料、设备、水电、运输、防疫等成本高涨，再加上疫病特别是禽流感的卷土重来，造成供求失衡，带来巨大的市场波动，使蛋鸡业的养殖成本增高，严重影响了养殖企业的盈利能力，甚至出现亏损的局面。

(2) 鸡蛋价格在盈亏临界点上下大幅波动。价格是否稳定合理是判断一个产业是否健康发展的主要指标。尽管长时期来看我国鸡蛋产品市场价格趋于稳定，但从短期来看我国鸡蛋价格波动较大。我国是鸡蛋生产大国，鸡蛋产量自 1985 年以来连续 25 年位居世界首位，但由于我国 80% 的鸡蛋产品来自散养户和小规模鸡场，仍是一个蛋品产业弱国。这种“小规模大群体”的饲养模式给我国蛋鸡生产带来诸多问题，由于生产条件不规范和大量抗生素的滥用，疫病防治难度加大，疫病风险也让市场鸡蛋的价格波动剧烈。此外，大量中小规模养殖及散养户的存在，阻碍了我国蛋鸡生产产业化进程，使我国鸡蛋价格长期低迷，再加上饲料、人工等成本增高，为减少亏损，蛋鸡养殖户纷纷忍痛卖蛋鸡，导致市场供不应求；蛋价上涨后又盲目扩大规模，导致供大于求，蛋价暴跌。此与“猪周期”相似，由于盲目跟风缺乏理性指导，导致鸡蛋价格也难逃“涨跌怪圈”。

（3）鸡蛋产品市场受疫病影响较大。随着蛋鸡高密度集约化饲养与其他畜牧业生产方式的改变，蛋鸡产品地区间的频繁流动，自然生态的改变和破坏，气候与其他环境因素对蛋鸡和它们之间相互关系的影响，多年自然进化形成的蛋鸡和病原体之间的相对稳定状态遭到破坏，使蛋鸡健康时刻受新的传染性疾病的威胁。此外，环境毒物、抗生素滥用等问题不断加剧，造成大量混合感染和交叉感染，导致我国蛋鸡疫病复杂，致病微生物耐药性增强，给防治带来巨大的困难，使我国蛋鸡生产面临前所未有的严峻挑战。自2013年3月底在上海和安徽两地发现人感染禽流感之后，消费者“谈禽色变”，不仅给种禽企业和养殖场户造成重大经济损失，还为后期市场有效供给埋下隐患，造成家禽产业元气大伤。今后蛋鸡业在积极寻找禽流感应对措施的同时，也要通过产业提升、防疫提升和产品提升，构建更科学的防疫体系，加强对产品质量的监控，为社会提供安全无污染的产品。

（4）地区消费习惯、家庭特征、认知水平影响鸡蛋产品市场我国是世界上的鸡蛋生产和消费大国，鸡蛋是我国城乡居民不可缺少的重要食品消费品之一。各地人们的生活习惯和消费心理差别很大，这种差别随着人们生活品质的提高显得更为突出。经济发达地区，人们的购买力较强，对无公害鸡蛋、绿色鸡蛋有较大的需求；而欠发达地区这种需求较少。有未成年孩子的家庭，

鸡蛋的消费量不仅多，也更关注鸡蛋的营养价值。此外，人们的年龄、性别、受教育程度、职业差别以及对鸡蛋安全标准的认知水平，也极大地影响其对鸡蛋的选购和消费，如受教育程度高、重视食品安全的消费群体对绿色无公害鸡蛋和功能性蛋品（高碘蛋、富硒蛋、高锌蛋、低胆固醇蛋等）的市场需求量较大。

8. 我国蛋鸡生产亟待解决的现实问题有哪些?

当前我国禽蛋消费基本维持在年人均消费 17～18 千克的水平，继续大幅上涨的可能性不大，整个蛋鸡产业进入缓慢增长的“平台期”，产业发展趋于饱和，蛋鸡生产的竞争加剧，即使丰产也不一定丰收，甚至会出现亏损的局面。我国蛋鸡生产主要面临以下现实问题:

（1）蛋鸡生产成本控制问题。目前我国蛋鸡数量及产品产量居世界前列，但产业发展水平与世界先进国家相比存在较大差距，育种水平低下，养殖规模偏小、管理水平落后、设备技术水平落后、产业质量安全管理和保障体系不健全等，致使蛋鸡的单产水平、成本控制和质量控制落后于发达国家。尤其是蛋料比达不到正常水平，3:1 的蛋料比使饲料成本居高不下。因此，现代蛋鸡生产的努力方向是控制发展总量，提高单产水平和总体质量，大幅度地节约成本。如果我国蛋鸡的社会平均单产水平能提高到 15 千克，蛋鸡存栏量就可压缩 3 亿～4 亿只，按每只鸡 20 元投资成本计算，每年可节省投资成本 60 亿～80 亿元。

（2）产品质量问题。生产绿色、安全、营养、健康的蛋品是现代蛋鸡生产重要的发展趋向。而要坚守高质量生产，就必须付出高昂的成本。市场价格的限制和利润空间的压缩使高品质鸡蛋的生产成为蛋鸡生产企业最大的软肋。影响鸡蛋质量与安全的重要因素主要是疫病控制、沙门菌检疫、药物残留控制及饲料原料品质控制。蛋鸡养殖小规模大群体分散饲养带来诸多食品安全隐患。首先是疫病防控能力差。由于农户养殖设备简陋、鸡舍布局不合理、防疫体系不健全、技术力量薄弱，不能做到科学饲养和全进全出，容易造成鸡群交叉感染，影响产品质量。其次是养殖户疫病防控认知上存在误区，如缺乏抗体检测手段、疫苗使用和免疫程序不科学、过分依赖疫苗和滥用疫苗。此外，违禁药物的使用和药残问题，农村兽药、疫苗和饲料等投入品市场难以统一管理和运行不规范，鸡舍环境卫生差带来的鸡群健康等问题，都会导致微生物污染和蛋品质量安全难以把控。蛋鸡养殖企业应面对市场，树立创造优质产品品牌的理念，认识到品牌优势，科学饲养管理，生产适应国际市场需求的产品，逐步将中国的鸡蛋产品打入国际市场。

（3）产品层次单一问题。我国的蛋品加工技术与工艺还比较落后，蛋制品主要是咸蛋、皮蛋等传统品种，而蛋品加工机械自动化及清洗、消毒、分级蛋、液体蛋、分离蛋、专用蛋粉、生化制品等方面与国外蛋鸡生产相比仍比较落后，缺乏优质高档的鸡蛋产品，无法满足不同消费群体的需求。应该加强这些方面的科学研究和技术推广工作，根据市场需求组织生产，参照国际蛋品分级标准的要求，制定蛋品分级标准，提高蛋品附加值，满足不同偏好消费者的蛋品需求，把产品打入国际市场，进而稳定蛋鸡生产、稳定市场价格，这是蛋鸡产业化经营的核心。

（4）小规模、大群体的产业结构问题。我国蛋鸡生产小规模、大群体的基本结构形成的主要原因是我国农村经济欠发达，生产模式以小农户经营居多。由此带来的市场价格大幅波动、不能有效配置和利用资源、技术支撑体系不足、不利于规模化产品深加工等缺陷也越来越明显地显现了出来，严重制约着我国蛋鸡产业的可持续发展。要解决这些问题，必须不断优化产业结构，发展中等规模为主体，大、中、小规模并存的复合型蛋鸡产业结构模式，引导和鼓励蛋鸡产业向产供销一体化发展，强化蛋鸡产

业产品深加工能力，加强市场潜力的开发，强化品牌战略意识，减少中间环节，降低交易成本，形成规模效益，创造全年比较均衡的供应环境。

（5）环境污染问题。重视环保已经成为我国的一项基本国策，发展养鸡生产必须充分关注环保，不可小视养鸡生产的污染问题。鸡的肠道短，代谢率高，饲料过肠快，粪便中有机物残留比其他家畜粪便多，氮、磷流失大，对环境中空气、土壤和水质造成污染（图1－3）。鸡生长可释放大量氨气、硫化氢、二氧化碳、一氧化碳和氧化氮等各种有害气体，既影响鸡的生长发育，又污染空气，损害人类健康。配合饲料中添加剂的不合理使用，使鸡蛋产品和鸡粪中残留大量的抗生素、化学合成药物，对蛋鸡产品质量安全、蛋鸡的健康和安全、人类的生命安全和健康造成不良影响。此外，养鸡还会造成某些病原微生物，铜、锌等重金属物质对环境的污染。蛋鸡企业应注重环境保护和勇担社会责任，建设蛋鸡场应充分考虑到周边群众的利益，除了为村民提供

图1－3　某地三个鸡粪场熏臭四个村，污染严重

就业机会，还应利用生物治污工程为周边乡村农田提供清洁能源和有机肥，促进种植业的发展，走循环经济养殖道路。

（6）鸡蛋产品的品牌和商标问题。分散饲养没有品牌，鸡蛋基本上属于初级农产品，鸡蛋的质量也难以得到保证。由于环境条件、饲料等方面的原因，鸡蛋成为一种有安全和健康风险的食品。而禽流感带来的恐慌让大家更是感受到了吃鸡蛋的风险。严峻的现实迫使越来越多的消费者追求绿色、健康和安全的鸡蛋产品，这无疑给蛋鸡生产企业带来了巨大的挑战和商机。好的品牌靠的是品质优良的产品，并且长期不断地打造和维护培育而成。品牌经过设计商标、注册登记，就取得了某个品牌的专利权，并受到法律的保护，而商标也是构建消费者和商家之间信任感的重要渠道。中国鸡蛋依靠品牌带动产业发展已成为蛋鸡业发展的方向。消费者的认牌购货也将积极地促进我国绿色食品的发展。

9. 我国农户中小规模蛋鸡生产存在哪些突出问题？

我国蛋鸡产业的整体素质不高，蛋鸡生产水平与国际先进水平存在较大差距，而农户蛋鸡生产方式落后是制约我国蛋鸡生产发展的重要因素。在我国当前农村社会生产力发展水平条件下，农户中小规模的蛋鸡生产存在以下突出问题：

（1）生产规模化程度低。农户从事蛋鸡生产因资金有限，养殖规模都较小。

（2）生产劳动效率低。养殖观念落后，蛋鸡生产主要以手工业为主，劳动效率低。

（3）鸡舍环境控制水平差。生产设施简陋，生产布局不合理，鸡舍内小环境得不到很好的控制，养殖环境脏、乱、差，蛋鸡生产水平低。

（4）疫病防控难度大。由于鸡舍简陋，鸡舍内环境控制能

力差，育雏鸡、育成鸡和蛋鸡饲养无法做到有效隔离，生产经营方式普遍有着“小而全”特点，这使蛋鸡生产中疫病防控难度加大，鸡群死淘率较高。

（5）蛋品质量难以保障。由于鸡群生活在恶劣的环境条件中，鸡群健康难以得到保障，抗病力下降，生产中难免要广泛使用抗生素防控疫病，使得蛋品质量存在安全隐患。

（6）蛋鸡养殖经济效益不高。近年来，饲料、劳动力成本不断提高，养鸡生产成本支出增多，再加上农户生产水平低、劳动效率低、鸡群死淘率高等，大多农户蛋鸡生产效益都不高。

10. 蛋鸡产业的发展前景及方向如何？

蛋鸡产业是与人们的生活需求息息相关的产业，蛋鸡生产今后必须以提高鸡蛋质量和增强市场运作能力作为发展突破口。其基本发展方向如下：

（1）产品质量将是竞争的重要条件。鸡蛋质量已经成为消费者高度关注的焦点。从蛋的外观品质到内部质量，都已经成为影响蛋品销路和销售价格的重要因素。蛋的外观品质主要集中在蛋壳质地的均匀性、厚度，蛋壳颜色以及蛋重的大小；蛋的内部品质的衡量则包括蛋黄颜色、蛋白比例、蛋内异物等物理学指标；生物学指标则主要是蛋内微生物的类型与数量；化学指标则以化学药物的残留量为主要评价依据。

（2）规模化、专业化生产将成为主体。养鸡业形势的变化迫使占我国鲜蛋产量90%以上的小规模、大群体的饲养方式正走入死胡同，而代之以新模式。优化的蛋鸡产业结构形成了一个从养殖到餐桌的完整的畜牧业经济体系，主要优势表现在：实现了产供销一体化，以产业链上的龙头企业为中心，有效整合各种资源，提高了市场应对能力与综合竞争力；组织化程度提高，克服了家庭经营制度下的小规模生产与大市场流通的矛盾，实现了整个产业的协调发展；有利于推动技术创新及其成果的转化；行业组织以及合作组织作为政府与经营主体之间的联系中介，在实行自我管理与协调、维护市场竞争秩序的同时，作为行业代表，对政府政策的产生和实施将会产生深远影响。

(3) 区域化布局。伴随蛋鸡业的竞争加剧，利润趋薄和消费者对鲜蛋新鲜度等品质的苛求，促使鲜蛋就近生产、就近销售，从而形成区域市场。蛋鸡行业的市场调整步伐逐步加速，全国性的鲜蛋运销大市场逐渐弱化，取而代之的是区域性运销市场。

(4) 行业内整合加速。以蛋鸡产业的龙头种鸡业为代表，呈现出明显的整合过程。一方面龙头企业帮助小规模企业或农户提高资源利用效率，实施生产要素规模化采购，产品统一销售，降低交易成本，实施标准化的生产模式，提高和改善产品质量，带领广大小规模生产者或农户创造名牌产品，开发国内外的大市场和潜在市场；另一方面龙头企业也充分利用了以农户为主题的小规模生产的优势，降低了管理成本，迅速扩大了生产规模，这适合以生物为生产对象的产业要求。目前，政府正在通过龙头企业提高产业政策的实施效率和宏观管理效率。

(5) 技术升级成为突破行业发展瓶颈的关键点。行业利润的下降、疫病的困扰使养殖者生存压力增大，迫切需要降低风险、降低生产成本，目前最切实的办法是防止发生疫病，提高生产性能。为此，迫切需要蛋鸡生产者走技术升级的路子，即合理规划生产场，实行“全进全出制”

(6) 品牌产品将是消费主流。随着社会消费群体对食品安全和质量要求的提高，消费者越来越重视品牌，信任并购买注册商标的品牌鸡蛋或蛋制品。企业在市场竞争中必须创立自己的品牌，实施品牌战略，以品牌占领市场。

(7) 绿色蛋鸡产品认证和生产。这些年从国家政策法规、

社会舆论到人们的思想上都对绿色产品有了前所未有的关注和重视，人们对投入绿色事业的热情空前高涨。绿色产品是生产出来的，不是认证出来的，最终要通过市场的检验。应以认证为契机，严格、规范地生产绿色产品。鸡蛋产品绿色品牌的创立，要从饲料原料的无药残污染到生产过程的安全，甚至要延伸到鸡蛋产品加工领域加强管理，避免重金属、有害添加剂及微生物的新污染，保证产品在消费阶段具有无毒、无害和优良的品质。

二、蛋鸡高产环境控制技术

1. 环境控制与蛋鸡高产有何关系?

蛋鸡生产主要受蛋鸡品种、饲料、疫病、环境和管理水平等因素的影响，其中环境因素所起的作用占20% ~30%。蛋鸡生产力的表现是遗传和环境共同作用的结果。即使蛋鸡品种非常优良，具备了高产的遗传基础和潜能，其高产性能能否发挥出来还要看环境条件如何。因为标志蛋鸡群生产力的经济性状大多为数量性状，数量性状很容易受环境的影响，在一个群体的个体间其差异呈连续的正态分布，很难在个体间明确分组。数量性状的遗传力较低，占5% ~50%，也就是说数量性状的遗传50% ~95%取决于环境条件的优劣。因此，优良蛋鸡品种只有在适宜的环境条件下才能实现高产，蛋鸡生产中必须重视和做好蛋鸡场环境控制，主要包括舍内环境和舍外环境控制两部分。随着蛋鸡生产标准化规模化的发展，现代化、集约化养殖模式使蛋鸡处于与外界隔绝的密闭状态中，环境因素尤其是禽舍环境条件对生产的影响越来越大。研究表明，目前国内90%左右的鸡场环境条件不够合理，同国外发达国家相比，我国蛋鸡养殖在品种、饲料和疫病防控方面的差距逐渐缩小，蛋在环境控制技术与设施方面的研究与国外相差较远。当前，禽舍环境自动化控制技术成为国内外家禽生产研究、发展和应用的热点。

2. 如何看待蛋鸡养殖的污染防治问题？

随着我国畜禽养殖业的迅速发展，畜禽养殖量不断加大，养殖污染已成为农业农村环境污染的主要原因。为促进养殖污染防治，推动畜牧业转型升级，我国近年来积极践行生态文明理念，连续出台相关政策和措施，不断加大对畜禽污染的治理。2013年1月，环境保护部和农业部联合印发了《全国畜禽养殖污染防治“十二五”规划》；10月，《畜禽规模养殖污染防治条例》草案获通过。目的是运用法律手段，促进养殖污染防治，积极推动畜牧业转型升级，有效预防禽流感等公共卫生事件发生，保障人民群众身体健康。特别是《畜禽规模养殖污染防治条例》的出台具有分水岭的意义（图2－1），各级政府提高了养殖行业的准入门槛，加大了对畜禽污染治理项目的扶持力度，尤其对于龙头企业和规模企业来说，是压力，更是机遇。在这种形势下从事蛋鸡养殖必须立足长远、找准方向，不等政府来要求，积极践行生态、环保和健康的养殖理念，积极以高标准高目标塑造企业，才

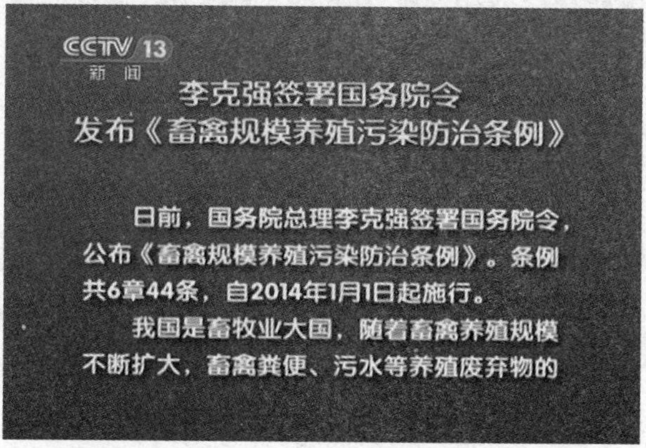

CCTV 13
新闻
李克强签署国务院令
发布《畜禽规模养殖污染防治条例》

日前，国务院总理李克强签署国务院令，公布《畜禽规模养殖污染防治条例》。条例共6章44条，自2014年1月1日起施行。
我国是畜牧业大国，随着畜禽养殖规模不断扩大，畜禽粪便、污水等养殖废弃物的

图2－1　国务院总理李克强签署国务院令发布《畜禽规模养殖污染防治条例》

能不断提升企业在未来的竞争力，才能实现蛋鸡养殖的优质、高产，在行业发展中立于不败之地。

3. 蛋鸡养殖如何办理环评？

环评就是环境影响评价，是指对规划和建设项目实施后可能造成的环境影响进行分析、预测和评估，提出预防或者减轻环境影响的对策和措施，进行跟踪监测的方法和制度。简单来说就是分析项目建成投产后可能对环境产生的影响，并提出污染防治对策和措施。按照国家相关法律规定，所有新建、改建和扩建单位都必须办理环评手续。

在建设蛋鸡养殖场之前，也必须办理环评手续。办理程序大致如下，首先到环保部门申请办理环评手续；然后到发改委办理立项手续；接着到国土资源局办理土地审批手续；由工商部门核准工程项目的名称；请有资质的环境评价机构做环评，编制环境影响报告书和报告表（图2－2），编制单位会按照国家有关标准

图2－2　环评报告表和环评报告书

收取一定的费用。环保部门会根据项目情况和鸡场的选址，按照建设项目环境影响评价分类管理名录，确定申请者需要办理什么等级的环评文件。一般情况下，鸡存栏量为 3 万 ~ 10 万只，需编制环评报告表；鸡存栏量为 10 万只以上，需编制环评报告书。最后将环评文件报送环保部门审批，环保部门在环评办理过程中不收取任何费用。

4. 选择鸡场场址应注意哪些问题？

（1）节省土地。根据鸡场的性质、规模大小、经营范围、饲养方式、鸡舍的建筑形式等进行合理规划，尽量节省土地。其中生产规模和饲养方式是决定鸡场占地大小的主要因素，如地面平养、离地网养、笼养等不同，占地面积差别在 30% ~ 100%。育种场的建筑物面积占育种场总面积的 10% 左右。

（2）有利于降低建场费用。养鸡场基础建设投资较大，场地选择对建场费用影响较大，包括地下水位、建筑防潮、道路硬化、排水设施建造、鸡场四周绿化，隔离林带等。建商品鸡场一般尽量不要在经济发达地区，而种鸡场可以考虑在相对发达地区建场。

（3）有利于运输。交通要相对便利，方便物资、产品运输，降低运输成本，加强信息交流。

（4）便于防疫和消毒。便于严格执行各项卫生防疫制度和消毒措施，防止疫病的发生。

（5）方便生产和管理。便于合理组织生产，提高设备利用率和工作人员的劳动生产率。

（6）有利于保护环境。建立科学合理的养殖小区，便于加强粪便和污水的统一处理。

5. 鸡场建设要考虑哪些自然条件和社会条件?

（1）自然条件。

1）地形地势与占地面积。鸡场地形要开阔、整齐，不要过于狭长或边角太多，地势要高燥、平坦，最好稍有缓坡，以3%～5%为宜，利于排水。平原地区应避免在低洼潮湿或容易积水处建场，地下水位应在2米以下。选择向阳坡，可降低育雏费用，有利于鸡群健康。鸡场总相对坡度不超过25%，建筑区相对坡度在2%以内。靠近河流湖泊的地区要选择较高的地方，场地应比当地水文资料中最高水位高1～2米，以防涨水时被水淹没。在山区建场，不宜建在昼夜温差大的山顶，也不宜建在通风不良和潮湿低洼的山谷，应选择坡度不大的半山腰，坡度一般不超过25%。鸡场建设应远离沼泽地区。地势的高低直接关系到光照、通风等鸡舍基本条件。最好应充分利用自然的地形地貌，如树林、河川等作为场界的天然屏障。鸡场的占地面积因养鸡规模大小而不同，详细见表2－1。

表2－1　不同养鸡规模养鸡场的占地面积

养鸡规模（万只）	1	3	5	10	20
占地面积（$米^2$）	4 000～5 000	12 000～15 000	20 000～30 000	50 000～60 000	100 000～160 000
每只鸡占地面积（$米^2$）	0.4～0.5	0.4～0.5	0.4～0.6	0.5～0.6	0.5～0.8

2）土壤。对鸡场施工地段的地质状况进行全面了解，包括土层状况，同时具备一定的卫生条件。鸡场内的土壤，以沙质最为合适，因为沙壤土的土质疏松，透水性和透气性良好，能保证场地干燥；沙壤土排水、导热性小，合乎卫生要求。同时，土壤能自净。飞沙土地的鸡场，应做到排水良好，为便于场地的绿化，土壤应有一定的肥沃性。黏土、砾土地不宜建场，在条件许可的情况下应检测土壤的酸碱度、氮、磷、钾、重金属、氟化

物、农药残留、微生物种群数量等，以便及时了解鸡场的土壤环境质量。

3）水源水质。要求水源地水量充足、取用方便且便于防护。鸡场的总用水量可根据饲养规模及饲养方式、工作人员的耗水量、场区灌溉、绿化用水、消防用水的总和来确定。如鸡场地下水源充足，水质良好，可采用打井修水塔，建立供水系统，自给自足。如果在天然水塘、河流附近建场，水源附近应没有屠宰场和排放污水的工厂；鸡场应离居民点 2 000 米以上，避免城市污水的污染。尽可能将场址选在水源的上游，以保持水质干净，不受污染。水源周围要定期维护，不得有污染源存在。鸡场理想的水质应要求无异味、无臭味和无异色；水质澄清、不含有肉眼可见物；水质的酸碱度、总硬度、矿物质、有毒物质和微生物数等符合鸡饮用水标准。

4）气候及空气质量。应尽量选择在气候长年温暖、夏季无高温冬季无严寒的地区建立鸡场。在建设鸡场时要考虑保温和防暑降温设施，以取得最好的生产性能和经济效益。鸡舍内通风良好，保持空气新鲜。鸡场内有毒、有害气体和污染物含量（氨气、硫化氢、二氧化碳、可吸入颗粒物、总悬浮颗粒物、恶臭）应符合养殖相关标准。

（2）社会条件。

1）交通。鸡场应设置在环境安静、交通相对便利的地方。鸡场距离主要交通干线（如高速公路、一级公路、铁路等）要有一定的安全距离，距离要在 1 000 米以上，距离次级公路不少于 500 米，距离村、镇居民点至少 1 000 米。鸡场最好修建专用道与主要公路相连，以方便饲料、药物、疫苗、产品销售等与养鸡相关物资的运输。

2）电力。鸡场的饲料加工、采暖、通风、照明、孵化、生活用电等方面需要充足、可靠的电力供应；根据场内实际用电量的最大值，保证场内电力的供应充足；有条件的鸡场要具备停电应急措施，自备发电设备，配置的总功率至少为场内日常使用功率的1/3。养鸡场必须建在电力供应稳定的地方，大型鸡场最好是双路供电。因鸡场性质、生产规模、鸡舍类型、机械化和自动化程度的不同，鸡场的用电量与安装容量差异也较大。一般电力装机容量为：每只种鸡3~4.5瓦，商品蛋鸡每只2~3瓦。按每只鸡的年耗电量计算，密闭种鸡舍机械化程度高，为7~7.2千瓦·时；普通中小型鸡场为2~3.3千瓦·时。孵化场应有独立于正常电源的发电机组，供电网络中有独立于正常电源的专用的馈电线路。

3）环境保护。鸡场选址应参照国家有关标准规定，避开水源防护区、风景名胜区、人口密集区等环境敏感地区，远离村镇、城市。还要考虑鸡场污水的排放条件，对当地排水系统进行调查，污水去向、纳污地点、距居民区水源距离，这些都会影响到生产成本。厂址选择应考虑当地土地利用发展计划和村镇建设发展计划，要符合环境保护的要求。在水资源保护区、旅游区、自然保护区等绝不能投资建厂，以避免建成后的拆迁造成各种资源浪费。鸡场不得建在饮用水源、食品厂上游。标准化蛋鸡场鸟瞰图见图2－3。

图2－3　标准化蛋鸡场鸟瞰图

6. 鸡场建筑物应如何规划?

(1) 蛋鸡场建筑物的种类。

1) 生产用房：孵化室、育雏室、中雏室、大雏室、种禽舍、商品蛋鸡舍等。

2) 供应用房：饲料加工间、仓库等。

3) 行政用房：进场消毒室、办公室、资料室、实验室和修理所等。

4) 生活用房：宿舍、食堂等。

5) 粪污处理设施：粪场、粪库、污水池和化粪池等。

(2) 建筑物的合理规划。

1) 有利于防疫，如需考虑风向、地势等，如图 2－4 所示。

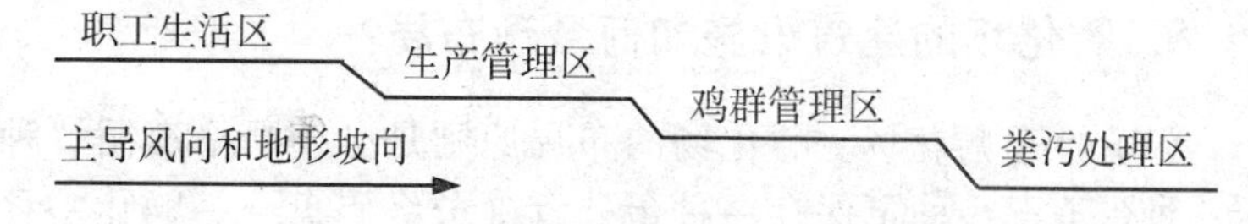

图 2－4 按风向和地势蛋鸡场的分区规划顺序

2) 生产区必须与行政区、生活区隔离、分开。

3) 孵化室与鸡舍要分开。

4) 运输饲料等的道路与污道要分开。

5) 便于生产管理及减轻劳动强度等。

具体来说，生产用房根据主导风向，按孵化室，育雏室、成年鸡舍等顺序排列设置。如主导风向为南风，则把孵化室和育雏室安排在南侧，成鸡舍安排在北侧。各幢鸡舍之间应有 30～50 米的间距，便于通风和防疫。行政管理区应设在与生产区风向平行的另一侧，距生产区 80 米以上。化粪池（堆粪池）应设在地势低洼的下风方向，距生产区最好在 250 米以上。生活区距行政区、供应区 100 米以上。

7. 孵化场位置如何选择?

孵化场是最怕污染又最容易被污染的地方，建成后很难变动，选择场址时一定要慎重，应注意以下几点：

(1) 选择地势较高、交通方便和水源充足的地方，周围环境有绿色屏障。

(2) 让孵化场成为一个独立的隔离场所。离公路500米以上，离居民点和禽场1 000米以上，远离噪声和粉尘较大的工矿区，远离养禽场、屠宰厂、电镀厂、农药厂和化工厂等污染严重的企业。孵化场与种禽场、鸡场生产区一定要保持距离，不能只图种蛋和雏禽运输方便，距离太近极易造成疫病传播，造成巨大经济损失。

8. 孵化场的建筑设施如何合理布局?

(1) 小型孵化场。孵化场的布局原则是必须严格遵循“种蛋→种蛋消毒→种蛋保存→种蛋处置（分级码盘）→孵化→移盘→出雏→雏鸡处置（分级鉴别、预防接种等）→雏鸡存放”的单向流程作业程序，不得逆转或交叉，以免出现污染。

(2) 大型孵化场。大型孵化场的布局应尽量减少运输距离和人员在各室的往来，有利于防疫和提高建筑物的利用率。具体应以孵化室和出雏室为中心，根据生产流程要求和服务项目来确定孵化场的布局，安排其他各室的位置和面积；孵化场地面最好为水泥或水磨地面，各厅室地面要建0.5%～1%坡度，防止积水。

9. 鸡舍建筑设计的要求有哪些?

(1) 鸡舍建筑类型。鸡舍因分类方法的不同而有很多种类型，如按饲养方式可分为平养鸡舍和笼养鸡舍，按鸡的种类可分

为种鸡舍、蛋鸡舍，按鸡的生产阶段可分为育雏舍、育成鸡舍、成鸡舍，按鸡舍与外界的关系可分为开放式鸡舍和密闭式鸡舍。除此之外，还有适应专业户小规模养鸡的简易鸡舍（如临时鸡舍、旧房改造鸡舍）。但一般按其建筑形式分为有窗鸡舍、密闭式鸡舍、棚式鸡舍、卷帘鸡舍、联栋体鸡舍。

（2）鸡舍建筑设计要求。鸡舍建筑设计应满足鸡舍功能要求，为鸡群创造良好的生长发育和繁殖生产的环境条件，还要适应工厂化生产的需要，便于集约化经营管理，满足机械化、自动化所需要的条件或留有余地，符合建筑模式和总平面布置要求。

1）具有良好的保温防暑性能。蛋鸡舍适宜的温度范围一般在10～23 ℃。在农村，有些专业户用稻草或者麦秸秆做屋顶，保温防暑性能较好，缺点是不防火、不牢固，屋顶破损后有漏雨现象。

2）通风良好。开放性鸡舍一般靠门窗通风。如果鸡舍跨度大，可在屋顶安装通风管，管下部安上通风控制闸门。密闭式鸡舍用风机强制通风。开放式鸡舍窗户的面积与鸡舍地面面积的比一般为1∶6。

3）防潮湿。鸡舍要保持干燥，一般雏鸡舍要求湿度控制在60%～65%，育成及蛋鸡舍要求湿度55%～65%，为此，鸡舍应建在地势较高的地方，最好是水泥地面。

4）充足的阳光。这主要是对开放式鸡舍而言。鸡舍应尽量选择朝南向阳的方位，并保证窗户达到一定的有效采光面积。鸡舍同时应设计辅助照明设施，保证光照充足。

5）密度适宜。鸡舍如果饲养密度过大，会降低增重，减少产蛋，增加鸡群死亡率。

6）消毒防疫方便。鸡舍必须清洗、消毒。为保证消毒效果，要求鸡舍墙面光滑，地面抹上水泥并设墙裙。鸡舍的入口处应设有消毒池。窗户应有防兽、防鼠功能。

10. 蛋鸡场的饲养工艺流程有哪些类型?

按照鸡群的生长发育生产的自然规律，整个饲养阶段可分为育雏、育成、成鸡三个阶段，其中育雏、育成阶段为鸡群生长发育期，成鸡阶段为生产期，该三个阶段构成鸡群饲养周期。饲养工艺流程就是研究如何将连续的饲养周期分成几个饲养阶段，满足蛋鸡生长发育生产对各项环境条件的要求，以最大限度地取得经济效益。

在设计鸡场时，就必须确定该场的饲养工艺流程，进而确定鸡舍设计的主要环境因素及栋数。一般饲养工艺流程的类型有：二段制、三段制、一段制。二段制为育雏至育成合并为一段饲养，成鸡为一段饲养；也可以育雏为一段饲养，育成至成鸡为一段饲养。选定何种饲养工艺流程主要考虑防疫、鸡舍利用率及经济效益、管理操作方便等因素。

11. 蛋鸡的饲养方式有哪些类型?

一般养鸡生产的饲养方式分落地散养和离地饲养两种。落地散养方式比较原始，鸡群与粪便接触，卫生防疫不便，容易感染疾病，这也是不利于生产的主要限制因素。离地饲养方式设备投资高，但鸡群基本不接触粪便排泄物，有利于防疫管理，同时提高了饲养密度，减轻了人的劳动强度，提高了劳动生产率，是现代养鸡生产的主要方式。

现代养鸡生产的饲养方式主要分两种，平养和笼养。

（1）平养。见图 2－5。平养以网栅或床面为主要饲养面，离开了地面但仍不脱离平面范围，所以饲养密度提高不多，工人劳动强度减轻有限，设备投资比落地散养高，有一定局限性。床面平养有全部床面或 2/3 床面（俗称“两高一低”）之分。全部床面多用于二段制的蛋鸡育雏育成阶段，2/3 床面的平养方式多

用于肉种鸡。

（2）笼养。见图2－6。多用于蛋鸡，可以从育雏、育成到成年鸡，商品蛋鸡、蛋用型种鸡均可全程笼养。

图2－5　平养饲养方式

图2－6　笼养饲养方式

12. 网上平养鸡舍有哪些设计要点？

（1）开放式网上平养。这种鸡舍适用于育雏、育成鸡。鸡舍跨度一般在6～8米，南墙、北墙设窗，用于运输的通道设在北侧靠墙，宽度以人车能自由进出为度。窗高和宽分别为1.5米和1.6米。舍内用铁丝网按自然间隔开，每间在走道侧留小门，便于饲养员进出。网面离地面一般50厘米。这种鸡舍不设运动场。

（2）密闭式网上平养。这种鸡舍适用于蛋用种鸡，鸡舍的跨度为12米左右。舍内分为南北双列，中间设走道，宽度以人车进出自由为度。用铁丝网以2～3个自然间为一大间隔开。机械送料，饮水槽设在南北墙，为自流式饮水。产蛋箱设在中间走道两侧。这种鸡舍对电的依赖性强。

13. 笼养鸡舍有哪些设计要点？

（1）开放式笼养双列三过道鸡舍。这种鸡舍多适用于饲养蛋用种鸡，采用人工授精。鸡舍跨度为6米，舍内放两列二阶梯或三阶梯鸡笼。南、北墙设窗，在窗的下面设通风口，冬天将通风口遮挡，夏季打开通风口，自然通风。人工饲养，也可机械送料、机械清粪。自然光照加人工补充光照。鸡舍的长度一般不超过60米。

（2）密闭式笼养四列五过道鸡舍。这种鸡舍为环境控制鸡舍或无窗鸡舍，适用于饲养商品蛋鸡。鸡舍的跨度为12米，长度不限。舍内放置四列三阶梯鸡笼，人工喂料或机械送料、机械通风、人工照明、人工检蛋。

14. 笼养引起的蛋鸡福利与健康问题有哪些？

蛋鸡笼养方式于20世纪30年代起源于美国，之后在全世界迅速普及推广。与传统庭院养殖方式相比，笼养蛋鸡具有蛋鸡存活率高、饲料转化率高、产蛋量高和劳动效率高等优点，深受世

界各地人们的青睐；目前全世界约90%的鸡蛋来自于笼养蛋鸡。笼养也是我国目前商品蛋鸡的主要饲养方式，见图2－7。笼养方式以其在粪便处理、减少饲料浪费、收蛋、维持适当的环境温度、观察每只鸡的状况等方面的优势，也极大地促进了世界蛋鸡产业的发展，为人类提供了大量质优价廉的鸡蛋产品，对人类的健康做出了重要的贡献。

图2－7　带来蛋鸡福利问题的笼养方式

但随着社会的发展进步，人们生态意识、动物保护意识不断提高，人们认识到笼养方式虽然有益于生产，但却带来了笼养密度、笼养环境和管理等几个方面的问题，这成为目前人们最为关注的蛋鸡福利问题，也是迫切需要改善的问题。笼养引起的蛋鸡福利和健康问题主要包括以下几个方面：①鸡笼空间有限，蛋鸡在笼内的行动自由受到极大的限制，无法表达正常的行为。如拍翅、抖动、抓痒、走动、奔跑、产蛋前的踱步、采食、沙浴、就巢、栖息等本能行为长期受到压抑，蛋鸡始终站卧在倾斜的钢丝网板上，它的一生都处于烦躁、无奈和痛苦的状态。②笼养蛋鸡长期缺乏运动，骨骼脆弱，严重会导致骨骼疏松症和笼养产蛋鸡疲劳症。③啄羽和铁丝笼使笼养母鸡的羽毛状况很差。④笼养鸡比散养鸡更易惊慌和发生应激。⑤笼养是一种限制性饲养方式，一旦管理不当，就会让蛋鸡面临饥渴和严酷的环境，增加了蛋鸡群暴发疾病和相残的危险性。

15. 我国蛋鸡福利的发展现状和应对策略是什么？

目前对于动物福利状态的界定和动物福利的确切作用方面，国际上尚未形成共识，如欧盟规定自 2012 年 1 月 1 日起全面禁止采用传统的蛋鸡笼养生产方式，蛋鸡饲养一律采用大笼饲养、自由散养、棚舍平养、有机饲养、笼放结合（图 2－8）、栖架养殖（图 2－9）等家禽福利较好的饲养方式，但其制定的福利标准也难以约束其他国家。现在国际动物福利对家禽认同的标准是血液中激素水平不超标，家禽行为正常，具体表现为家禽活的舒畅、无痛苦致死，其产品达到国际公认的 HACCP（HACCP，表示危害分析的临界控制点）认证标准。但重视动物福利与动物健康的关系，对改善动物健康状态、防止疫病传播和提高食品卫生安全具有重要意义。

图 2－8　欧盟笼放结合蛋鸡饲养模式

图 2－9　欧盟蛋鸡栖架饲养模式

由于我国畜牧业发展水平相对落后，在家禽饲养环节还无法执行高标准的动物福利要求。目前我国蛋鸡的主要饲养方式还是笼养，蛋鸡的饲养密度仍然比较大，生活条件较差。近年来，国际上尤其是欧盟关于家禽福利问题的立法，也促使我们对我国集约化蛋鸡生产模式存在的诸多问题进行了认真反思和总结，重新审视集约化养禽生产的价值观念和社会经济行为，正视蛋鸡福利养殖问题，在寻找适合我国禽业实际情况的解决办法和对策方面进行了积极探索，具体如下：

（1）重视蛋鸡福利与蛋鸡健康和生产性能的关系。2008 年 5 月 19 日，我国颁布了农业标准，其中对家禽福利有明文规定，包括饲养密度、设备配置、运输、光照等。这些标准并不是单纯针对笼养鸡的，主要是照抄国外的标准，这是我国首次提出蛋鸡福利问题。近年来，我国已经开始重视蛋鸡福利与蛋鸡健康和生产性能的关系，积极推动我国畜禽养殖健康和可持续发展。

（2）关注国际蛋鸡福利的理念但不盲从。我国的蛋鸡产业发展状况有自身的特点，一是蛋鸡产业的主要任务是保障国内市场对蛋类产品的需要。而笼养条件下蛋鸡生产性能较高，生产成本低，死亡率也相对较低，能保障生产者的经济利益和市场蛋鸡产品的供应。二是蛋鸡整体生产水平不高，鸡蛋深加工水平比较落后，技术贮备不足。整个蛋鸡产业处在逐步提高生产技术水平，不断改善产品质量的阶段。三是国际上蛋鸡散放饲养模式的相关技术尚未成熟，缺乏专用品种。因此，结合我国劳动成本、经济实力和技术推广水平等国情，今后很长时期内，我国蛋鸡养殖仍将采取笼养为主、其他为辅的方式，我国不可能盲从欧盟福利蛋鸡养殖的观点和政策，应根据我国蛋鸡产业的实际和具体情况，积极探索可行的蛋鸡福利改善措施和办法。

(3) 因地制宜推行土鸡放养生产模式。现在人们的食品安全和环境保护意识越来越强，也给土鸡蛋等优质鸡蛋商品带来了巨大的市场空间。我国发展放牧养鸡具有得天独厚的资源优势和品种优势，不仅具有大面积的荒山、草场、草坡、滩涂等自然资源，还具有丰富的地方家禽品种资源，耐粗饲、抗病力强，适合放牧饲养。这些年我国在土鸡放养模式的探索也获得了许多成功的经验。如“别墅”养鸡模式、规模化生态放养模式、林下放牧饲养模式等。放牧饲养模式生产出的绿色食品深受消费者欢迎，又能为蛋鸡创造良好的环境条件，使鸡自由表达天然习性，减少啄癖发生，增强鸡的抗病能力，有效改善蛋鸡的福利状况，具有良好的生态效益和经济效益。

(4) 生产中不断探索蛋鸡福利问题的解决办法。采用先进的饲养管理和环境控制设备、改善环境条件、合理改造笼具或设计新型的鸡笼、调整饲养密度、采用“人性化”的饲养和管理、谨慎采取断喙和去爪等特殊管理措施等方法，都可以改善笼养蛋鸡的福利状况。生产中应不断探索既能提高蛋鸡福利需要，又能满足生产需求的措施，让笼养生产模式与福利改善措施结合起来，

满足我国现有国情下的蛋鸡生产需要。如为减少鸡群啄癖的发生，湖南一鸡场发明了一种给蛋鸡戴眼罩的方法，可有效防止鸡群相互啄食和相互攻击，取得了良好的效果。鸡戴上眼罩后，视线被遮挡，视力下降，降低了相互攻击的能力，减少了应激反应和啄癖现象，提高了鸡群成活率；同时，鸡的性情变得温顺，活动减少，降低了饲料消耗，从而降低了饲养成本，提高了经济效益。试验研究表明，使用鸡用眼罩，鸡群啄癖脱毛率下降 6.67%，死亡率下降 10%，每只鸡每天少吃料 2.2 克，料蛋比从 1.95 下降到 1.86，经济效益可观。戴眼罩方法虽然减少了鸡群啄癖，但同时影响了鸡的正常视力，同样也影响了家禽的福利。因此，应在生产实际中不断研究和探索家禽福利问题的有效解决办法。

16. 如何根据生产需要设计孵化场？

孵化场种蛋来源有两条途径，一是从其他种鸡场购买，二是由本场的种鸡场生产。从外界购入种蛋时，孵化场的设计要考虑购入种蛋的数量与雏鸡的销售情况。如果是自己供应种蛋，要按照种鸡场生产能力来配套设计孵化场，配置一定数量的孵化器与出雏器，同时孵化场要配备一个具备一定贮存能力的蛋库。

种蛋库容量的计算方法：种蛋保存期一般不超过 7 天，种鸡场日产蛋数量乘 7，即为种蛋库的容量。实际蛋库容量设计至少要高出 20%。购置孵化器与出雏器时，要考虑种鸡场在产蛋高峰期的最大生产量，然后根据每周生产量、每月生产量及每周或每上孵的次数，以及所购孵化器的容量来计算出雏器的数量。孵化器与出雏器容量比例一般为 4∶1。

17. 蛋鸡高效养殖需要哪些饲养设备？

在蛋鸡生产中，选择饲养设备时要依据以下几个原则：①满足蛋鸡的生长和生产需要。②有利于提高蛋鸡生产性能。③便于操作管理。④经久耐用。⑤尽量减少投资。

蛋鸡生产需要的饲养设备主要有鸡笼、供水供料设备、供暖和降温设备、照明设施、通风设备、清粪设备、消毒设备等，此外还有断喙器、饲料加工设备、台秤或挂秤、运料推车、清粪推车、喷雾器、捕鸡围网、捕鸡钩、高压水枪、栖架等。

18. 如何根据生产需要选择鸡笼设备?

笼养由于饲养密度高、便于强弱分群、鸡群生长发育整齐性良好、便于抓鸡操作等优点在蛋鸡业中被广泛应用。不足之处是鸡笼一次性投资较大，上下层之间的温度、光照强度等环境温差较大。按照饲养对象不同，可分为育雏笼、种公鸡笼和产蛋鸡笼三大类。

（1）育雏笼及配套用品。常用育雏笼有单纯育雏笼和供温育雏笼两种形式。一种为单纯依靠育雏室温度调节的；另一种是自带供温室的供温育雏笼。

1）单纯育雏笼。单纯性育雏笼仅依靠育雏室温度调节，对育雏室的调温系统要求较高，室内昼夜温差一般为 ±2 ℃。这种育雏笼在同一育雏室内不能分批育雏，容易造成育雏舍的利用不足和热源浪费，从而提高了育雏成本。

2）供温育雏笼。供温育雏笼自带供温室，分为供温小室和运动及采食小室两部分，供温小室内设有电热管以提高小室内的温度，运动及采食小室为金属网结构，与单纯育雏笼相似。供温育雏笼降低了对育雏舍温度的依赖性，同一舍内可进行分批育雏，雏鸡对冷暖变化的适应性较强，育雏笼由直径 6 毫米钢筋焊成骨架，底和壁用 1 厘米 ×1 厘米孔目的电焊网围成。笼的一面用铁皮制成可以调节宽窄的笼门，便于雏鸡从可调笼门伸出头来吃食和饮水。

3）育雏笼配套用品。育雏笼配套用品包括育雏架、饲槽、

电供温室（由远红外加热器、电风扇、电导温度计和电子继电器组成，用来加热整个育雏室）等。

（2）种公鸡笼。人工授精的种公鸡必须单笼饲养，种鸡笼设计为二层阶梯式单笼。要求宽大，使其有充分的活动自由。

（3）蛋鸡笼。蛋鸡场的建筑形式和饲养密度不同，鸡笼的选择亦会不同，选择鸡笼还要考虑除粪和通风换气设施。根据蛋鸡的饲养工艺、品种、体型和体重的不同，分为深型笼和线型笼或轻型、中型与重型鸡笼。笼宽与笼深之比小于1为深型笼，大于1为浅型笼。深型笼比浅型笼的饲养鸡数增加约1/5，产蛋率低1%。全阶梯式蛋鸡笼有两层、三层和四层之分，每平方米养23只鸡；半阶梯式笼具每平方米可养30只鸡，能提高饲养密度；生产商逐渐转用半阶梯式鸡笼或者叠层式鸡笼。这两种鸡笼都配有承粪板。

按鸡笼重叠方式不同，可分为阶梯笼养（图2－10）和重叠笼养（图2－11）。按饲养的层数不同可分为两层、三层、四层笼养；按鸡笼架设的位置不同，又可分为高床笼养和地面笼养。

图2－10　阶梯式蛋鸡笼

1）阶梯笼养。按照饲养层数的不同可分为两层、三层和四层阶梯笼，阶梯笼的特点是上下层鸡笼错开排列，无重叠或者有小于50毫米少量重叠，各层鸡笼的鸡粪可直接落入粪沟。两层阶梯笼多用于饲养种公鸡和种母鸡；三层阶梯笼多用于种鸡和商品蛋鸡的饲养；四层阶梯笼多用于饲养后备蛋鸡。按照阶梯笼在鸡舍内的排列方式不同，可分为一列一走道、二列二走道、二列三走道、三列四走道等多种布局形式。

2）重叠笼养。一般为3～4层鸡笼重叠排列，多用于蛋用雏鸡和育成鸡的饲养。这种饲养工艺清粪问题复杂，成年产蛋鸡很少应用。

图2－11　重叠式蛋鸡笼

3）高床笼养。前两种笼养工艺方式都属于在地面直接架笼，称为地面笼养。高床笼养是指在地面上架设1.2～1.5米的走台，鸡笼再架设在走台之上。这种饲养工艺，投资较高，现在应用很少。但这种饲养方式最大的优点是可采用全程一次性清粪，劳动强度小，又可减轻清粪对环境的污染。

19. 怎样根据生产需要选择饮水设备?

蛋鸡的饮水设备包括真空饮水器、杯式饮水器、乳头饮水器、水槽式饮水器等。生产中，应根据鸡场实际情况选择合适的饮水器，选择的原则是：不堵塞、不漏水、方便实用、易清洗消毒。

（1）真空饮水器。适用于平面饲养或雏鸡笼养，见图2－12。真空饮水器由尖顶圆桶与底部圆盘组成，圆桶顶部和侧壁不漏气，基部离底盘高2.5厘米处有1～2个小圆孔。圆桶容量为1～3升，盛满水后，底盘内水位低于小圆孔时，空气从小圆孔进入桶内，水自动流到底盘；当盘内水位高于小圆孔时，空气进不去，水就流不出来。这种饮水器的优点是结构简单、使用方便、便于清洗消毒。

图2－12　真空自动饮水器

（2）杯式饮水器。这种饮水器供水可靠、耗水量小、不易漏水和传播疾病。有雏鸡用和成鸡用两种，主要包括杯体、杯舌、销轴和密封帽四部分，见图2－13。雏鸡用的杯体较窄，宽2.9厘米，长16.8厘米；成鸡用杯宽4.25厘米，长15.4厘米。

不同鸡种、不同饲养阶段，水杯的安装高度也不同。成鸡水杯一般离网底 20 ~25 厘米，雏鸡水杯离网底 5 ~8 厘米。注意经常清洗杯体中鸡饮水时带入的饲料残渣。

图 2 – 13　杯式饮水器

（3）乳头饮水器。适用于笼养方式和平养方式。这种饮水方式不仅节约水，且易保持水质清洁，减少疾病传播的可能性。分为球面、锥面和平面密封型三大类。这种饮水器主要利用毛细管原理，使阀杆底部经常保持挂有一滴水，当鸡啄水滴时便触动阀杆顶开阀门，水便自动流出供其饮用，见图 2 – 14。这种饮水方式对水源质量要求严格，水中杂质过多或水垢过多，都容易引起漏水。

（4）水槽式饮水器。适合于笼养。这种饮水方式用水量大，饮水易被污染。水槽的材质有竹、木、铁皮、塑料、水泥和陶瓷等多种材料。断面为 V 形或 U 形，宽 4. 5 ~5. 8 厘米，深 4 ~4. 8 厘米。水槽长度根据鸡的饲养阶段来定，雏鸡、育成鸡和成鸡三个阶段每只鸡占水槽的长度分别为 15 厘米、22 厘米和 30 厘米。

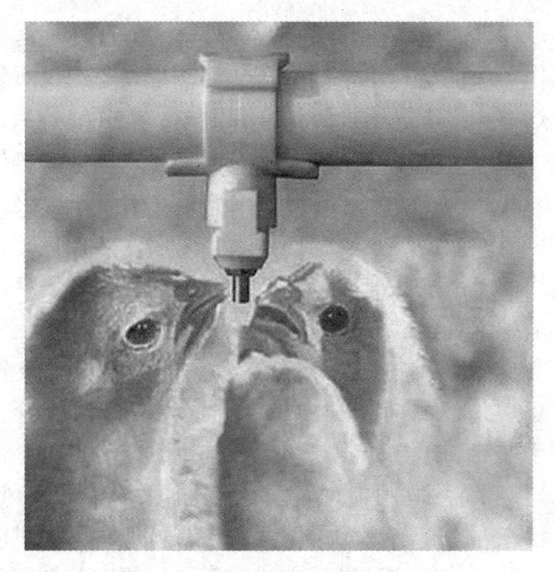

图2－14　乳头饮水器

20. 如何根据饲养方式选择喂料设备？

蛋鸡的饲养方式和饲养规模不同，饲喂设备也不同，平面饲养用料桶，笼式饲养用料槽；小规模蛋鸡养殖场用条形食槽、吊桶式自动圆形食槽，规模化蛋鸡场用机械化给料机如链板式喂饲机等。此外，还有赛盘式喂饲机、螺旋式给料机、骑跨式给料车、行车式给料车等各种上料机械。链板式饲喂机应用于平养和各种笼养成鸡舍，通常由料箱、链环、长饲槽、驱动器、转交轮和饲料清洁器等组成，链环经过饲料箱时将饲料带至食槽各处。螺旋弹簧式喂饲机广泛应用于平养成鸡舍。

21. 蛋鸡舍的供暖设备有哪些？

初生雏鸡，体温调节能力差，在育雏开始时就必须给予较高的温度，以保证雏鸡的生长发育。另外，北方寒冷地区也必须做好保暖工作，保证蛋鸡正常的生产活动。蛋鸡舍的供暖保温设备包括地上烟道、地下火道、煤炉、保温伞、红外线灯泡、远红外加热设备、暖气、热风炉、烟囱、墙体和屋顶保温隔热处理等。

（1）火墙和地炕。这两种供暖方式是在舍外生火，通过火道将空心墙或地面加热，向舍内供暖。采用这两种供暖方式，鸡舍内供热均匀，卫生状况也较好，同时因为燃烧时消耗的是舍外的空气，减少了鸡舍的通风换气量。

（2）煤炉。这种供暖方式是在鸡舍的适当位置设置若干个煤炉，以煤炉为热源向鸡舍内供暖。这种方式投资少、简便易行，适合于平养和重叠笼养鸡舍。煤炉供暖的缺点是舍内温度不均匀，且燃烧消耗舍内大量氧气，必须加大鸡舍的通风换气量，从这一点说在寒冷季节影响了保温效果，另外，煤炉供暖舍内卫生较差。此外，使用这种供暖方式注意，必须安装烟筒，以防止煤气或一氧化碳中毒，还要注意防火，在煤炉周围不要堆放易燃物，可撒些干沙子防火。

（3）热风炉。这是一种向鸡舍内供给暖风的供暖方式。热风炉将空气加热到120 ℃左右，通过鼓风机将暖风均匀送到鸡舍内，维持舍内温度。采用这种供暖方式鸡舍内温度比较均匀，燃料消耗少，也较卫生，缺点是一次性设备投资较大。

（4）保温伞。前面介绍的几种供暖方式都是全面供暖，能提高整个鸡舍内的温度。保温伞是一种局部供暖设备。这种供暖方式模拟母鸡带小鸡的特点，休息时雏鸡待在伞下，采食时雏鸡在伞外活动，比较适合平面饲养方式。

22. 设计蛋鸡舍的照明设备有哪些注意事项?

不管是开放式鸡舍还是密闭式鸡舍，都要配制照明设备。开放式鸡舍，在光照期内，太阳升起前和落山后，以及阴雨天光照

不足时，要求补充人工光照。密闭式鸡舍则要在整个光照期内要采用人工光照。在设计蛋鸡舍的照明设备时应注意以下问题：

（1）光源选择。鸡舍一般采用白炽灯。

（2）光照强度设计。不同日龄蛋鸡，对光照强度的要求不同。0～6周龄雏鸡应大于30勒克斯，7～18周龄育成鸡为5～10勒克斯，成年鸡为15～20勒克斯。

（3）光照设备的安装。笼养鸡白炽灯应安装在走道上方，不要安在鸡笼上方。走道行数决定灯光的行数。每行内灯间距不能过大，以2～3米为宜。行与行之间灯泡应按照"∴ ∵ ∴ ∵ ∴ ∵ ∴ ∵"的形状交错排列。

（4）灯泡功率。不同日龄的鸡灯泡功率要求不同。雏鸡舍为40～60瓦，育成鸡舍为15～25瓦，成年鸡舍为25～40瓦。

（5）灯伞的安装。灯伞的安装可使同功率的灯泡比未加伞时在鸡背处平均增加30%的光照强度，并且光照更加均匀。

（6）灯泡的清洁。灯泡用久了会蒙上灰尘，要经常擦拭灯泡，以免灰尘影响灯泡的照明效果。

（7）开关设计。一栋鸡舍安装多行灯光时，每行应分别设置开关控制，这样方便维修和使用。例如，阴天白天补充光照时，鸡舍靠窗两个边行的灯可以不开，可节约用电。

23. 如何选择蛋鸡舍的通风设备?

为保证蛋鸡舍鸡群的健康和生产性能的发挥，鸡舍内应经常通风换气，保证空气质量。根据通风采用的动力不同，鸡舍的通风方式可分为自然通风和机械通风。

（1）自然通风。依靠空气的压力差进行的自然对流通风，称为自然通风。自然通风有两种方式。一种是由迎风面门窗进风，背风面门窗排风，利用风压自然通风，即"穿堂风"；另一种是靠舍内外的温差（热压）进行流动，鸡舍内较高温度的气流从天窗排出，舍外冷空气从门窗或缝隙进入，达到更新舍内空气的目的。自然通风适用于有窗并采用自然光照的鸡舍，不消耗能源，通风方式简单经济。但是，这种方式受舍外气候变化影响较大，在一些关键时期难以保证通风需要。

（2）机械通风。密闭的蛋鸡舍必须采用机械通风。机械通风是指利用风机的强制作用，借助通风管道进行舍内外空气交换的一种通风方式。又分为正压通风和负压通风两类。

1）正压通风。是利用风机向鸡舍内强制输送新鲜空气，舍内形成正压将污浊空气排走的一种通风方式。热风炉供暖方式就是一种正压通风方式，见图 2－15。

图2－15　蛋鸡叠层笼养的正压送风系统

2）负压通风。是指利用风机将舍内污浊、温度较高的空气抽出，新鲜空气则进入鸡舍内的一种通风方式。根据气流方向不同，可分为横向负压通风和纵向负压通风两种类型。常用的有低压大流量轴流风机、环流风机、屋顶风机等。横向负压通风的风机安装在屋脊或侧墙上。这种工艺应用风机数量多，耗电量大，

鸡舍较宽时存在换气不均匀的现象，多栋鸡舍排列时通风易形成“串糖葫芦”现象，不利于防疫卫生。纵向负压通风是指将大量风机集中在鸡舍一处，从而形成舍内气流与鸡舍长轴平行的通风方式。一般将风机安装在一侧山墙上，风机采用专用的低风压、大流量的轴流风机。鸡舍较长时，两侧墙上也应设置进风窗，以供冬季寒冷时通风用。进风窗面积与排风面积之比不能低于1.2∶1。纵向负压通风效果较好，不仅能克服横向通风易产生通风死角和风速小换气不均匀的缺陷，还能克服横向通风易造成鸡舍间交叉感染的弊病。

在使用通风设备时要注意最大通风量和舍内最大风速两项通风参数的合理控制。华北地区，轻型成年蛋鸡，最大12米^3/（只·小时），中型成年蛋鸡，最大14米^3/（只·小时）。其他地区应视实际情况调整增减。舍内最大风速，夏天舍内不宜超过2米/秒，春秋季最好不超过0.5米/秒，冬天不要超过0.2米/秒。

24. 蛋鸡舍的清粪设备有哪些?

蛋鸡舍的清粪方式有两种。一种是堆置方式，每批鸡饲养结束后一次清除；第二种是每天清除（日清粪）方式，每天及时清除鸡排泄的粪便。

堆置方式清粪，日常不用清粪，但要防止饮水设施漏水，保证粪便及时干燥，以减少鸡舍内氨气和硫化氢等有害气体的产生。如阶梯笼养鸡，在笼下设置若干层竹条，可以增加竹条承接的粪便与空气的接触面，加快粪便中水分蒸发。采用这种方式管理的鸡舍，一年生产周期结束时，清除的鸡粪含水量可低于30%。

日清粪方式有多种方法，大致可分为机械刮板（图2－16、图2－17）和人工清除两大类。机械刮板的钢丝绳经粪腐蚀极易损坏，人工清粪最好不要从笼下向走道上掏，对舍内环境污染较大。由侧面墙向外推出鸡粪和用人力刮粪车刮粪是两种不污染走道的人工清粪方式。前者适用于一列一走道、两列三走道鸡舍，通过人工将粪便推向侧面墙外的粪沟中；后者是人力通过拉杆操作刮粪车将鸡的粪便从一端拉向另一端。

图2－16　半机械清粪

图2－17　机械清粪

25. 栖架有何制作要求?

鸡具有高栖性，尤其在晚上会找寻高处休息。针对鸡的这种习性，地面平养蛋鸡舍应在舍内设置栖架供鸡只更好地休息。

栖架有立架和平架两种形式。立架是把栖木钉成梯子的形状靠在墙上。平架是将栖木钉成凳子形状摆在鸡舍内。栖架每天晚上放下供鸡栖息，早上再支起来。栖架由栖木和支架两部分构成，支架可用软木或者金属结构，栖木以竹木结构为宜。栖木的表面要求平整、光滑、无棱角。鸡抓着的一面为弧形，与支架固定的一面为方形，安装要稳固，栖架的长度一般为 15 厘米为宜，两根栖木间的距离应不低于 30 厘米。每天早上观察鸡群时，可看到昨天鸡群排泄粪便的情况，通过对粪便的观察，便于了解鸡群的健康状况。

26. 孵化场需要配备哪些设备?

（1）孵化机。孵化机类型繁多，规格和自动化程度都不同。为提高孵化机利用率和保障机器安全可靠运转，应根据孵化场的规模和发展、蛋鸡场的技术力量来决定购买的孵化机类型、数量、孵化和出雏的配套比例。选择孵化机的原则是：温度恒定，温差小，孵化效果佳；安全可靠，方便操作；故障少且易排除；实用美观，价格低廉。

（2）孵化设备。

1）照蛋器。用于孵化时照蛋。照蛋器一般用镀锌铁皮制罩，尾部安装灯泡，前面有一个反光罩，上面有照蛋孔，整个形状似吹风机。有手执式照蛋器、箱式照蛋器、盘式照蛋器。

2）孵化蛋盘架。主要作用是运送码盘后的种蛋入孵，以及将移盘时装有胚蛋的孵化盘送到出雏室。蛋盘架以圆铁管做成架，两侧有角铁滑道，四脚有活动轮。占地小，效率高，仅适合固定式转蛋架的入孵机使用。

3）标准温度计。用以检测其他水银温度计或酒精（红色或蓝色）温度计、干湿球计，根据检测校正，将数据标于橡皮膏上，再粘贴于温度计上端。

4）工作台。应装有转轮可移动的工作台，供进行雏鸡分级、雌雄鉴别、装箱及其他日常零星工作之用，工作台的大小应视孵化场的类型而定。

5）雏鸡箱。可用瓦楞纸打孔，做成上小下大的梯形箱，分为4格，每格可放雏鸡25～26只。

6）雏鸡分级器。即雏鸡分级传送带装置，分级器装有46～61厘米宽的传送带，有长条形，也有圆盘形。传送距离为183～244厘米，雏鸡从出雏间窗口开始传送，工作人员坐在传送带两边，将符合标准的雏鸡挑出，淘汰雏鸡从另一端落下。

7）真空吸蛋器。用于将种蛋码入孵化盘中，由手提式真空吸蛋器、真空泵和开关等组成。操作人员用真空吸蛋器从蛋托中吸起种蛋，码在盘中，既降低了工作强度，又提高了劳动效率，减少了破蛋率。

8）压力泵。孵化场用以冲洗地板、墙壁、孵化设备、孵化盘和出雏盘等。

9）出雏盘洗涤机。人工洗涤出雏盘是非常费力、费时的，故大型孵化场均应配置自动洗涤机。

10）连续注射器。用于1日龄时给雏鸡接种鸡马立克病疫苗。

（3）水处理设备。孵化场不仅用水量大，而且对水质要求也较高。在水中泥沙较多的地区，要配备水过滤装置；在北方大部分地区，水质较硬，含有较多无机盐，如果使用自动喷湿和自动冷却系统的孵化机，必须配备水软化设备，以免出现冷排管道被堵塞及供水阀门关闭不严这类现象的发生，导致漏水现象。

（4）运输设备。配备普通的运输设备如平板四轮车或两轮手推车等，可用于运送种蛋、蛋盘、蛋箱和雏盒等。大型孵化场还可使用滚轴式或皮带轮式的输送机，用于卸下种蛋和雏禽装车。另外，还要准备带空调的运雏车，主要用于将出场雏鸡运送给用户。

（5）冲洗消毒设备。普通孵化场一般采用高压水枪来清洗孵化室墙壁、地面和设备。现在专用冲洗设备有很多型号，如喷射式清洗机，非常适用于孵化场，这种冲洗机可以转换出 3 种不同压力的水柱，即软雾、中雾和硬雾。软雾用于冲洗入孵机和出雏器内部；中雾可冲洗孵化器外壳、出雏盘和孵化蛋盘；硬雾可以冲洗地面、墙壁、驾车式蛋盘车、出雏盘、出雏车及其他车辆。消毒一般采用专门的灭菌消毒系统，该系统采用现代电子技术，可完成次氯酸消毒液的生产、稀释和喷洒工作，用于孵化场和鸡场的消毒非常方便。

（6）发电设备。孵化场必须配备发电设备，避免停电时造成孵化率下降。

27. 中小规模鸡舍内部环境控制技术的关键措施有哪些?

规模化养鸡环境控制大多从提高鸡群生产性能的角度，从小气候环境与鸡群生产性能的相互关系来确定适宜的环境设计参数，以不影响鸡的生产性能来制定和设计运行标准，达到提高鸡群生产性能、降低饲料消耗和高产出的目的。但是，现代高产鸡品种对气候环境参数的突然变化适应力差，一些常规的环境控制措施如湿帘风机降温系统，在高温季节每天开水泵的瞬间舍温降低 5 ℃以上，造成鸡的应激，反而影响了生产性能。基于这些情况，现代养鸡生产在优化鸡舍环境控制方面采用了一些新的做法，能有效地调节舍内温度、湿度、光照和清除有害气体，创造良好的鸡舍内部环境。关键措施如下：

（1）选择保温、隔热、价廉的新型无机玻璃钢保温板材作为鸡舍建筑材料。鸡舍建筑材料对控制鸡舍温度非常关键。传统鸡场建设采用砖混结构作为墙体，水泥瓦作为屋面，在夏季和冬季无法控制温度，鸡群疫病多发，生产性能低下，损失严重。因此，鸡舍建设应选择保温、隔热效果好和成本低廉的建筑材料。目前认为选择新型无机玻璃钢保温板材效果较好；采用板材加钢架结构建设，全封闭设计，大小可视场地、规模和设备来定。这种板材造价低廉，每平方米造价在350元以内，比传统砖瓦结构的鸡舍减少投资30%；保温隔热效果好，10厘米的无机玻璃钢保温板就可达到与约1米厚砖墙同等的保温性能，夏天室内外温差可达到7～8℃；这种材质还具有抑制细菌滋生，防水、防潮、防霉的特点，洁净卫生，有助于预防疾病，实现安全养鸡；板材表面光滑，利于保洁清扫；板材防火、防水、抗酸碱、耐腐蚀、坚固强硬、经久耐用，鸡舍使用寿命在30年以上；此外，还有安装便捷、美观大方等优点。

（2）安装供温设备和自动调温系统。舍温的控制非常重要，尤其是育雏期的供温工作是工作的重点。可选用的供温设备有，锅炉水暖散热片、地暖、烟道、电暖器等，最好安装自动调温系统（图2－18），根据蛋鸡日龄和体重自动、有效地调节舍温。

（3）采用智能水帘降温系统。全封闭鸡舍应根据鸡舍的大小和空间容积，准确计算风机的数量和水帘的面积，安装水帘降温系统，风机要求能自动变挡。水帘风口应呈向上30度夹角，避免直接对着鸡笼，让冷风向从上至下。鸡舍上部设置可控进风口，30厘米×40厘米大小，呈向上30度夹角，根据季节和温度控制开合。半开放鸡舍可采用喷雾风扇和鼓风机降温。此外，调整鸡只日粮结构、增加饮水量等也能起到降温效果。

（4）选用性能好、安全的自动饮水器。饮水器必须性能好，否则易发生漏水导致舍内湿度过大。

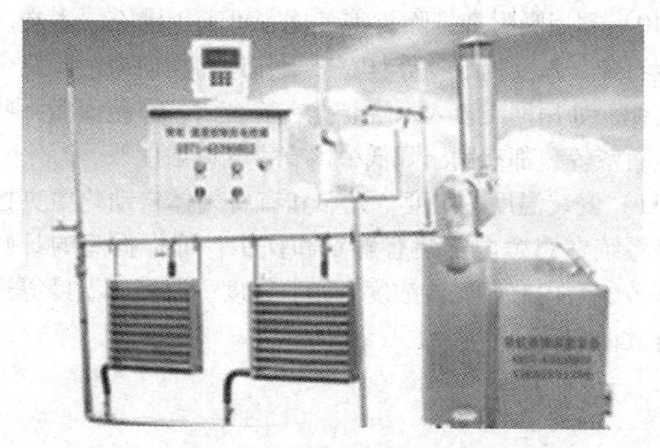

图2-18 蛋鸡舍环境自动控温系统

（5）夏季通过水帘的间断启动来调节舍内湿度。夏季湿度主要受外界空气湿度和水帘使用管理的影响，湿度过大时，可停用水帘，或通过间断启动来调节舍内湿度。

（6）冬季注意鸡舍通风，以免湿度过大。冬季鸡舍通风过少，舍内水分无法排出，造成湿度过大，应注意鸡舍的通风；当湿度大于80%时，不仅要加强通风，还需在鸡舍地面撒生石灰。

（7）安装自动光照系统控制光照。光照时间和强度应根据鸡的日粮和类型来确定。全封闭鸡舍最好安装自动光照控制系统采用全人工光照照明，同时要配备发电设备，以防停电造成巨大损失。半开放鸡舍可采用自然光照和人工光照相结合的方法控制光照。

（8）合理安装风机。风机最好安装在鸡舍的下半部，进风口则应设置在鸡舍的上半部，让空气从上至下流动，能避免鸡舍的有害气体上升影响蛋鸡的生长发育和产蛋。

（9）采用槽式刮粪系统及时清除有害气体源。鸡舍内有害气体的重要来源是鸡粪，应定期及时清理。鸡笼下部可设置粪槽，利用机械刮粪设备每天清理1次鸡粪。

（10）利用吸附剂排除有害气体。可利用沸石、木炭、活性炭、生石灰、丝兰提取物等具有吸附作用的物质来消除鸡舍内的有害气体。如用网袋装入木炭悬挂在鸡舍内，在地面撒一些活性炭和生石灰等，都有利于降低舍内有害气体浓度。

（11）安装温度、湿度、光照和有害气体自动化中央控制系统。该系统在鸡舍内安装有触点和探头，可根据鸡的日龄、类型、季节、舍内有害气体浓度、光照轻度、湿度、温度等进行自动而有效的调节。

三、蛋鸡高产品种选繁技术

1. 优良品种与蛋鸡高产有何关系?

优良品种、饲料营养、环境设备、卫生防疫和经营管理是影响蛋鸡产业发展的五大因素，其中优良品种对促进蛋鸡业的发展和提高蛋鸡的养殖效益至关重要，排在五大因素之首。在漫长的历史长河中，在自然选择和人工驯化的共同作用下，形成了很多优良的蛋鸡品种。在这些良种的基础上，经过育种家的科学选育，形成了一系列的商业配套系，有力地推动了蛋鸡产业的规模化发展。蛋鸡品种以产蛋多为主要特征，体型较小，皮薄骨细，肌肉结实、羽毛紧密，性情活泼，5～6 月龄开产，年产蛋 200 个以上，产肉少，无就巢性。现代蛋鸡生产中，选择优良的蛋鸡品种是一个关键的环节，只有蛋鸡品种优良，才能实现蛋鸡高产，获得较好的经济效益。

2. 鸡品种的分类方法有哪些?

鸡品种一般分为标准品种、地方品种和商业品种。标准品种是人类生活和生产活动的产物，是现代商业品种育成的基础，一般不参与直接生产。商业品种又称商业配套系，是在标准品种或地方品种的基础上采用现代育种方法培育出来的。标准品种是经验育种阶段的产物，强调品种特征，注重血统的一致和羽色、冠型、体型等典型的外貌特征；配套系是现代育种的结晶，具有突出的生产性能和特有的商品命名，是对标准品种的继承和发展。鸡的品种分类方法主要有标准品种分类法和现代化养鸡业分类法。

（1）标准品种分类法。将鸡分为4个层次，分别为类、型、品种和品变种。

第1层次：类。按照鸡的原产地划分，分为亚洲类、美洲类、英国类和地中海类等。

第2层次：型。根据鸡的用途来划分，分为蛋用型、肉用型、兼用型、观赏型和药用型等。

第3层次：品种。品种是指通过育种形成的一个有一定数量、具有特殊的外形和一般基本相同的生产性能，且遗传性能稳定，适应性相似的生物群体。

第4层次：品变种，又称亚品种、变种或内种。是一个品种内，又根据羽毛颜色、羽毛斑纹或者冠型分为不同的品变种。

（2）现代化养鸡业分类法。这种分类方法根据鸡的经济用途将鸡分为蛋用系和肉用系。

3. 蛋用系鸡有哪些类型？

蛋用系鸡根据颜色的不同分为白壳蛋鸡、褐壳蛋鸡、浅壳蛋鸡和绿壳蛋鸡。蛋用系鸡不仅产蛋量高，而且蛋重大。

（1）白壳蛋鸡。白壳蛋鸡是从白来航鸡种选育出不同的品系进行品系杂交选育而得到的。

优点：①体型小而清秀。成年母鸡体重约1.75千克，全身羽毛白色，单冠，冠大鲜红，喙、胫、皮肤为黄色，耳叶为白色。②成熟早，产蛋量高，饲料消耗少。一般21周龄开产，72周龄产蛋量290~300个，20~72周龄产蛋期料蛋比为（2.2~2.4）:1。③适应性强。各种气候条件均可饲养，特别是对高温

适应能力较强。④蛋品质好，血斑、肉斑率低。

缺点：①蛋重较小，蛋壳薄，易破损。②神经质，胆小怕人，抗应激能力差。③啄癖多，特别是开产初期啄肛严重。

（2）褐壳蛋鸡。褐壳蛋鸡以纯系兼用型品种如洛岛红、新汗县等为基础，选育专门化品系杂交配套组合而成。

优点：①为中型蛋鸡。成年母鸡体重约为2.2千克。②体重略大，开产较迟。一般23周龄开产，76周龄产蛋量300～310个。③蛋重大，总产蛋量高。22～76周龄产蛋期料蛋比为（2.3～2.4）:1。④性情温顺，抗应激强，好管理，耐寒性好，冬季产蛋稳定。⑤商品代鸡可凭羽毛颜色自别雌雄。出壳时公雏全身羽毛米黄色，母雏羽毛多为褐色。⑥啄癖少，死淘率低，淘汰鸡体重大，适宜肉用。⑦蛋壳质量好，破损率低。

缺点：①培育费用高。②饲料消耗多。③占用面积大。④蛋的血斑和肉斑率高。⑤耐热性差。

（3）浅壳蛋鸡。浅壳蛋鸡是利用轻型白来航鸡与中型褐壳蛋鸡正交或反交而成。优点：①兼备白壳蛋鸡和褐壳蛋鸡的优点，既具有白壳蛋鸡饲料消耗少、适应性强的优点，又具有褐壳蛋鸡性情温顺、蛋重大、蛋壳质量好的优点。②壳色介于白色和褐色之间，呈淡棕色。③雏鸡可通过快慢羽自别雌雄。

（4）绿壳蛋鸡。绿壳蛋鸡是由遗传基因决定的，是利用我国绿壳蛋鸡地方品种选育出来的。优点：①抗病能力强，食性杂，易饲养。②绿壳鸡蛋在我国数量少，市场潜力大，鸡蛋产品是畅销不衰的产品。③效益高。④营养价值高。对高血压、冠心病、糖尿病、慢性支气管炎有很好的保健作用。缺点是产蛋数量较少。

4. 现代商品蛋鸡品种有哪些?

现代商品蛋鸡品种有海兰蛋鸡、罗曼蛋鸡、伊莎蛋鸡、尼克蛋鸡、巴布考克 B－380 蛋鸡、星杂蛋鸡、雅康蛋鸡、迪卡蛋鸡、罗斯褐蛋鸡、海塞克斯蛋鸡、雪佛褐蛋鸡等。

伊莎蛋鸡系法国伊莎公司育成的四系配套杂交鸡，是目前国际上最优秀的高产蛋鸡之一，有伊莎白蛋鸡、伊莎褐蛋鸡、伊莎新红褐蛋鸡和伊莎金彗星蛋鸡。罗曼蛋鸡系德国罗曼家禽育种有限公司培育的白壳蛋鸡配套系。有罗曼白蛋鸡、罗曼褐蛋鸡和罗曼粉蛋鸡。海兰蛋鸡是美国海兰国际公司培育的四系配套杂交鸡，有海兰白蛋鸡（W－98、W－36）、海兰褐蛋鸡（海兰褐、海兰褐佳、海兰银褐）和海兰灰蛋鸡。尼克蛋鸡是德国罗曼家禽育种有限公司尼克子公司培育的蛋鸡配套系，有尼克白蛋鸡、尼克红蛋鸡和尼克粉蛋鸡。雪佛褐蛋鸡是法国伊莎公司培育的褐壳蛋鸡配套系（经法国伊莎公司授权，特准济宁市祖代鸡场使用“伊莎济宁红”名称）。巴布考克 B－380 蛋鸡是法国伊莎公司培育的褐壳蛋鸡配套系。雅康蛋鸡是以色列 PBU 育种公司培育的粉壳蛋鸡配套系，商品代羽速自别雄雌。罗斯褐蛋鸡是由英国罗斯公司培育的褐壳蛋鸡配套系。海赛克斯蛋鸡系荷兰尤利布里德公司育成的四系配套杂交鸡，有海塞克斯褐和海赛克斯白。星杂蛋鸡是法国伊莎公司培育的蛋鸡配套系。迪卡蛋鸡是美国迪卡不公司育成的四系配套杂交鸡。

现将主要商品蛋鸡品种的生产性能介绍如下。

（1）伊莎巴布考克 B－300 白壳蛋鸡。该品种是目前世界上著名的蛋鸡品种，生产性能高，饲料转化率不高，死亡率低。商品代鸡 20 周龄成活率为 97%，18 周龄体重 1.29 千克，18 周龄耗料 6.02 千克，高峰期产蛋率达到 93%，72 周龄产蛋 290 个，平均蛋重为 62 克。

（2）伊莎 B－380 褐壳蛋鸡。该品种商品蛋鸡中有 35%～45% 的鸡只体表覆有黑色羽毛，与其他品种能清晰地鉴别开来。18 周龄成活率可达到 98%，18 周龄体重为 1.54～1.6 千克，76

周龄产蛋337个，90%以上产蛋率维持6个月，平均蛋重63克，饲料转化比2.10∶1，具有较强的适应性和抗逆性。

（3）伊莎褐壳蛋鸡。商品代鸡18周龄成活率达到97%，18周龄体重为1.54～1.6千克，开产日龄161天，26周龄高峰产蛋，76周龄产蛋320～330个，全期平均蛋重62.8克，料蛋比（2.06～2.16）∶1。

（4）伊莎新红褐蛋鸡。商品代鸡18周龄成活率达到98.5%，18周龄体重1.75千克，开产周龄19～20周，高峰期95%以上产蛋时间17周龄，72周龄产蛋315～325个，全期平均蛋重65克，料蛋比（2.07～2.13）∶1。

（5）罗曼褐壳蛋鸡。该蛋鸡品种生产性能优异、生活力强、适应性好。商品代鸡开产日龄152～158天，72周龄产蛋285～295个，平均蛋重64克；20周龄耗料7.4～8千克，21～72周龄耗料44.2千克，料蛋比为（2.3～2.4）∶1；20周龄体重1.5～1.6千克，72周龄体重2.2～2.4千克；20周龄成活率97%～98%，1～72周龄存活率94%～96%。

（6）新罗曼褐壳蛋鸡。该品种目前已取代罗曼鸡。商品代鸡开产日龄150～160天，72周龄产蛋290～300个，平均蛋重64克；20周龄耗料7.4～7.8千克，产蛋期平均耗料112～122克，料蛋比（2.1～2.3）∶1；20周龄体重1.5～1.6千克，72周龄体重1.9～2.2千克；20周龄成活率达97%～98%，1～72周龄存活率94%～96%。

（7）海兰W－36白壳蛋鸡。该品种可凭快慢羽自别雌雄，母雏为快羽，公雏为慢羽。商品代鸡0～18周龄成活率97%，耗料5.67千克；18周龄体重1.28千克；开产日龄159天，平均蛋重62克；72周龄产蛋292个，72周龄体重1.76千克，料蛋比（2.1～2.3）∶1。

（8）海兰褐壳蛋鸡。该蛋鸡品种具有抗马立克病和白血病的基因。0~18 周龄成活率96%~98%，耗料6.8 千克。18 周龄体重1.66 千克；开产周龄22 周，72 周龄产蛋290~310 个，平均蛋重66.8 克。

(9) 尼克白蛋鸡。18 周龄平均体重1.3 千克，1~18 周龄耗料5.5 千克，1~18 周龄成活率95%~98%；平均开产日龄145~153 天，产蛋率90%以上持续时间为16~21 周，产蛋率80%以上持续时间34~43 周；80 周龄入舍母鸡产蛋325~347 个，20.8 千克，平均蛋重61 克；80 周龄母鸡平均体重1.78 克；19~80 周龄料蛋比（2.1~2.3）:1，19~80 周龄成活率89%~94%。

(10) 尼克红蛋鸡。18 周龄平均体重1.5 千克，1~18 周龄耗料6.1~6.4 千克，1~18 周龄成活率96%~98%；平均开产日龄140~150 天，产蛋率90%以上持续时间为16~20 周，产蛋率80%以上持续时间34~42 周；80 周龄入舍母鸡产蛋349~359 个，19.1~20.6 千克，平均蛋重62.5~63.5 克；80 周龄母鸡平均体重1 900~2 200 克；19~80 周龄料蛋比（2.0~2.2）:1，19~80周龄成活率91%~94%。

(11) 雪佛褐蛋鸡。18 周龄平均体重1.2 千克，1~18 周龄耗料6.68 千克，1~18 周龄成活率98%，平均开产日龄146~147 天，高峰产蛋率95%，76 周龄入舍母鸡产蛋338 个、21.08 千克，平均蛋重62.3 克；76 周龄平均体重1.95~2.05 千克；19~76周龄料蛋比（2.04~2.11）:1，19~76 周龄成活率93%。

(12) 巴布考克 B－380 蛋鸡。18 周龄平均体重1.6 千克，1~18周龄耗料6.85 千克，1~18 周龄成活率98%；平均开产日龄140~147 天，高峰产蛋率95%；76 周龄入舍母鸡产蛋337 个，21.16 千克，平均蛋重63 克；76 周龄平均体重1.95~2.05 千克；19~76 周龄料蛋比2.05:1，19~76 周龄成活率93%。

(13) 罗斯褐壳蛋鸡。18 周龄平均体重1.4 千克，1~18 周龄耗料7 千克；平均开产日龄126~140 天；76 周龄入舍母鸡产

蛋292个、23.1千克，平均体重2.2千克；19~76周龄料蛋比2.43:1。

（14）雅康蛋鸡。18周龄平均体重1.5千克，1~20周龄耗料7.7~8.0千克；1~20周龄成活率95~97%，平均开产日龄152~161天；76周龄入舍母鸡产蛋337个，平均蛋重63克；21~80周龄成活率94%~96%。

（15）海塞克斯褐壳蛋鸡。商品代鸡0~18周龄成活率97%，18周龄体重1.4千克，耗料5.8千克；开产日龄158天，72周龄产蛋300个，平均蛋重60.7克。

（16）迪卡·沃伦褐壳蛋鸡。该蛋鸡品种饲养效益高，生产性能稳定可靠，商品代鸡生产性能，20周龄成活率97%；开产日龄161天；20周龄体重1.7千克，72周龄产蛋280~300个，20周耗料7.7千克，料蛋比（2.28~2.43）:1。

（17）星杂288白蛋鸡。20周龄平均体重1.3~1.4千克，平均开产日龄161天；72周龄入舍母鸡产蛋260~285个，产蛋16~17.5千克，平均蛋重62克；21~72周龄料蛋比为（2.25~2.4）:1。

（18）星杂579褐蛋鸡。20周龄平均体重1.5~1.7千克，平均开产日龄168天；72周龄入舍母鸡产蛋250~270个，平均蛋重63克；21~72周龄料蛋比为（2.6~2.8）:1，成活率92%~94%。

5. 开发利用我国地方鸡种质资源的措施有哪些?

我国是世界上地方鸡品种资源最丰富的国家之一，在《中国家禽品种志》上共记载了27个地方鸡品种，这些品种具有遗传多样性丰富、耐粗饲、鸡蛋品质好、肉质好、抗逆性强等特点。过去很长一段时间，由于国外品种的引进和盲目杂交，使我国地方鸡品种养殖数量锐减，有些品种甚至已经濒临灭绝。自20世纪90年代以来，地方鸡消费表现出良好的趋势和广阔的市场前景，成为我国养鸡业中独具特色的一个新兴产业。

早在20世纪60～70年代，我国就开始开展地方鸡种保种与利用相关科研生产工作。目前我国对于地方鸡种的利用主要体现在三个方面，选育固定优良性状以提高生产性能；利用地方品种与外引良种的差异进行经济杂交，获得互补优势与杂种优势；利用具有特异性状的地方品种作为培育新品种和品系的珍贵材料。开发和利用我国地方鸡种质资源措施和方法主要有以下几个方面：

（1）开发利用的同时注重品种资源的保护。地方鸡品种资源在现代家禽产业中有非常重要的作用，丰富多样化的地方品种资源，是我国家禽育种的素材来源。一定要有计划合理地开发和利用我国地方鸡品种资源，做好品种资源的保护；对地方鸡品种资源潜在优势的开发，可以在利用中达到动态保种的目的。

（2）加大资金投入建立良种繁育基地。地方鸡品种的保护、选育和开发利用需要政府的参与指导和资金扶持。因为大多地方鸡品种生长速度慢、产蛋量少、养殖成本高、投入见效慢，很难实现集约化大规模饲养。有必要建立地方鸡品种资源库和适宜的繁育体系，由专业技术研究人员开展地方鸡品种的选育提纯和专门化品系的培育工作。

（3）建立优质蛋鸡产业技术体系，加强技术研发。通过研究和建立现代优质蛋鸡产业技术体系，推动蛋鸡产业技术进步，利用分子育种技术等生物工程技术手段，揭示种质特性和遗传结构，提高地方鸡品种的利用效率，把地方品种资源优势直接转化为商品优势。

6. 蛋鸡产蛋有什么规律？

健康蛋鸡产蛋有一定的规律，一个产蛋周期由连续产蛋天数（或只产蛋1天）与停产天数（或1天以上）构成。根据产蛋量的变化分为始产、主产和终产3个时期。

（1）始产期。为7～14天，是指从产第1枚蛋到正常产蛋的这段时期。这个时期的特点是，产蛋不规律，每次产蛋间隔时间长，产双黄蛋和软壳蛋比较多，1天内可能产1枚正常蛋或产1枚异常蛋，或两枚都是异常蛋。

（2）主产期。随着产蛋趋于正常化，产蛋率迅速提高，32～34周龄达到最高峰，此时产蛋率一般达到93%～94%，最高可达95%～97%，持续3～4周后，以每周降低0.5%～1%的速率直线平稳下降，到72周龄产蛋率仍可维持在65%～70%。品种、饲养管理、光照等因素都会影响产蛋高峰出现的时间，如育成期鸡群若限制光照，产蛋高峰的出现早于育成期不限制光照的鸡群。而产蛋率的下降幅度受品种或品系、舍温、应激和疾病等因素的影响，鸡舍温度过高、遭受应激或发生疾病时，产蛋率下降幅度都会增大。

（3）终产期。此期鸡脑垂体仍可分泌促性腺激素，但产蛋量迅速下降，直至无卵子生成为止，终产期非常短暂。

7. 为什么会产生异常蛋？

异常蛋的类型有双黄蛋、多黄蛋、无黄蛋、蛋中蛋、异物蛋、变性蛋、软壳蛋等。

（1）双黄蛋和多黄蛋。蛋很大，当卵巢中有两个或两个以上卵细胞同时成熟，或成熟的时间很接近时，或母鸡受到惊吓、物理压迫等，导致卵泡破裂，与成熟的卵一起排出，就会形成双黄蛋和多黄蛋。除了遗传因素外，蛋鸡初产期由于内分泌不协调多产生这类异常蛋。

（2）无黄蛋。蛋很小，通常因输卵管脱落的黏膜上皮或血块刺激输卵管分泌蛋白和蛋壳而形成。

（3）蛋中蛋。这种蛋较为少见，蛋很大，当母鸡受惊吓或异常生理状态下，输卵管发生逆蠕动，将在子宫中已经形成硬壳的蛋又推到输卵管上部，蛋沿输卵管下移时，又被蛋白蛋壳重新包裹，形成蛋包蛋或蛋中蛋。

（4）异物蛋。包括血斑蛋和肉斑蛋。血斑蛋是排卵时，卵泡血管破裂，血附在卵上形成。肉斑蛋是输卵管上皮组织脱落，与卵细胞一同被蛋白蛋壳包裹形成。除了遗传因素外，饲料中缺乏微生物 K 或者母鸡生殖道炎症，出血或组织脱落易造成这类异常蛋。青年母鸡初产期，或低产期生殖机能低下，易出现这种现象。

（5）变形蛋。鸡蛋形状怪异，呈长、扁、葫芦、皱纹、补壳、沙皮状等。母鸡受到惊吓，输卵管分泌异常，或者输卵管峡部和子宫部收缩异常，子宫扩张力变化，形成这类异常蛋。

（6）软壳蛋。壳膜外没有硬蛋壳。产生这类蛋的原因很多，钙、磷和维生素 D_3 缺乏、天气炎热、处于高产期、防疫用药不当、蛋鸡过肥或过瘦、输卵管炎症和母鸡受到惊吓等因素，都会使卵细胞下行过快，尚未形成蛋壳就被产出。

8. 优质鸡蛋有何特征?

优质鸡蛋主要包括土鸡蛋和仿土鸡蛋良种类型，是指由地方品种鸡下的土鸡蛋，或由产蛋性能较好的地方鸡种与引进高产品系杂交，后代直接用于商品蛋生产的蛋品或用于横交固定培育的品系及其形成的配套系生产的仿土鸡蛋；优质鸡蛋在生态散养环境、无污染条件下生产，其蛋壳颜色、蛋重以及蛋品质都具有自身的特色，与国外高产蛋鸡产的鸡蛋很容易区分，具有蛋重较小、粉色蛋壳、蛋壳光泽好、蛋白浓稠、蛋黄大、口感好等特点。近年来，优质鸡蛋越来越受到消费者的青睐，市场销售每年以超过 40% 的速度增长，特别是始于 20 世纪 90 年代中后期的仿土鸡蛋的育种和生产发展最为迅速。

9. 优质蛋鸡配套系有哪些特征？

优质蛋鸡配套系又称仿土蛋鸡配套系，一般选用高产蛋品系作为母本，地方蛋用型品种（系）作父本，得到具备较高产蛋性能的商品代。优质蛋鸡配套系主要有以下特征：

（1）至少要含有50%以上我国地方土蛋鸡种的血缘。

（2）成年产蛋母鸡体重在1 600克以下，体型外貌与土种鸡接近。

（3）体型小，一般养3只普通蛋鸡所需要的笼位面积可以养4只优质蛋鸡，饲养密度的增加提高了经济效益。

（4）21周龄鸡群产蛋率达到50%以上，66周龄产蛋210个以上，43周龄平均蛋重42～45克。

（5）节约饲料，产蛋成本低，产蛋期料蛋比在2.5∶1以内，经济效益好。

（6）抗病力强，成活率高，好饲养。

（7）兼具地方鸡种和高产蛋鸡的优点，附加值高，体型貌似土鸡，毛色浅黄，淘汰鸡肉质优良，市场售价高。

（8）有市场竞争优势，抗市场风险能力强。

10. 选育优质蛋鸡品系应注意哪些问题？

（1）优质蛋鸡育种的核心是产蛋性能的选育，同时考虑蛋品质量，根据选育品种的要求对产蛋数、蛋重、蛋壳颜色、蛋形、蛋黄比例及蛋黄色泽赋予不同的选择权重。

（2）在品种选择时充分考虑蛋重、蛋壳颜色和蛋形，但不应过分强调蛋形，蛋形遗传力中等以上即可。一般产蛋率低的地方品种蛋形较长，高产蛋品系的蛋形较圆。

（3）产蛋数为低遗传力性状，应在品种选择的基础上，采用家系选择法对产蛋数加以选择，统计各家系的产蛋数进行选择。

（4）对于选育程度低、产蛋均匀度较差的地方品种，在组建家系前，应对其进行群体均匀度的选择，挑选产蛋性能符合品种要求的个体。

（5）蛋重的选育重点是选择蛋重的均匀度，蛋重要符合商品市场的要求，低于50克以下，一般选择育种群体平均蛋重上下10%的个体作为选育种群的素材。

（6）蛋壳颜色选择的重点是选择合适的品种参与配套，主要选育受消费者喜爱、富有光泽的粉壳蛋。

（7）包装性状在选择时也应受到重视，羽色、肤色、体型、冠型等包装性状的优劣直接关系到产蛋末期母鸡的上市价格，特别是母鸡羽色性状对优质蛋鸡的养殖利润影响很大。

11. 我国培育的主要蛋鸡品种有哪些？

（1）农大3号节粮小型蛋鸡。该品种是中国农业大学培育的优良鸡配套系，分农大褐和农大粉两个品系。农大褐品种育雏期和产蛋期成活率分别为96%以上和95%以上，高峰产蛋率在95%以上，入舍鸡产蛋数为291个，饲养日产蛋数301个，平均蛋重54～58克，产蛋总重为16～16.8千克；产蛋期平均日耗料90克，高峰日耗料95克，料蛋比为（2.01～2.08）∶1。农大粉1～120日龄成活率大于96%，产蛋期成活率大于95%，高峰产蛋率大于96%，72周龄产蛋数292个，饲养日产蛋数303个，平均蛋重54～58克，产蛋总重16.1～16.8千克；产蛋期平均日耗料89克，高峰日耗料94克，料蛋比（1.92～2.04）∶1。

（2）京白蛋鸡。京白蛋鸡是北京华都种禽有限公司培育的白壳蛋鸡配套系，分京白938、988，精选京白904、939、989。京白蛋鸡在全国各地均有分布。京白蛋鸡商品代开产日龄约为160天，开产体重1.3～1.4千克，入舍母鸡72周龄产蛋250～270个，平

均蛋重58克，料蛋转化比（2.4～2.5）：1。京白鸡育雏、育成成活率为96%～97%，产蛋期成活率为87%～92%，20周龄淘汰体重平均为1.85～1.98千克；达50%产蛋率日龄平均为156～159天，72周龄入舍母鸡产蛋量为245～247个，饲养日产蛋量为302个。平均蛋重57.6～6克，总蛋重18.7千克左右。

（3）种禽褐蛋鸡。种禽褐蛋鸡是由北京华都种禽有限公司培育的褐壳蛋鸡配套系，分种禽褐和种禽褐8号两种。种禽褐商品鸡20周龄体重1.6～1.65千克，1～20周龄成活率95%～98%；72周龄入舍母鸡产蛋290～308个，总蛋重18.9千克，平均蛋重62克；21～72周龄料蛋比（2.35～2.41）：1，成活率91%～93%。种禽褐8号商品鸡18周龄体重1.45～1.55千克，1～18周龄耗料6.5千克/只，成活率98%～99%；72周龄入舍母鸡平均产蛋302个，总蛋重19.42千克，平均蛋重64克；羽毛褐色，蛋壳褐色。

（4）新杨蛋鸡。新杨蛋鸡是由上海新杨家禽育种中心培育的蛋鸡配套系，分新杨白、新杨粉和新杨褐3个品系。该配套系具有产蛋率高、成活率高、饲料报酬高和抗病力强的优点。商品代1～20周龄成活率96%～98%，20周龄体重1 500～1 600克，入舍鸡耗料7.8～8千克；21～72周龄成活率93%～94%，72周龄入舍母鸡产蛋数为287～296个，72周龄入舍母鸡产蛋总重18～19千克，平均蛋重63.5克；每只鸡日平均耗料115～120克，料蛋比为（2.25～2.4）：1，可凭羽色自别雌雄。

（5）京红1号与京粉1号，由北京华都峪口禽业有限公司培育。该品种适应中国的防疫环境、饲料质量、设施设备条件等，是非常适合我国饲养环境条件的优秀蛋鸡品种。这两个品种的生产性能均达到国际先进水平，京红1号72周龄累计产蛋数342个，日均耗料120克；京粉1号72周龄产蛋数329个，日均耗料118克。

（6）滨白42，是东北农学院（现东北农业大学）利用引进素材育成的两系配套杂交鸡，是目前滨白鸡系列中产蛋性能最好、推广数量最多、分布最广的高产蛋鸡。

12. 我国主要有哪些绿壳蛋鸡品种？

我国的绿壳蛋鸡品种及其生产性能见表3－1。

表3－1　我国绿壳蛋鸡品种及其生产性能

品种	培育地	生产性能
“新西点”绿壳蛋鸡	武汉市东西湖绿健畜牧科学研究有限公司	成鸡体重1 280～1 450克，18周龄开产，鸡蛋绿壳率99%，高峰产蛋率90%，64周龄产蛋数210个，平均蛋重46克，产蛋高峰期日耗料90克左右，74周龄成活率达94%以上，平均料蛋比2.65∶1
东乡黑羽绿壳蛋鸡	江西省东乡农科所和江西省农科院畜牧所	成年体重1.1～1.4千克，绿壳蛋率为80%左右。该品种抱窝性较强，大约15%
三凰绿壳蛋鸡	江苏省家禽研究所（现中国农科院家禽研究所）	开产日龄155～160天，开产体重母鸡1.25千克，公鸡1.5千克；300日龄平均蛋重45克，500日龄产蛋数180～185个，父母代鸡群绿壳蛋率97%左右；大群商品代鸡群中绿壳蛋率93%～95%
苏禽绿壳蛋鸡	江苏省家禽科学研究所和扬州翔龙禽业发展有限公司	该配套系属于二系配套系，2013年8月通过国家审定。父母代种鸡具有遗传性能稳定、适应性强、体型外貌一致性高、入孵蛋孵化率高等优点；商品代鸡具有遗传性能稳定、体型较小、“三黄”、群体均匀度好、符合国内大部分地区对地方鸡型绿壳蛋鸡的需求。该配套系商品代鸡20～72周龄入舍，母鸡产蛋数221个，产蛋量达10.1千克，平均蛋重为45.7克，19～72周龄料蛋比为3.36∶1，绿壳率达100%，成活率达94.9%，淘汰鸡平均体重为1 505.5克，总体生产性能达到国内地方鸡型绿壳蛋鸡的领先水平

续表

品种	培育地	生产性能
三益绿壳蛋鸡	武汉市东西湖区三益家禽育种有限公司	最新的配套组合为东乡黑羽绿壳蛋鸡公鸡作为父本，国外引进的粉壳蛋鸡作为母本，进行配套杂交。开产日龄150~155天，开产体重1.25千克，300日龄蛋重50~52克，500日龄产蛋数210个，绿蛋壳率85%~90%，成年母鸡体重1.5千克
麻城绿壳蛋鸡	原产于湖北省麻城市	2011年12月23日国家畜禽遗传资源委员会审定、鉴定通过。是国家批准的湖北省唯一的以县市地域名称冠名的以产绿壳蛋为主的蛋用型地方土鸡优良品种。母鸡平均开产日龄223天。平均年产蛋153个，平均蛋重45克。平均蛋壳厚度0.39毫米，平均蛋形指数1.27。蛋壳绿色。公鸡性成熟期85~110天。公母鸡配种比例1:(10~11)。自然孵化平均种蛋受精率88%，平均受精蛋孵化率87%；人工孵化平均种蛋受精率83%，平均受精蛋孵化率92%。母鸡就巢性较强，年就巢1~2次，每次平均就巢持续期16天。公母鸡利用年限1~2年
新杨绿壳蛋鸡	上海新杨家禽育种中心	开产日龄140天（产蛋率5%），产蛋率达50%的日龄为162天；开产体重1.0~1.1千克，500日龄入舍母鸡产蛋数达230个，平均蛋重50克，蛋壳颜色基本一致，大群饲养鸡群绿壳蛋率70%~75%
招宝绿壳蛋鸡	福建省永定县湖雷镇闽西招宝珍禽开发公司	开产日龄较晚，为165~170天，开产体重1.05千克，500日龄产蛋数135~150个，蛋重42~43克，商品代鸡群绿壳蛋率80%~85%
昌系绿壳蛋鸡	江西省南昌	成年公鸡体重1.30~1.45千克，成年母鸡体重1.05~1.45千克，开产日龄较晚，大群饲养平均为182天，开产体重1.25千克，开产平均蛋重38.8克；500日龄平均产蛋数89.4个，平均蛋重51.3克，就巢（抱窝）率10%左右

13. 如何选购良种蛋鸡?

良种是指遗传性能优秀、体质健康的鸡种。主要表现为体型小，耗料少，开产早，产蛋量高；饲料报酬高，饲养密度大，效益好，适应性强，适宜集约化笼养管理；蛋重大，破损率低，便于运输；鸡的性情温顺，对应激的敏感性低。此外，还要特别注意所选鸡种是否适销对路。选购良种的具体步骤如下：

（1）确定适销对路的鸡种类型。首先调查了解目前市场情况，预测未来市场的变化，结合自己的目标，决定饲养白壳蛋鸡、褐壳蛋鸡还是粉壳蛋鸡。白壳蛋适合于就地销售和蛋品加工，褐壳蛋适合长途运输，粉壳蛋适合于供应土鸡（草鸡、柴鸡）蛋价格较高的大城市和南方地区。

（2）确定合适的鸡种。首先调查本地区同行饲养鸡种的情况，结合自身的能力和条件，来决定饲养的鸡种。

1）饲养稀有鸡种。如在饲养褐壳蛋较为普遍的地区，养少量白壳蛋鸡可能会有个好的蛋价。

2）自身饲养经验不足，鸡的成活率较低的地区，首选抗病力和抗应激能力较强的鸡种。如选购经过风土驯化的国产褐壳蛋鸡，生产成绩可能更好。

3）有一定饲养经验，饲养环境条件较好的养殖户，可首选产蛋性状特别突出的鸡种。好的饲养环境条件有利于蛋鸡高生产性能的发挥，也可饲养白壳蛋鸡，既能获得高产，还能节约饲料。

4）炎热地区，饲养体型较小、抗热能力强的鸡种；寒冷地区饲养体型稍大、抗旱能力强的鸡种。

（3）重视鸡种遗传特性和生产性能的选择。

1）具有优良蛋鸡品种的外貌特征。精神良好，体质健壮，结构匀称，发育良好，性情温驯，采食性强，额宽喙短，眼大有

神，胸宽深而向前突出，背平宽而长，龙骨直而不弯，腹大柔软，公鸡耻骨坚硬，母鸡耻骨细软且宽，两脚粗壮且间距较宽，全身羽毛光洁润滑，紧贴身体。体型较长，体重适中，若体型太大，生产性能相对较差，产卵、孵化及育雏能力不理想；而体型较小时雏鸡的生长速度较慢，上市体重达不到要求。

2）供种鸡场系谱清晰。鸡场的原始记录形成的系谱档案完备，通过对系谱的分析，可以直接了解每只鸡的家系遗传情况和繁殖特性，以供选择种鸡时参考。选择优良的种鸡需有优良的亲代。应充分了解鸡的亲代和祖代的情况，但主要考虑父母代的情况。

3）充分考虑后裔的综合生产性能。后裔的体型、体质、体重、就巢、产蛋、孵化、受精、出雏、育雏及雏鸡生长速度、抗病能力、饲料报酬等方面得到全面提升，尤其是繁殖性能高于鸡群的平均值。

14. 怎样选择合适的供种商?

确定了饲养的鸡种类型和鸡种之后，就要考虑引种源问题，也就是确定一家合适的供种商。在确定供种商时应注意以下问题：

(1) 看供种商有无生产经营许可证。供种商必须持有种畜禽生产经营许可证才可从事种畜禽的销售，种鸡生产经营许可证由当地畜牧主管部门发放，不要在无证经营的供种商处购买雏鸡。

(2) 看供种商的供种鸡群是否经过免疫。了解供种鸡群是否患有白痢等蛋源性传染病，这类传染病对后代生产性能影响很大，必须剔除此类隐患。

(3) 看供种商种鸡群的饲养规模和日龄。种鸡日龄过大，所产的种蛋质量较差；鸡群规模过小，留种时间长，也有可能一次供应的是不同日龄种鸡所产的种蛋，由于日龄不同，鸡群的免疫状况不同，孵出的雏鸡的母源抗体也不相同，这不利于开展和做好雏鸡的免疫工作。

（4）看供种商的孵化条件和技术。孵化条件包括设备条件和卫生条件。供应商应有良好的孵化措施，保证胚胎发育正常，种蛋孵化顺利；同时，种蛋的消毒和卫生措施要做好，设施差、环境肮脏是无法孵出优质的雏鸡的。此外，供应商的孵化技术水平的高低也直接影响雏鸡的品质，孵化不良生产的弱雏很难成活，即使成活也很难取得好的生产成绩。

（5）看雌雄鉴别水平。蛋鸡业只培育母雏鸡产蛋，公雏鸡在出生时淘汰，雌雄鉴别水平低，鉴别准确率差，母雏鸡中混入的公雏鸡过多，将影响上笼时的笼位利用率，降低经济效益。一般供种商的鉴别率不应低于96%。

15. 如何根据外貌和生理特征选择高产蛋（种）鸡?

选择是育种的中心问题，包括自然选择和人工选择。人工选择可以通过诱导创造出新的基因，并把自然条件下或人工诱导产生的有利突变保留下来，有利于变异基因获得优先发展扩散成群体的主要类型，通过培育形成新的品种。通常分3个阶段进行。首先外貌特征要符合品种特征的要求，其次要结合生产性能进行选择。

（1）种用雏鸡的选择。可在6~8周龄时进行。选留羽毛生长迅速、体重适中、发育良好、身体匀称、健壮的雏鸡；将羽毛生长差、毛色杂、体重过轻、有生理缺陷的鸡淘汰。白壳蛋系和褐壳蛋系种公雏8周龄体重分别为0.73千克和1.05千克，种母雏8周龄体重白壳蛋系为0.58千克，褐壳蛋系为0.78千克。

（2）种用育成鸡的选择。可在20~22周龄左右进行。不但鸡的体型、外貌要求符合品种特征，而且要求外貌结构良好，身

体健康，未患过严重传染病，体重发育符合品种标准。

（3）成年种鸡的选择。产蛋鸡产蛋性能高低的外貌表现非常明显，也就是说鸡的外貌和生理特征与产蛋力具有一定的相关性。蛋鸡选择一般在春季或者秋季进行，可从母鸡的冠、肉垂、耻骨、肛门及腹部等来区分高产、低产鸡。高产鸡头部大小适中、清秀；喙较粗、略短、稍弯曲；眼睛明亮有神；活泼、性情温顺、食性强；鸡冠大，颜色鲜红；体躯背部长而平，腰宽，腹部容积大；身体匀称、发育正常；皮肤薄而软，有弹性，手感好；耻骨间距大，可容3指以上；泄殖腔呈扁圆形，大而湿润；胸耻间距大，可容4指以上；羽毛整齐，清洁；鸡爪磨损少；换羽开始迟，持续时间短；对外界变化灵敏，动作活跃；觅食力强，嗉囊经常饱满。低产鸡头部粗重，过长或过短；喙细长无力或过弯似鹰嘴；眼睛无活力；鸡冠小，苍白；精神迟钝、觅食性差；体躯背短，腰窄，腹部容积小；体型过肥或过瘦；皮肤厚而粗，脂肪多，发紧发硬；耻骨间距小，仅容2指以下；泄殖腔小，圆形，不怎么湿润；胸耻间距小，仅容3指以下；羽毛污脏，残缺；普通饲养的鸡，鸡爪大都磨损；换羽开始早，持续时间长；动作不活跃；觅食力弱，嗉囊不饱满。

16. 如何根据生产记录选择高产蛋（种）鸡?

在蛋鸡生产性能差异不大时，根据外貌与生理特征进行选择和淘汰的方法，选择容易出现误差。要想选出真正具有优秀基因组合，并能将其高产性能遗传给后代的个体，选择的主要依据应该是生产记录。

对于蛋鸡和种鸡来说，育种场需要做好记录的主要性状包括：产蛋量、产蛋率、蛋重、蛋壳厚度和强度、蛋壳结构（砂壳、裂纹或皱纹等）、蛋壳颜色、血斑与肉斑、性成熟期、受精率、孵化率、雏鸡生活力、初生体重、抗病力、耗料比等主要性状。育种场应准确系统地做好生产记录，定期对生产性能资料进行统计，为选择和淘汰提供准确可靠的依据。具体方法如下：

(1) 根据个体成绩进行选择。将群体中的个体按生产记录值的高低顺序排序，根据留种数量优先选取名次在前的个体。这种方法适合选择遗传力高的性状，比如周龄体重、蛋重和蛋的品质等，这类性状上下两代之间的相关性高，选择高产或优良的个体，有望得到高产或优良的后代。

(2) 根据家系成绩进行选择。育成鸡、雏鸡和公鸡本身没有生产记录，但它们与祖先具有一定的遗传相关性，因此可根据系谱资料来推断它们可能具有的性能，对其进行选择和淘汰。遗传力低的性状，每个个体的表型值受环境的影响大，而利用家系内每个个体的平均值进行选择，能消除环境效应的影响。因此，选择种鸡时，对于遗传力低的性状，宜采用家系选择的方法，也就是根据家系内各个体的记录均值，选择均值高的家系留作种用。一般运用父代和祖代的系谱资料，因为血缘越近，影响越大。

(3) 根据全同胞或半同胞生产成绩进行选择。全同胞是指父母都相同的兄弟姐妹，半同胞是指只同父或只同母的兄弟姐妹。同胞和半同胞在遗传上有一定的相似性，它们的生产性能接近，因此，鉴定同胞或半同胞平均成绩的优劣，可对选择个体的生产性能做出初步的判断，以决定去留。对于没有生产记录的雏鸡、育成鸡和种公鸡的选择，就可根据其同胞或半同胞的平均产蛋成绩来鉴定，这是一种重要又有用的方法。

(4) 根据后裔成绩进行选择。利用以上三种方法选择出来的种鸡，是否真的能将其优良的生产性能遗传给后代，唯有通过测定后代的生产性能来判断。根据后裔成绩进行选择是表型选择方法的最高层，利用这种方法可以明确所选择的种鸡是优秀的，能把优秀的遗传品质真实和稳定地遗传给后代。根据后裔成绩鉴

定种鸡也有一定局限性，此时种鸡的年龄至少在两岁半以上，可利用的时间已经不多，但可根据鉴定结果来建立优秀家系。

17. 蛋鸡的配种技术有哪些?

蛋鸡的配种技术有两种，自然交配和人工授精。

（1）自然交配。自然交配方法分为大群配种和小群配种。大群配种是在 40 只以上的较大母鸡群中放入一定比例的公鸡，让公母鸡随机交配；多用于大群父母代种鸡群，最大的优点是受精率较高。小群配种是采用单间或隔网的方法，在 10 只左右的小批母鸡群中放入 1 只公鸡，让其自然交配；此法适用于育种，在生产上已经不使用。

（2）人工授精。人工授精是指利用专门器械，采取公鸡的精液，经过稀释和处理后，再将精液输送到母鸡生殖道内，以代替自然交配的配种方法，见图 3－1。

图 3－1　工作人员为种鸡进行人工授精

鸡人工授精技术主要有以下优点：①扩大公母比例。应用鸡人工授精技术可扩大饲养鸡群公母比例，公母比例可从自然交配的1∶(10～15）扩大到1∶(20～25)，少养公鸡，提高良种利用率，大幅减少种公鸡的饲养量，充分利用鸡舍面积，降低饲养成本。②提高了种蛋受精率，可按照供种需要随时提供受精率高的种蛋。③克服因体格大小而造成的配种困难，使杂种优势得到充分利用。④减少疾病的传播；克服时间和区域的差异，适时配种。⑤鸡人工授精技术操作简单、易行，节省人力、物力、财力，提高经济效益。

18. 自然交配或人工授精如何确定适宜的公母配种比例?

种鸡公母比例适当，既可提高种蛋受精率，又可节约饲料开支。一般父母代种鸡进雏时公鸡占母鸡的15%，到20周龄时保留11%～12%，产蛋期保留8%～10%。自然交配时，1只蛋用种公鸡可配母鸡8～10只；采用人工授精时，如按每周授精一次，则1只种公鸡可配30只甚至更多的母鸡。其具体情况要考虑以下几个因素：

(1）配种年龄。种公鸡多在9月龄时开始配种，母鸡在开产后3～4周可以配种。新培养的公鸡配种能力较强，公母比例可大些；而老年公鸡配种能力弱，应降低公母比例。

(2）配种季节。春秋季节气候适宜，种鸡精力旺盛，公母比例可大些；夏冬季节，应考虑公母比例略小一些。

(3）健康状况。根据种鸡的健康状况及时调整公母比例，淘汰无种用价值的公母鸡，更换病、残、体弱的公鸡，保证鸡群的相对稳定。

19. 公鸡和母鸡的种用年龄、年限有何要求?

种公鸡从22周龄可用于配种，可以一直使用到72周龄，其

受精率仍不降低，种公鸡一般可使用 3 年。

种母鸡从 26 周龄编群配种、采种蛋，再养 48 周淘汰。在此日龄范围内，种蛋受精率可高达 86.3% 以上。育种用优秀母鸡可以使用 2 ~3 年。

20. 如何准备和清洗消毒人工授精器具?

（1）准备好采精杯、贮精器和授精器等器具。采精杯是利用棕色玻璃制成的空心漏斗状器具，贮精器是棕色的离心管，授精器是橡皮滴管或用 25 微米或 50 微米的微量洗液器制成的器具。

（2）新购买的人工授精器具的清洗和消毒。由于新购买的器具上附有游离性碱性物质，影响精液质量，因此要先用肥皂水侵泡、刷洗，再用自来水冲洗干净，然后用 1% ~2% 的盐酸水溶液浸泡 4 小时，再用自来水冲洗干净，用蒸馏水冲洗 2 ~3 次后，放在 100 ~130 ℃烘箱中烘干消毒备用。

（3）集精管和 Tip 头使用后的清洗和消毒。为防止交叉感染的发生，人工授精器具每次使用后，要进行彻底地消毒。

1）集精管消毒流程如下。用完后放入清水中浸泡，将用过的集精管收集后转入洗涤室，先用超声波洗涤 10 分钟，捞出后用清水洗涤 4 次，然后 80 ℃烘干消毒后封装，微生物检测合格后准予使用。

2）Tip 头的消毒流程如下。使用微量移液器作为输精器具（图 3 –2），要使用大量的 Tip 头，用完后立即浸泡在水中。Tip 头收集后转入洗涤室，先用清水浸泡 16 小时，捞出用清水洗涤 4 次，然后捞出装袋并甩干，装盒码放好，80 ℃烘干消毒后加盖备用，使用前先进行微生物检验，合格后方能使用。

（4）输精器具消毒后微生物检测的评价标准。输精器具经严格消毒后，使用前要进行微生物检测，要求各器具的微生物检

图3－2 移液器制作的种鸡输精枪

测指标全部达标。评价标准分优、良、中、差四等。优为干净，物体表面监测微生物0～10个/厘米^2；良为轻度污染，11～20个/厘米^2；中为中度污染，21～30个/厘米^2；差为高度污染，30个/厘米^2。

21. 如何进行种公鸡的采精操作？

（1）人工采精的操作。生产中采精多为2人配合进行，一人为助手保定公鸡，另一人采精（图3－3）；也可以一人坐着保定公鸡进行采精。以背式按摩采精法为好，操作简单，又可减少透明液和粪尿污染。助手两手分别握住公鸡大腿基部，并用拇指压住部分翅膀，两腿自然分开，尾部向操作者稍抬高，固定于助手腰部一侧。操作者将集精杯夹于无名指和小手指之间，食指和拇指横跨托在泄殖腔下方；另一手放在公鸡背部，自背鞍部向尾部方向轻快地滑动按摩2～3次，引起公鸡性欲，待公鸡泄殖腔外翻，露出乳状突（交尾器）时，迅速将手翻到尾部下面，并尽快将拇指和食指横跨在泄殖腔两侧，从后面捏住外翻的乳状突，一松一紧地施加适当压力，公鸡射出乳白色如牛奶样精液时，用集精杯刮接精液。如此反复地按摩采精2～3次，直至公鸡排完精液为止。每只鸡每次的采精量为0.25～1.1毫升。

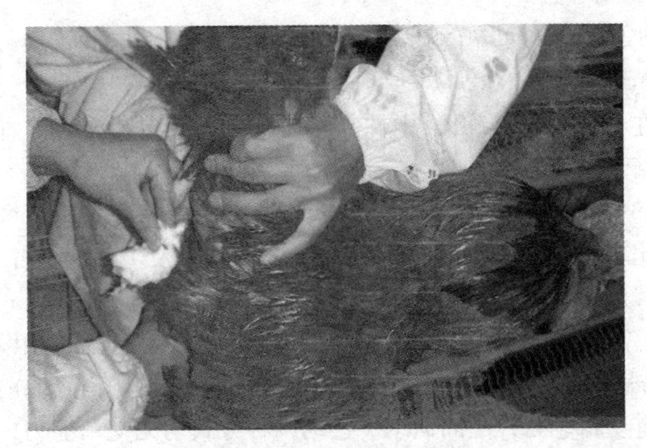

图3－3　公鸡采精操作

（2）注意事项。①采精前必须对公鸡进行调教训练。②采精前4周应将公鸡上笼，最好单笼饲养，使其熟悉环境，以利于采精。③公鸡采精前1～4小时要停食，防止饱食后采精时排粪，影响精液质量。④采精时按摩的时间不能过长，用力不能过大，以免损伤公鸡，影响精液品质。⑤固定采精员，因为采精的熟练程度、手势和压迫力的不同都影响采精量和品质。⑥采精用具应经过刷洗、晾干或烘干、消毒后使用。⑦采集的精液应立即置于30～35℃的保温瓶内保存，精液最好在采精后30分内用完，否则活力将会大大降低，影响种蛋的受精率。

22. 如何检查精液品质？

（1）检查精液的颜色。正常精液为乳白色或微带黄色，不透明液体。混入血液为粉红色；被粪便污染为黄褐色；尿酸盐混入时，呈粉白色棉絮状块；过量的透明液混入，则见有水渍状。凡受污染的精液，品质均急剧下降，受精率不高。

（2）检查射精量。射精量受多种因素的影响，包括鸡的品种、品系、年龄、生理状况、光照制度、饲养与管理条件等。公鸡的使用制度和采精的熟练程度也对射精量有影响。蛋用种公鸡的射精量一般为0.05~1毫升，平均为0.34毫升，大多公鸡射精量在0.2~0.5毫升，中性品种公鸡的射精量比轻型品种公鸡的射精量高很多。

（3）检查精子活力。精子活力是指精液中直线前进精子所占的比率。在采精后30分钟内进行，取精液及生理盐水各1滴，置于载玻片一端，混匀，放上盖玻片，精液不宜过多，以布满载玻片、盖玻片的空隙，而又不溢出为宜。在37℃条件，用200~400倍显微镜检查。按下面3种活动方式估计评定：直线前进运动，有受精能力；圆周运动、摆动两种方式均无受精能力；活力高，密度大的精液在显微镜下可见精子呈波浪式的运动。

（4）检查精液浓度。一般将精液浓度分为浓、中、稀三种。显微镜下，若见整个视野布满精子，精子间几乎无空隙，限每毫升精液有精子40亿个以上（密）；若在一个视野中，精子之间距离明显，即每毫升精液有精子20亿~40亿个（中）；若精子间有很大空隙，即每毫升精液有精子20亿个以下（稀）。公鸡精液一般为5亿~100亿个/毫升，平均浓度为30.4亿个/毫升。用于人工授精的公鸡，其精液浓度应在30亿个/毫升以上。

（5）检查精子畸形率。取精液1滴于玻片上，抹片，自然干燥后，用95%酒精固定1~2分种，冲洗，再用0.5%龙胆紫（或红、蓝墨水染3分钟，冲洗，干后即在显微镜下检查，数300~500个精子中有多少个畸形精子，畸形精子数量越多，精液的受精能力越小。

（6）检查精液酸碱度。精液中有碳酸盐、枸橼酸盐等大量的弱酸盐，可起到缓冲剂的作用，中和代谢过程中的精子死亡后产生的大量碱性化合物。在抓鸡和按摩采精时，精液中易落入酸性或碱性物质以及公鸡泄殖腔分泌物，导致精液酸碱度发生变化。此外，精液在保存中由于微生物繁殖，酸碱度可能会偏酸性

变化。因此，要检查精液酸碱度是否正常。精液的 pH 值一般为 6.2～7.4，平均 pH 值为 6.75。

23. 精液的保存方法有哪些？

（1）常温短时保存。在保温杯上盖中间装上一个有孔的胶塞，从胶塞孔中插入一支直径 1.2 厘米的小试管，保温杯中注满 30～32 ℃的温水，使试管浸于保温杯的温水中。把采到的新鲜精液以尽可能快的速度用多液管从集精杯中移入试管内，再加适量的稀释液（图 3－4），此法适用于马上输精。

图 3－4　家禽精液稀释液

（2）低温短期保存。在采精后的 15 分钟内，用适宜的稀释液稀释精液，置于 2～5 ℃的环境条件下，可保存 5～24 小时。

（3）超低温长期保存。精液按 1∶3 用稀释液稀释，在 5 ℃的条件下冷却 2 分钟后，加入 8% 甘油；在 5 ℃条件下存放 10 分钟，然后进行颗粒滴冻或安瓿冷冻；冷冻速度为每分钟降低 7 ℃，一直降温到 －196 ℃为止，最后放入液氮罐中超低温保存。

24. 如何配制适宜的鸡精液稀释液？

好的种鸡精液稀释液配方，能延长精子的体外存活时间，提高精子活力。经过稀释液配方的优化研究，研究人员确定了以下配方为适宜的种鸡精液稀释液配方：葡萄糖 4 克，丁胺卡那 1 克，头孢 1 克，蛋黄 1.5 毫升，生理盐水 100 毫升。该配方经试验测定，结果表明，稀释后的精液精子存活时间较稀释前延长了 28 分钟，说明稀释后的精液更有利于精子的存活。

25. 输精剂量定为多少最合适?

随着鸡精液稀释液的应用，精液品质检测越来越规范化，确定适宜的输精剂量，不仅能保证较高的鸡群受精率，还能提高精液利用率，为此，研究人员开展了减少输精剂量的试验。研究结果表明，精液稀释处理后，鸡人工授精的输精剂量由 50 微升下降到 40 微升后鸡群受精率的差异不显著；随后的大面积推广应用表明，输精剂量为 40 微升鸡群受精率仍可维持在 92% 以上。因此，从提高生产效益和经济效益的角度来说，40 微升为较为适宜的输精剂量。

26. 母鸡输精有哪些操作要点?

输精起码 2 人配合才能完成，1 人抓鸡翻肛，1 人输精液。但实践中为了提高工作效率，多为 3 人 1 组，2 人负责翻肛，1 人负责输精。

（1）翻肛操作。翻肛人员将鸡的双腿抓紧，鸡头朝前，泄殖腔面对自己，将鸡稍微提起，左手掌置母鸡耻骨下，用小指和无名指拨开泄殖腔周围的羽毛，并在腹部柔软处施以压力；施压时小指、无名指向下压，中指斜压，食指与拇指向下向内轻压，输卵管便可露出。

（2）输精操作。输卵管外露后即可输精。当输精滴管（枪）插入阴道 2 ~ 3 厘米后，在输精员捏胶帽时，翻扛人员要解除对鸡腹部的挤压，借助腹内负压与输卵管的收缩，使精液全部进入

体内。为了防止翻肛时粪便溅出，可用右手心盖住直肠口。注意不要将空气输入输卵管内，这样易使精液外溢，影响受精率。若为冷冻精液，必须进行腹膜内输精方法授精。其方法为：由一人将母鸡仰卧固定，用消过毒的 1 毫升结核菌素注射器套上 5 号长针头，从胸骨末端后 1.5 厘米外插入，针头做 70～80 度倾斜，向母鸡左侧卵巢囊方向输精。冷冻精液先在 30 ℃水浴中解冻或 40～41 ℃水浴中快速解冻。输精前，先在上述部位注入 1.2 毫升青霉素、链霉素液（含青霉素、链霉素各 5 万单位）。生产实践中建议每次给母鸡输入（70～100）$\times 10^6$ 个优质精子，蛋用型母鸡盛产期，每次输入原精液 0.025 毫升，每 5～7 天输 1 次为宜；产蛋中末期输 0.05 毫升原精液，每 4～5 天输 1 次。建议输精时间选择在一天内大部分母鸡产蛋后，或母鸡产蛋前 4 小时，或产蛋 3 小时以后输精。具体时间安排应按当时光照情况而定，通常在 16～17 时输精，不能早于 15 时。

（3）输精操作注意事项。

1）注意排粪处理。翻肛时不要大力挤压腹部，以防排出粪尿，污染肛门和弄脏采精人员衣物。如有排粪迹象，要多操作几次翻肛动作，使粪便先排出，然后再输精。

2）注意判断停产母鸡。捉鸡时凡是乱撞、极其不安的母鸡，大多是停产母鸡，很难翻肛，没必要输精。

3）做好输精吸管的消毒。每输完一只母鸡，输精吸管尖端要用消毒药棉消毒，以防污染。

4）输精要及时。为保证输入的精液新鲜，采集的精液要在 0.5～1 小时输完，最好一边采精一边授精，缩短精液暴露在外界的时间。

5）输精时间要适宜。一般输精安排在当天下午 2 时进行，输精时间太早，大多母鸡的输卵管内还有未排出的蛋，影响输精效果。

6）输精量要充足。排卵一般发生在产蛋后20分钟左右，当输卵管中有足够的精子数目，并且漏斗部保证有健壮的精子及时与卵子相遇，才能完成受精过程。要获得高受精率所需的精子数量最少为0.4亿～0.7亿个，为保险起见，一般输精0.8亿～1亿个精子，相当于约0.025毫升精液。若原精1∶1稀释，每次输精量就为0.5毫升。轻型品种公鸡射精量少，但精子浓度大；中型品种公鸡射精量大，但精子浓度低。在输精时不仅要充分考虑品种特点，还要考虑鸡的年龄增加、温度变化等因素。年龄大的鸡，精子活力下降，精子浓度降低；炎热天气死精多，此时应适当增加输精量，以保证获得高受精率。

7）掌握好适宜的输精间隔时间。要保持种鸡在整个供种期有较高的受精率，必须使输精后受精率的曲线高峰平稳地连成一条直线，避免曲线降落。因此，把握好适宜的输精间隔时间非常重要。熟悉产受精蛋的时间变化规律，每次输精安排在受精率曲线下降的前两天。让曲线变成一波未平一波又起和后浪推前浪的局面，曲线高峰始终保持高水平。提前输精只有益处没有坏处，推迟输精对受精率有不利影响。过量输精或缩短输精间隔，会造成血清中精子的抗体滴度增加，从而降低受精率。一般夏季4～5天一次，其他季节6～7天一次。

8）输精部位要准确。人工授精的授精部位，基本与公鸡自由交配情况相似。在输精时，将母鸡阴道翻出，露出阴道口与排粪口时，将输精管插入1.5厘米左右处，即在阴道与子宫连接部位输入精液。此部位输精能保证不发生碰伤输卵管而影响受精率的现象。

9）保证输精器卫生。最好一只鸡用一个输精器，如果条件达不到，要做好输精器的消毒卫生工作，如使用40%的酒精溶液浸泡的棉球擦拭输精器的头部。

27. 为什么输精器具最好用移液器代替胶头滴管?

使用胶头滴管给蛋种鸡输精时存在一些缺点，包括精液剂量难以控制、操作麻烦、滴管无法彻底消毒等。研究人员通过对输精器具的研究，认为用微量移液器作为新的输精器具，能够解决胶头滴管存在的以上问题（图 3－5）。用微量移液器作为输精器具，要将移液器的又长又细的 Tip 头剪短 0.5 厘米，可防止使用时精液残留和精液浪费问题。移液器在使用一段时间后，其管道部位会变细，不易插入 Tip 头，影响工作效率。可利用热胀冷缩的原理，使移液器管道部位扩张、加粗，实现移液器再次利用。

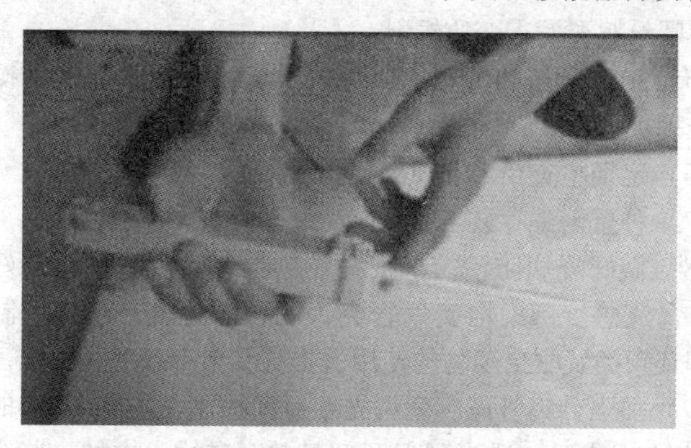

图 3－5　微量移液器制作的输精器具

28. 提高种蛋合格率及受精率的途径有哪些?

（1）使用优质的公鸡。确保采到品质好和清洁的精液，春季因生长环境适宜，公鸡精液数量较多；夏末和秋初精液数量较少。

（2）掌握受精规律。保证有足够精子的适宜输精量、输精最佳时间、适当的输精间隔时间、输精的深度、精液的新鲜度

(采集的精液须在半小时内输完)。60 周龄后的母鸡，要适当增加输精量，同时适当缩短输精间隔时间。

(3) 维持种鸡舍适宜温度：种鸡群生产较适宜的温度是 20 ~25 ℃，过高或过低对精液的产生和品质都有不利影响，从而使受精率下降。

(4) 保证日粮质量优良：营养缺乏会导致种鸡繁殖力降低，受精率下降。在种鸡饲料中，应满足其能量、蛋白质、维生素、矿物质，特别是钙、维生素 A、维生素 E、维生素 D 等营养的需要，每千克饲料中维生素 A 应含 1 万 ~2 万单位，维生素 E 应含 20 ~40 毫克，维生素 D 应达到 2 000 单位。种鸡饲料要保持新鲜，不喂给鸡群发霉变质饲料。

(5) 正确采精和输精，避免二次感染，翻肛和输精操作要熟练准确。

(6) 定期检查精液品质，确保精液质量。

(7) 种蛋消毒存放。

(8) 做好疫病防治。根据种鸡场推荐免疫程序，搞好鸡新城疫、禽流感、传染性支气管炎等的预防免疫。严格控制磺胺类、四环素类及驱虫药物的使用，提高受精率。

(9) 加强种鸡管理。公鸡光照时间控制在 14 ~16 小时，母鸡控制在 16 小时。适当延迟开产日龄，在饮水中加一些维生素 B 添加剂，可提高初产蛋的合格率；后期为防止蛋过重，母鸡日粮中要控制含硫氨基酸的含量。公鸡实行单笼饲养，母鸡每笼不超过 3 只，尽量减少高温、低温、噪声、不当光照、换料、防疫等应激因素，提高受精率。

(10) 严格控制蛋重，太小或太大的蛋均不能作为种蛋使用；管理好地面上的垫料和产蛋窝，降低脏蛋数量；捡蛋要轻拿轻放，严禁相互碰撞，并将脏蛋、破蛋与好蛋严格分开；捡蛋要注意产蛋时间，每天捡蛋次数不能少于 5 次。

（11）提高蛋壳品质，减少畸形蛋的比例。

29. 夏季炎热季节如何提高鸡蛋受精率?

（1）做好降温防暑工作，为种鸡提供适宜的环境温度，避免温度过高。

（2）植树或改变鸡舍构造，减少阳光直射，降低舍内温度。

（3）增加通风，降低饲养密度，改善鸡舍内环境。

（4）增加饲料营养浓度，满足种鸡的营养需要（特别是公鸡），尤其是维生素、矿物质和蛋白质的添加，同时保证饮水充足。

（5）选用年轻力壮的公鸡替换老龄公鸡，可提高受精率。

（6）加强饲养管理，提高输精人员的责任心。

30. 如何选择合格种蛋?

一般从26周开始收集种蛋。合格种蛋应具备以下条件：蛋重在50克以上（蛋重与雏鸡重量有密切的关系，如种蛋重少1克，会导致雏鸡6~8周龄时有6~13克的体重差异），没有任何裂纹，蛋壳质量要好，不能用湿布擦或水洗种蛋，种蛋不携带垂直传染的病毒和细菌。种蛋必须来自有种畜禽经营许可证、饲养环境好、管理科学严格的种鸡场。同时种鸡群要求健康无病，日粮均衡全面，生产性能优良。选择种蛋时要遵循以下原则：

（1）种蛋的色泽、大小和形状符合其品种固有的标准要求。蛋形以椭圆形为好，蛋重一般为均重±15%。剔除过大过小、过长过圆的鸡蛋。

（2）蛋壳质地致密均匀，厚薄适当，表面平整，无裂纹，敲击响声正常。有的蛋壳过于厚实细密，敲击发出类似金属的响声，俗称“钢皮蛋”，这种蛋孵化时受热缓慢，气体交换不畅，水分蒸发慢，雏鸡啄壳困难，很难孵化，需剔除。另外还有一种

“砂皮蛋”，蛋壳因钙沉积不均匀，蛋壳粗糙而薄，水分蒸发迅速，容易破碎，也应剔除。

（3）蛋壳应清洁卫生无污染。蛋壳表面有粪便污染的鸡蛋，气体交换不畅，同时微生物易侵入蛋内，种蛋易变质，这样的蛋污染孵化器，使孵化率降低。污染的种蛋，要先清洗和消毒，才能入孵。

（4）种蛋质量合格。利用照蛋器，通过光线查看鸡蛋的质量，看蛋壳、气室、蛋黄等部位，是否有散黄、血丝、裂纹、气室大小异常、霉点等，这些情况都应剔除。

31．何时对种蛋进行消毒？

（1）每次捡蛋之后立即消毒种蛋。种蛋产出后，其表面一般都受到微生物的污染。种蛋表面的细菌数量与种蛋产出的时间和种蛋的污浊程度呈高度的正相关。如刚产出的蛋细菌数为300～500个，产出15分钟后增到1 500～3 000个，1小时后增至20 000～30 000个。清洁的蛋，细菌数为3 000～3 400个，受污蛋细菌数为25 000～28 000个，脏蛋为39 000～43 000个。另外，气温高低和湿度大小也会影响种蛋的细菌数。所以种蛋的消毒应该在种蛋收集后立即进行，但在生产中不易做到。生产中，种蛋的第一次消毒是在每次捡蛋完毕立即进行消毒。为缩短蛋产出到消毒的间隔时间，可以增加捡蛋次数，每天可以捡蛋5～6次。

（2）入孵前和孵化过程中对种蛋的消毒。种蛋在入孵前和孵化过程中，还要进行消毒，因为经过第一次消毒后的种蛋在保存运输过程中有被重复污染的可能。

32．种蛋的消毒方法有哪些？

（1）福尔马林（40%甲醛溶液）熏蒸。种蛋表面沾有粪便和泥土时，先清洗干净。然后将种蛋摆放在专用种蛋消毒室、消

毒筐或蛋库、孵化器等封闭的空间和容器内，按每立方米容积30毫升福尔马林、15克高锰酸钾备好消毒药液；选用陶瓷或陶土盆，加入备好的高锰酸钾；然后，加入福尔马林，在温度25～27℃、相对湿度75%～80%的环境下密闭熏蒸，20～30分钟后打开门窗，排出甲醛气体。注意不要将高锰酸钾倒入福尔马林中，这样会马上引起剧烈反应。

（2）过氧乙酸消毒。过氧乙酸是一种高效广谱和快速的消毒剂。将种蛋置于密封的容器内，每立方米用含16%的过氧乙酸溶液40～60毫升，加高锰酸钾4～6克熏蒸15分钟。过氧乙酸遇热不稳定，如40%以上浓度加热至50℃易引起爆炸，因此应在低温下保存。它无色透明、腐蚀性强，不能接触衣服、皮肤，消毒时可用陶瓷或搪瓷盆盛装，现配现用。

（3）溶液浸泡消毒。常用的消毒剂有0.1%新洁尔灭溶液，浸泡5分钟；或0.05%高锰酸钾溶液，浸泡1分钟；或在含1.5%活性氯的漂白粉溶液中浸泡3分钟等，浸泡时水温控制在43～50℃。

（4）溶液喷雾消毒。新洁尔灭原浓度为5%，加水50倍配成0.1%的溶液，用喷雾器喷洒在种蛋的表面（注意上下蛋面均要喷到），药液干后即可入孵；用10%的过氯乙酸原液，加水稀释200倍，用喷雾器喷于种蛋表面；用浓度为80毫克/升微温二氧化氯溶液对蛋面进行喷雾消毒；用200毫克/千克季铵盐溶液，直接用喷雾器把药液喷洒在种蛋的表面，消毒效果良好。

（5）温差浸蛋。对于受到某些疫病病原，如败血型霉形体、滑液囊霉形体污染的种蛋可以采用温差浸蛋法。入孵前将种蛋在37.8℃下预热3～6小时，当蛋温度升到32.2℃左右时，放入抗菌药（硫酸庆大霉素或泰乐菌素+碘+红霉素）中，浸泡15分钟取出，可杀死大部霉形体。

（6）紫外线及臭氧发生器消毒。在消毒室内安装40瓦紫外线灯管，距离蛋面40厘米，照射1分钟，翻过种蛋，背面再照射1次即可；或把臭氧发生器装在消毒柜或小房内，放好种蛋后关闭所有气孔，使室内的氧气变成臭氧，使种蛋得到消毒。

33. 种蛋孵化前应做好哪些准备工作?

（1）制订详细的孵化计划。根据鸡场的养殖计划或销售合同、市场的需要以及种蛋的供应情况制订孵化计划，合理安排入孵时间和入孵的种蛋数量。孵化计划包括的项目有品种、批次、入孵、入孵种蛋数、照蛋、出雏消毒、移盘、出雏、雏鸡鉴别、接种疫苗、接雏等。

（2）孵化室、孵化机等孵化用具全面检修和清洁消毒。保证孵化室和孵化设备用具能正常使用，按照清扫、清洗、喷洒消毒药和密封熏蒸的步骤对所有设备用具进行消毒。孵化机在入孵前采用甲醛熏蒸法消毒，将机器温度上升到27 ℃，湿度达到65%时，孵化器每立方米用高锰酸钾15克，福尔马林30毫升，熏蒸20分钟。消毒完毕后打开排风扇，排出甲醛气体。

（3）其他附属用品的贮备。在孵化前一周要准备好孵化要用到的一些附属用品，如照蛋灯、消毒用品、防疫注射器、温度计、湿度计、电动机转动皮带、记录表等。

（4）调试孵化机设备。入孵前全面检查孵化器的电力供温、自动控温、仪表测温、翻蛋及通风系统功能是否正常，还要注意测定孵化器内温度是否均匀，同时孵化人员要熟悉和掌握孵化机的性能和状态。检查完毕后，试机运行1~2天，一切正常再开始入蛋孵化。电压不稳的地方要安装稳压器，还要准备专用的发电设备和备用电源，以防临时意外停电事故的发生。

34. 如何进行照蛋操作?

（1）照蛋器的准备。照蛋器可因地制宜，就地取材。最简

便的是在孵化室的窗或门上，开一个比蛋略小的圆孔，利用阳光透视。也可以采用方形木箱或铁皮圆筒，开一直径约 2.5 厘米的照蛋孔，其内放置电灯或燃油灯，将蛋逐个朝向孔口，稍微转动对光照检。大多采用手持式照蛋器。目前市场上有专用的产品照蛋器销售。

（2）照蛋操作。照蛋时，将照蛋器的孔按在蛋的大头逐个点照，顺次将蛋盘上的种蛋照完为止。为了提高照蛋的清晰度，照蛋室要保持黑暗，并维持一定的温度（28 ~ 30 ℃），照蛋操作力求敏捷准确，见图 3 – 6。

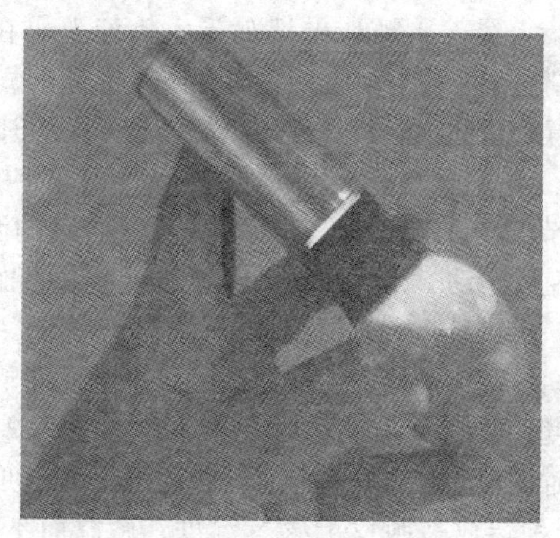

图 3 – 6　照蛋操作

35. 鸡蛋的入孵方式有哪些?

鸡蛋入孵方式分为两种：整批入孵和分批入孵。

（1）整批入孵。就是一次把孵化机装满，大型孵化厂多采用这种入孵方式。

（2）分批入孵。小型孵化厂多采用这种入孵方式。一般每隔 3 天、5 天和 7 天入孵一批种蛋，同时出一批雏鸡。机器孵化大多7天入孵一批种蛋，孵化室温度保持在23.9～29.4℃，孵化器温度保持恒温37.8℃，进气孔和排气孔都要打开。在冬春寒冷季节，分批入孵要注意种蛋的预温工作，在入孵前应将种蛋放在孵化室停放数小时逐渐升温至室温，然后再入孵。此外，分批入孵时，各批次蛋盘应交错放置，有利于各批蛋受热均匀。入孵时间最好安排在下午4时，这样大批出雏的时间可集中在白天，便于工作。

36. 孵化操作过程中应做好哪些日常工作？

（1）码盘上蛋。入孵前先把鸡蛋大头朝上码在孵化盘上，码好盘后放到蛋架车的层架上，暂时存放或推进熏蒸间消毒。分批入孵时注意种蛋的预温、蛋盘的交错摆放和入孵时间有利于白天集中出雏。

（2）调节温度和湿度。入孵前要先设置合理的温度和湿度，设定好不再随意扭动。初入孵，由于开门引起热量散失、种蛋和孵化盘吸收一定热量，孵化器温度开始降低，经3～6小时即可达到设定温度。孵化开始后，要经常观察并记录机显温、湿度和门显温、湿度。要求每隔半小时观察1次，每隔2小时记录1次，以便及时发现问题和处理。有经验的孵化员，可以采取“看胚施温”，将种蛋放在眼皮上感受温度，微温而不凉说明温度正常。

（3）通风换气。孵化过程中，为保证胚胎正常生长发育，在不影响温度和湿度的前提下，一定要保证良好的通风换气。恒温孵化时，孵化机一半以上的通气孔都要打开，在落盘后要全部打开。变温孵化时，随着胚胎日龄的增加，需要的氧气越来越多，要逐渐开大排气孔，特别是孵化第14～15天后，更要注意通风散热。

（4）照蛋。规模化孵化一般在孵化第10天进行1次照蛋。

非规模化孵化一般整个孵化过程中共进行 3 次照蛋检查。①第 1 次照检，入孵后第 7 天进行，挑出无精蛋和死胚蛋，同时可根据照检的结果及时调整种公鸡的饲养管理。②第 2 次照检，入孵后第 10 天进行，剔出死胚蛋和漏检的无精蛋，此时正常胚胎的尿囊膜在蛋的小头合拢，表明孵化条件适宜。③第 3 次照检，落盘时进行。

（5）落盘。落盘是指种蛋孵化第 18～19 天，把发育正常的胚蛋转移到出雏器中继续孵化。落盘时如果发现胚胎发育迟缓，要推迟落盘时间。落盘后，应加大出雏器的湿度，同时增加通风量。

（6）拣雏和人工助产。孵化 20.5 天时开始出雏，这时要及时将出壳雏鸡拣出，同时保持孵化机温度、湿度的稳定，整个出雏期间保持出雏箱黑暗。拣雏一般分 3 次，第 1 次在 30% 雏鸡出壳时，第 2 次在 70% 雏鸡出壳时，剩余的雏鸡安排在第 3 次。拣雏要将蛋壳同时拣出，第 2 次拣雏后将剩余的胚蛋集中放在温度稍高的地方。人工助产其实就是人工破壳，是指从啄壳孔处剥离蛋壳约 1 厘米，将雏鸡的头颈拉出，放回出雏箱中继续孵化到出雏；第 2、第 3 次拣雏要对那些自行出壳困难的胚蛋实行人工助产，此时注意观察胚蛋的壳下膜的颜色，如果为橘黄色，说明尿囊膜血管已经萎缩，可以人工助产；如果为白色，说明尿囊膜血管未萎缩，此时不能人工助产，否则会造成出血死亡。

（7）孵化器的清扫消毒。每次出雏结束后，要彻底清扫孵化器并消毒。先将孵化用具泡在水中，刷洗掉脏物，再用消毒液消毒，清水冲洗沥干备用。孵化器可用 3% 的来苏儿液喷洒消毒或采用甲醛熏蒸消毒。

（8）做好停电应急措施。除了准备好备用电源和发电设备外，在停电时也要做好应急措施，密切观察胚蛋的温度变化。停电后，最好提高室温到 27～30 ℃，如果有 10 天内的胚蛋，应立即关闭进气孔，以利于保温；如果在孵化后期，断电后每隔15～20分钟要翻蛋一次，每隔1小时打开半扇门，拨动风扇2～3分钟，驱散机器内的余热；如果有17天的胚蛋，可提前落盘。

（9）做好孵化记录：包括合理安排孵化室的工作日程、做好孵化条件记录和统计分析孵化成绩等。

37. 21天鸡胚胎发育有何特征？

鸡的胚胎发育分为两个阶段，一是母体内精卵结合后的发育阶段，当受精蛋被产出体外后，胚胎发育处于静止状态；二是母体外将受精蛋置于适宜的环境中继续孵化，经过21天的生长发育，雏鸡出壳。21天的孵化期每天胚胎都在生长发育变化，且具有规律性。在生产中，通常采取照蛋的方法来检查胚胎的发育情况，21天孵化期每天胚胎发育特征和照蛋特征如图3－7所示。

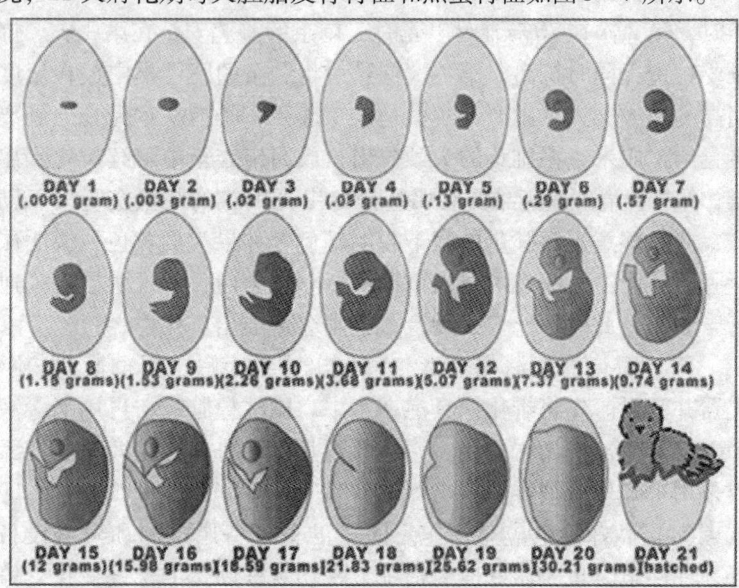

图3－7 鸡胚21天发育图

胚龄1天，胚胎开始发育，入孵15~20小时，可见到绿豆大小的血岛。照蛋可见蛋内有一个光亮的圆珠，随蛋黄转动，俗称“鱼眼珠”。

胚龄2天，开始血液循环，卵黄囊血管区出现心脏，开始跳动，卵黄囊、羊膜和浆膜开始出生。照蛋可见卵黄囊血管区，“鱼眼珠”变暗红，形成樱桃状小血饼，俗称“樱桃珠”。

胚龄3天，眼睛开始变黑，胚胎头尾分明，内脏器官开始形成，卵黄囊明显变大。照蛋可见卵黄囊的血管区初有血丝出现，随后呈现蚊虫状鸡胚，俗称“蚊虫蛛”。

胚龄4天，胚胎头部变大，与卵黄分离，具备了各器官和组织，脚、翼、喙已现雏形，尿囊生长迅速，卵黄囊血管包围1/3卵黄，羊水量增加，胚胎可在羊膜腔内自由活动。照蛋可见此时鸡胚不再随蛋转动，定位于蛋的一面称为正面，俗称“钉壳”；而背面很光亮，“蚊虫珠”长大，似小蜘蛛状，血丝分布若蛛网，俗称“小蜘蛛”。

胚龄5天，胚胎四肢开始发育，头弯向胸部，形成生殖器官，雌性已定，具有鸟类外形特征，尿囊与浆膜、壳膜接近，血管网向四周辐射。照蛋可见“小蜘蛛”长大，如“大蜘蛛”，明显看到头部有一黑眼，这个黑色的眼点，俗称“单珠”“黑眼”。

胚龄6天，胚胎形成口部，可分辨翅与腿，胚胎开始活动，躯干变大，羊膜规律性收缩，卵黄囊包裹一半以上卵黄，尿囊迅速增大。照蛋可见胚胎头部很明显，与弯曲增大的躯干部形成“电话筒”状，也就是在“大蜘蛛”头部和身躯呈现2个黑圆点，俗称“双珠”。

胚龄7天，胚胎已发育具有鸟类特征，颈长，翅和喙部明显可辨，脚部长出脚趾，蛋白质量减少，卵黄此时最大。照蛋可见羊水增多，胚胎在羊水中活动不强，正面布满变大的蛋黄和血丝，俗称“沉”。

胚龄 8 天，胚胎出现肋骨，可见明显的肺、肝和胃，四肢已成形。照蛋可见正面胚胎浸沉在羊水中，胚胎在羊水中时沉时浮，若隐若现，似游泳状，俗称“浮”；卵黄这时扩大到背面，在转动蛋时两边蛋黄不易晃动，称“边口发硬”。

胚龄 9 天，胚胎脚趾上出现爪，绒毛原基扩展到头颈部，眼裂呈椭圆形，有明显的羽毛突起，腹腔愈合，软骨开始骨化，尿囊几乎包围整个胚胎。照蛋可见，在转动蛋时两边的卵黄容易晃动，俗称“晃得动”，蛋背面的左右两边可见到有尿囊暗影向中心合拢，并有血管越出卵黄，伸入蛋白中，俗称“发边”。

胚龄 10 天，胚胎头部偏向气室，喙有一定性状，眼裂缩小，爪开始角质化，全身有绒羽覆盖，尿囊在蛋的小头合拢。照蛋可见，尿囊的左右血管区继续伸展，在气室下首先吻合，继而血管伸至蛋的小头，整个蛋除了气室布满血管，俗称“合拢”“到底”“长足”。

胚龄 11 天，胚胎各组织器官进一步发育，头部和翅膀长出羽毛，可区别腺胃，明显看到足部的鳞片。照蛋可见，尿囊暗影在蛋的背面中央合拢，并向蛋的小头下沉，血管加粗，血管颜色变深，俗称“暗影扩大”。

胚龄 12 天，胚胎出现鼻孔，肾脏开始产尿，小头蛋白从浆羊膜道输入羊膜腔中。照蛋可见，血管继续加粗，颜色更深，左右两边蛋黄在大头端连接。尿囊暗影继续向蛋的小头下沉、扩大，俗称“暗影下沉”。

胚龄 13 天，胚胎生长迅速，骨化加快，头部在翼下，头部覆盖有绒毛，胚胎吞食大量稀释蛋白，尿囊中有白色絮状排泄物。照蛋可见蛋背面小头发亮的部分逐渐缩小，蛋内黑影逐渐变大，胚体越来越大。

胚龄 14 天，羊膜腔及尿囊中液体变少，卵黄与蛋白也显著减少，胚胎全身覆盖明显的绒毛，气室越来越大。照蛋特征与胚

龄 13 天同。

胚龄 15 天，胚胎眼睛有眼睑覆盖，头部全部位于翼下，胚胎开始由横向转向纵向。照蛋特征与胚龄 13 天同。

胚龄 16 天，胚胎有明显的鸡冠和髯，蛋白几乎全被吸收到羊膜腔内。照蛋特征与胚龄 13 天同。

胚龄 17 天，胚胎形成鼻孔，小头蛋白全部输入至羊膜腔中，蛋壳与尿囊容易剥离。照蛋可见，尿囊暗区完全充满蛋的小头，呈暗色，近气室端发红，蛋的小头看不到发亮部分，俗称“封门”或“红口”。

胚龄 18 天，胚胎喙部开始朝向气室端，眼睛睁开，不再吞食蛋白，有小量卵黄进入腹中。照蛋可见，蛋的大头气室与暗影间仍发红发亮，并见有血丝，俗称“红口”，当胚胎转身引起气室朝向一方倾斜，又称“斜口”。

胚龄 19 天，胚胎颈部肌肉发达，两腿弯曲朝向头部，出现大转身，颈部和翅凸入气室中，即将啄壳。卵黄几乎全部进入腹中，尿囊血管开始萎缩，胚膜已退化。照蛋可见，气室先呈现倾斜状，蛋互相撞击时发出空洞声。继而在气室内可看到翅膀、颈部的暗影闪动，并可听到雏鸡在壳内鸣叫，俗称“斜口”“开壳”“闪毛”“隐叫”。

胚龄 20 天，胚胎的喙部进入气室开始啄壳，卵黄全部吸收，雏鸡开始肺呼吸，可听到雏鸡叫声，尿囊血管完全萎缩，已有少量雏鸡出壳。雏鸡普遍隐叫，啄壳，并有部分雏鸡出壳，俗称“啄壳”。

胚龄 21 天，雏鸡出壳重占蛋重的 65%～70%，腹中还有卵黄 5 克左右。在 20.5 天时，雏鸡已大批出壳，俗称“出壳”。

38. 衡量孵化效果的指标有哪些？

（1）受精率。受精率（%）＝（受精蛋数 ÷ 入孵蛋数）×

100%，受精蛋数包括死精蛋和活胚蛋，受精率一般应达92%以上。

（2）受精蛋孵化率。受精蛋孵化率（%）=（出壳的全部雏鸡数÷受精蛋数）×100%，出壳雏鸡数包括健雏、弱、残和死雏。此项是衡量孵化效果的主要指标，受精蛋孵化率达92%以上为高水平。

（3）早期死胚率。早期死胚率（%）=（死胚率÷受精蛋数）×100%，通常统计头照（5胚龄）时的死胚数，正常水平为1%~2.5%。

（4）入孵蛋孵化率。入孵蛋孵化率（%）=（出壳的全部雏鸡数÷入孵蛋数）×100%，高水平达到87%以上，该项反映鸡繁殖场及孵化场的综合水平。

（5）健雏率。健雏率（%）=（健雏数÷出壳的全部雏数）×100%，高水平应在98%以上，孵化场多以售出雏鸡视为健雏。

（6）死胎率。死胎率（%）=（死胎蛋数÷出壳的全部雏数）×100%，死胎蛋一般指出雏结束后扫盘时未出壳的种蛋。

39. 影响孵化成绩的因素有哪些？

影响孵化成绩的因素包括种鸡、种蛋和孵化三方面的因素。

（1）种鸡。纯品系或近交系的鸡种由于致死隐形基因的遗传影响，孵化时死胚蛋较多；不同年龄种鸡的孵化率也有不同，当年种鸡种蛋以28~35周龄产的种蛋孵化率高，1岁比老龄种鸡产的种蛋孵化率高。种鸡营养不良导致种蛋养分不足或缺乏，也会引起孵化期间胚胎营养供应不足而死亡。种鸡发生传染病等疾病也会影响孵化成绩。

（2）种蛋。种蛋重量、蛋壳厚度、种蛋贮存温度、贮存时间、湿度、光照、通风、异味等都会影响孵化率，如种蛋重大于65克或低于48克，蛋壳厚度小于0.22毫米和高于0.34毫米孵

化率会降低，种蛋贮存温度超过 15 ℃或低于 5 ℃，贮存时间超过 2 周也会影响孵化率。种鸡患有传染性支气管炎、鸡白痢、鸡新城疫、白血病等疾病，以内源性途径将病原微生物带入种蛋，或者葡萄球菌、大肠杆菌、副伤寒杆菌和曲霉菌等病源细菌以外源性途径侵入蛋内，都会使鸡胚感染疾病而死亡。

（3）孵化。温度、湿度、通风不畅等孵化条件，都会影响孵化效果。短时间机器温度急剧升高，到 42 ℃时会造成鸡胚血管破裂，肝、脑出现出血点，导致胚胎被烧死。持续长时间温度偏离，造成胚胎代谢旺盛、发育过快、过早啄壳、弱雏率增加。通风不良易造成胚胎缺氧窒息死亡。孵化卫生条件差，胚胎易被污染患病，孵化成绩差。

40. 孵化过程中常见的异常情况有哪些？

正常情况下，白壳蛋鸡胚在 20.5 ~ 21.5 天，全部出齐。孵化率按入孵蛋孵化率计算应在 85% 以上，健雏率 95% 以上，头照死胚蛋 2% 以下，二照死胚蛋 3% 以下，出雏期死胎率为 7% 以下。每个胚从啄壳到顶壳出雏，一般在 4 ~ 10 小时内完成。弱雏在 5% 以下，死胚蛋占 6% 左右。发育正常的雏鸡体格健壮，体重适宜，精神活泼，蛋黄吸收好，脐部收缩平整，绒毛整洁，长短适当，没有畸形现象。种蛋在孵化过程中，要经常观察啄壳、出雏情况；还要采取死胚的病理解剖及死亡曲线分析等一系列检查手段，对孵化效果进行检查。当孵化效果不佳时，要认真查找原因，及时纠正。孵化过程中常见的异常情况和可能的原因如下：

（1）5 胚龄照蛋时的异常情况和原因分析。

1）胚胎发育缓慢，但死精蛋没有超过规定上限。这说明入孵后孵化机温度偏低。

2）无精蛋多，死精蛋少，气室大，蛋黄多。很可能是种蛋存放时间过长、种蛋受冻、运输中受到振动，或种鸡群公母比例不当，公鸡过多或过少等原因造成。

3）胚胎发育太快，死精蛋多，血管末端有破裂现象。说明孵化器温度过高。

4）胚胎发育正常，但死精蛋过多。可能是种鸡营养不良、鸡群血缘有近亲现象，或者孵化机性能不好、散热不匀、局部孵蛋受热、停电时间过长等原因造成。

（2）10 胚龄照蛋时的异常情况和原因分析。

1）尿囊血管大多数合拢，大头端出现黑影，死胚多，少数不合拢的尿囊血管末端有不同程度的充血。很可能孵化温度过高。

2）同一批胚蛋发育不整齐，死胚正常或稍偏多，部分胚胎出现血管充血。说明孵化机温度不均匀，温差大，翻蛋次数不够，角度不到位，或停电频繁，导致局部超温等。

3）大部分没有合拢，死胚不多。说明孵化温度过低，根据未合拢部位大小可推测孵化温度偏低的幅度。

4）胚胎发育快慢不一，血管很细。这种情况说明种蛋中陈蛋过多。

（3）18 胚龄照蛋时的异常情况和原因分析。

1）啄壳早，死胚多。说明后期长时间孵化温度过高。

2）气室小，边缘整齐，没有黑影闪毛现象。说明孵化温度偏低，湿度偏大。

3）胚胎发育正常，死胚多，剖检发现心脏有充血和瘀血，肝脏变形。多是因为局部高温造成。

4）胚胎发育正常，死胚多，剖检可见软骨营养不良症，肢短弯曲，嘴短弯，羽毛曲，颈、背、腰部和侧脸的皮下结缔组织多半呈水肿，肝脏呈黄色而发脆，肾脏肿大。如果胚蛋中残留有不少蛋白质，说明种鸡营养不良，缺乏全价蛋白质和平衡的氨基

酸，维生素 B_2 不足等。

5）胚胎发育正常，死胚多，胚胎大多在14天后死亡，剖检发现蛋白质全吸收，心脏肥大有出血点，肝脏肿大、变性，胆囊大，很可能是给种鸡饲喂了未经去毒的棉籽饼、菜籽饼，造成种蛋中留有残毒而造成。

41. 提高孵化率的综合措施有哪些？

（1）加强种鸡管理，保证种蛋质量。①防止近亲繁殖，保证种鸡质量。②给种鸡饲喂全价优质日粮。保证日粮中含有丰富的蛋白质和亚油酸，同时氨基酸含量平衡，维生素和矿物质充足。尤其是维生素和微量元素的缺乏、饲料的霉变等易造成胚胎发育异常或终止、雏鸡质量差。尽量选用优质的玉米和大豆粕来配制日粮，而避免使用肉骨粉和鱼粉等动物性饲料，这样可减少微生物的污染。③为种鸡创造适宜的环境条件：光照强度以15~20勒克斯/米^2，光照时间以16~17时/天为宜。做好冬季防寒保暖和夏季防暑降温工作，保持种鸡舍内温度和湿度适宜，注意通风换气，防止有害物质超标。④保持鸡群健康：定期做好免疫，制定符合鸡群抗体水平和当地实际的免疫程序，避免种鸡感染传染病。将种鸡场的卫生、消毒和隔离等措施落到实处。⑤做好鸡群的净化工作。⑥做好种蛋的采集和消毒：自25~26周龄开始收集种蛋，每天至少4次。收集种蛋后认真挑出畸形蛋、破蛋、脏蛋和过大过小的蛋，立即对种蛋进行甲醛熏蒸消毒。

（2）加强种蛋的管理，保证种蛋质量。①不同种鸡年龄设定不同种蛋贮存条件：26~35周龄种鸡所产种蛋，在18.3~20℃、50%~60%的相对湿度条件下，贮存7~14天，孵化率最高；36~55周龄种鸡所产种蛋，在17~18℃、75%相对湿度条件下，贮存4~5天孵化率最高；56~66周龄种鸡产的种蛋在18℃、75%相对湿度条件下，贮存时间不能超过2~3天，孵化率最高。如果不同种蛋采取一个标准的贮存时间和条件，会导致孵化率降低，弱雏率增加。②搞好贮蛋库的卫生和种蛋消毒工作：种蛋入库前2.5X熏蒸消毒，入孵前2X消毒。X表示1立方米空间用14毫升福尔马林、7克高锰酸钾。

（3）加强孵化场管理，创造良好孵化条件。

1）搞好孵化场卫生。孵化场的规划和布局要科学，相对独立，隔离条件好。孵化厅净、脏区域分开，气流分布正确。选蛋室、出雏室、洗涤室保持负压，孵化间干燥室、蛋库、贮盒室保持正压；出雏室的吸毛管道确保密封，出雏后及时冲刷。制定严格的消毒制度和程序，定期检查微生物，保证消毒效果。加强对出入孵化场的人员、用具、物品和种蛋的消毒，进入孵化间人员必须更衣，做好孵化各个环节的清洁消毒，控制病原微生物入侵和传播。出雏盘、蛋车和蛋盘必须消毒后才能使用。每周用消毒药喷雾消毒孵化厅，每周大扫除一次，减少灰尘和污垢，每次出雏后用高压水枪彻底冲洗消毒。每周清扫一次屋顶通风设备。

2）提供适宜的孵化条件。根据孵化季节、孵化期类型、品种、鸡的周龄、孵化室温度等，设定适宜的孵化温度，掌握“看胚施温”技术，根据胚胎发育情况适当调整孵化温度至最适温度。注意通风换气，尤其是在孵化后期，一定要保证孵化器空气新鲜，氧气充足，促进胚胎正常发育。一般在1～2天关闭风门，3～12天开1/3风门，13～17天开2/3风门，18天后开至最大。做好孵化前、孵化过程中和出壳期间的种蛋消毒工作，防止胚蛋被污染，影响雏鸡质量。还要保证正常供电，做好孵化记录和统计，分析孵化效果。

3）加强雏鸡出壳后的管理。拣雏鸡的时间一定要适宜，动作要轻、快，并将雏鸡尽快转移到雏鸡处理室，对雏鸡进行分级、鉴别、免疫接种和装箱等一系列处理。要求处理人员一定要经验丰富或经过专业培训，避免因处理不当而严重影响雏鸡质

量。处理雏鸡时要求轻拿轻放、动作迅速、避免损伤、尽量缩短处理时间；免疫接种要准确，疫苗剂量充足、防止漏防或疫苗失效情况出现；雏鸡处理室温度湿度要适宜，一般温度为24～26℃，相对湿度为70%～75%。雏鸡出壳后要在48小时内进入育雏室，运输最好用空调车，运输时间尽量缩短。

（4）其他提高孵化率的措施。①孵化6天的种蛋采用3%浓度的复合维生素B浸泡1～2分钟可有效减少弱雏，提高孵化率。②激光垂直照射种蛋20分钟，可促进胚胎发育，提高孵化率。③用30瓦紫外线灯照射孵化18～24小时的胚蛋10～20分钟，可提高孵化率6%～10%，且健雏率高。④在1/3胚蛋啄壳时再落盘可提高孵化效果。⑤雏鸡处理后不要采取甲醛熏蒸法，以免损伤雏鸡黏膜，造成雏鸡质量下降。

42. 如何利用和处理孵化废弃物?

（1）孵化废弃物的利用。①无精蛋的处理：无精蛋是孵化场的副产品，不能作为鲜蛋销售，但可以作为饲料加工用蛋处理。②死胚蛋及蛋壳的处理：死胚蛋不得作为人用食品。死胚蛋和蛋壳可以经适当处理后用于加工动物饲料。

（2）孵化废弃物的处理。①焚化：采用焚化炉焚化，每焚化45.4千克的废弃物，所剩下的灰渣要少于9千克。②坑埋：坑埋深度要求不小于1.8米。由于坑埋需占用土地，也可采用密闭坑制作肥料。③氧化塘发酵：采用研磨机将废弃物磨碎，同时使用曝气塘和净化池，组成一个处理系统。净化后的液状物可做肥料。

四、蛋鸡高产饲料配制技术

1. 饲料营养与蛋鸡高产的关系?

饲料是发展蛋鸡生产的物质基础。除了优良的蛋鸡品种、科学的饲喂技术之外，饲料营养水平的高低和饲料品质的好坏也是决定蛋鸡养殖是否能够高产的关键因素之一。饲料营养对蛋鸡生产的影响贯穿在雏鸡、育成鸡、产蛋鸡和种鸡的各个生产阶段。雏鸡阶段要把握好开食时机，日粮要重点满足雏鸡对蛋白质、维生素、矿物质和微量元素的需求，这对雏鸡消化功能的完善和雏鸡阶段的正常生长发育非常关键。育成阶段的营养要重点关注日龄体重和饲料营养在蛋用育成鸡整个生长发育过程中起的作用。育成期蛋鸡的体重适宜、体重和骨骼的发育比较整齐，才能在开产后迅速进入产蛋高峰期，且持续时间长。产蛋期蛋鸡的营养不仅要满足产蛋需要，还要满足自身营养需要；饲料营养考虑的重点是钙、磷、能量和氨基酸；饲料营养全面、品质优良，才能发挥蛋鸡的生产性能，产生较好的经济效益。

2. 何为饲料养分?

饲料养分即饲料中的营养物质或称营养素，是饲料中含有的能够被鸡采食、消化、吸收和代谢，用以维持生命和生产产品的具有类似化学结构性质的物质。饲养养分一般包括 6 类物质：

水、灰分或矿物质、蛋白质、碳水化合物、脂肪、维生素。养分既有简单的化合物（如碳酸钙），也有复杂的化合物（如蛋白质、脂肪和碳水化合物等）。利用常规化学分析方法可把饲料养分区分为水、粗灰分、粗蛋白质、粗脂肪、粗纤维和无氮浸出物等6类，也称概略养分。

3. 养分是如何被鸡消化吸收的？

蛋鸡采食饲料是为了从饲料中获得所需要的营养物质，但饲料中的营养物质一般不能直接进入体内，必须经过消化道内一系列消化过程，将大分子有机物质分解为简单、在生理条件下可溶解的小分子物质，才能被吸收、转化、利用，满足鸡的生存和生产产品需要。鸡吃入饲料后，首先进入嗉囊里软化，然后通过腺胃进入肌胃，腺胃有很多乳头状突起，可以分泌消化液，肌胃有厚的角质膜，还有石粒，通过肌胃的强烈蠕动，将食物磨碎，分解为小分子物质，然后进入小肠，在小肠内消化吸收，最后废料在大肠中把水分吸收一些后，变成粪便排出。

4. 影响饲料养分消化的因素有哪些？

蛋鸡品种、年龄等因素、饲料成分及饲养管理技术等方面都会影响饲料中养分的消化。

（1）蛋鸡的品种、年龄及个体因素均会影响来源于不同饲料的同类养分的消化。

（2）蛋鸡日粮中粗蛋白质和粗纤维等养分的含量不同也会影响其消化吸收。因为粗蛋白质、粗纤维等饲料化学成分的可消化性不同，日粮中粗纤维含量较高，不仅影响本身的消化率，也会影响其他有机物的消化率和能量的消化。

（3）饲料中的抗营养因子对蛋白质、矿物质、维生素及能量等的消化也有较大影响。

（4）饲料的加工调制（包括物理的、化学的和生物学方法等）都可不同程度地改善饲料的营养价值。

（5）日粮营养水平对其养分消化率也有显著影响，随着日粮营养水平的提高，日粮营养物质的消化率呈下降趋势。

5. 饲料营养对鸡蛋营养成分有什么影响？

在一定范围内，蛋中一些微量成分的含量受饲料的影响比较明显。在饲料中增加维生素 A、维生素 D 或一些 B 族维生素均可使它们在鸡蛋中的相应含量得到提高。鸡蛋的铁、铜、碘、锰、钙等矿物质元素的含量也因其在饲粮中的含量变化而有相应改变。日粮中添加铁、铜、锌和硒可提高蛋的内部品质。鸡蛋中的维生素和矿物元素的含量，对于商品蛋影响其食用价值，对种蛋，则影响其孵化性能和雏鸡健康及生长发育。此外，如果饲料受农药、重金属或霉菌毒素等有毒物质污染，也会影响蛋的品质。

6. 为什么水缺乏比其他养分的缺乏对鸡生产的影响更大？

水不仅是鸡自身的主要组成部分，也是一种理想的溶剂，并可作为鸡机体进行生物化学反应的介质，除此之外还有调节体温和润滑的作用。水缺乏对鸡生存和生产的影响甚至比其他养分的缺乏影响更大，蛋鸡断水 24 小时，产蛋率下降 30%，补水后仍需 25 ~30 天才能恢复生产水平；适量限制饮水的最显著影响是降低采食量和生产能力，尿与粪中水分的排量也明显下降。所以保证水分的供应尤为重要。

鸡从饮水、饲料水和代谢水三方面获得水分，饮用水是鸡重要的水分来源，饮水量与鸡的年龄、日粮组成、环境温度、水温等有关。雏鸡每单位体重的需水 150 毫升，产蛋率达 50% 时需水量达到 200 毫升；采食高能饲料比采食低能饲料对水的需要量

低，食用高纤维饲粮所需饮水量大；气温在 21 ℃以上，每升高 1 ℃，饮水量增加 7%；当气温从 10 ℃以下升至 30 ℃以上时，产蛋母鸡饮水量几乎增加 2 倍。饮用水的最佳水温 10 ~ 12 ℃。

7. 如何计算蛋鸡的代谢能?

动物营养研究与实践中，将饲料完全氧化（燃烧）释放的热值称为总能，按动物摄入饲料后其能量在体内的消化代谢与利用过程，区分为消化能、代谢能与净能。通常将这 3 种能量视为有效能。国内外在鸡营养中，普遍采用代谢能衡量鸡的能量需要及表示饲料的有效能值。

（1）生长鸡的代谢能。生长鸡的代谢能总需要量为维持需要与增重需要之和。通过试验可测出每千克代谢体重每日的维持代谢需要量和每克增重的代谢能需要量，按此可计算出不同体重、增重生长鸡的总代谢能需要量。

（2）产蛋鸡的代谢能。对产蛋鸡在笼养、平养条件下，每日维持需要的代谢能相应为 1. 03 兆焦或 1. 13 兆焦；体成熟前小母鸡每增重 1 克约需代谢能 12. 4 千焦；产 1 个 50 ~ 60 克的蛋(包括蛋壳)，需要代谢能 515 ~ 620 千焦。饲养标准中以代谢能浓度（兆焦/千克）表示鸡的能量需要，是由每只鸡每日代谢能总需要量和采食量计算得出的，即代谢能浓度 = 代谢能总需要量 ÷ 采食量。

8. 育雏期蛋鸡能量营养需要有何特点?

能量在维持雏鸡正常生命活动方面不可缺少。雏鸡能量的需要受品种、年龄、环境温度、蛋白质水平等因素的影响。据试验研究表明，能量是影响 0 ~ 8 周龄雏鸡体重增重的第一因素。饲料中能量不足，雏鸡体重减轻，逐渐消瘦，生长发育停滞，抗病力降低；饲料中能量过高，雏鸡易肥胖，性成熟过早，影响全期

产蛋，特别是褐壳蛋鸡时有发生。育雏期蛋鸡的能量需要与体重呈正相关，体重越大，雏鸡用于维持需要的能量越多，用于增重的能量比例越少。因此，培育小体型蛋用鸡是降低饲养成本、提高经济效益的有效途径。

9. 育雏期蛋鸡蛋白质和氨基酸营养需要有何特点？

蛋白质是雏鸡机体所有器官的组成成分，同时参与代谢的酶、激素和抗体等也离不开蛋白质。

(1) 雏鸡的蛋白质需求量大。雏鸡阶段增重快，增重部分蛋白质含量高，需要大量优质的蛋白质，且氨基酸种类齐全，尤其是限制性氨基酸含量不能缺少。用玉米—豆粕型日粮饲喂雏鸡，其限制性氨基酸的顺序为蛋氨酸、赖氨酸、苏氨酸、精氨酸、缬氨酸、色氨酸，生产上一定要注意供给充足。

(2) 蛋白质需求既不能缺乏又要防止过量。雏鸡蛋白质缺乏时，生长发育缓慢，体重减轻，抗病力下降，羽毛干枯，有时出现贫血。蛋白质过剩时，一是造成蛋白质浪费，增加饲料成本，严重过量时造成雏鸡机体代谢紊乱，出现蛋白质中毒紊乱，即蛋白质中毒症“痛风”，表现为排出大量白色粪便，并有鸡只死亡，病死鸡腹腔内沉积大量尿酸盐。

(3) 雏鸡蛋白质需要量与体重、增重、羽毛重关系密切。雏鸡体内约含蛋白质18%，随着日龄增加，机体蛋白质含量逐渐降低，日粮蛋白质水平也随之下降。羽毛含蛋白质82%，每千克体重维持需要的氮量为18%～20%，蛋鸡对饲料蛋白质的利用率为61%。雏鸡蛋白质需要量（克）=［增重（克）×18%+羽毛重（克）×82%+体重（千克）×（0.20～0.25）(克/千克)］×61%。一般要求0～6周龄雏鸡饲料粗蛋白质含量为18%～20%，7～18周龄为14%～16%。

10. 育雏期蛋鸡脂肪营养需要有何特点？

（1）脂肪为雏鸡提供能量。

（2）脂肪为雏鸡脂溶性维生素的吸收提供溶剂功能。

（3）脂肪是雏鸡必需脂肪酸的来源。亚油酸、亚麻酸、花生四烯酸等必需脂肪酸对于维持雏鸡皮肤完整性，保持血管弹性，促进生长发育具有重要作用。这类脂肪酸在机体内不能合成或合成量很少，必须从外源获得，才能满足雏鸡生长发育需要。雏鸡日粮中亚油酸含量应为1%，因此在雏鸡日粮中添加脂肪1%～1.1%时，对雏鸡的生长发育较为有利。日粮类型为玉米—大豆型时，添加固态脂肪吸收率较高，若为小麦和大麦型日粮，添加液态植物油或软膏状脂肪能很好的被吸收。

11. 育雏期蛋鸡矿物质元素的营养需要有何特点？

矿物质主要存在于雏鸡的骨骼、肌肉、血液、酶、激素、体液、羽毛等中。雏鸡需要的矿物质元素有常量元素（钙、磷、钾、钠、硫、镁、氯）和微量元素（铁、铜、钴、锰、锌、钼、硒、碘等），为维持雏鸡健康、正常生理功能、生长发育，必须供给各种矿物质元素。尤其是笼养、网养或水泥地面饲养时，雏鸡无法接触土壤，更容易缺乏微量元素，必须按照需要供给。

（1）钙和磷。主要参与雏鸡骨骼形成，钙缺乏时，雏鸡血钙降低，骨骼发育不良，出现佝偻症，食欲不振，生长发育不良；缺乏磷时，骨骼生长不良，骨质脆，生长缓慢，易出现啄毛、啄趾、啄肛等异食癖。钙磷同时缺乏或钙、磷比例不恰当时，雏鸡易患软骨病，表现为“O”形腿或“X”形腿，有的发生胸骨畸形或驼背。一般来说，蛋鸡育雏期饲粮的钙水平为0.8%～1%。每只产蛋鸡每日需要有效磷400毫克，饲粮中总磷与有效磷含量一般应为0.5%～0.6%和0.4%，因此，在鸡饲粮中必须供应一定数量的无机磷源（如骨粉、磷酸氢钙，鱼粉和肉骨粉也富含无机磷）。

（2）钠、钾、氯。这3种元素主要存在于体液中，在维持机体渗透压方面起重要作用，是构成机体缓冲体系最重要的元素，也是电解质平衡中作用最强的元素。其中氯还参与胃酸的形成。当钠和氯不足时，雏鸡食欲下降，易患异食癖；过量后，饮水量增加，严重时可发生食盐中毒，导致大批死亡。雏鸡对食盐量很敏感，雏鸡饲粮中食盐含量达2%便可能发生中毒，表现为腹水、心包积液、皮下水肿，严重时死亡。雏鸡日粮中食盐的添加量为0.37%～0.4%。在大量饲喂鱼粉时，食盐量要减少。

（3）铁。雏鸡体内60%～70%的铁存在血红素中，还有少量存在于肌红蛋白和一些酶中。雏鸡日粮中的铁低于15毫克/千克时，会出现缺铁症状，表现为贫血、抗病力下降、体重增加缓慢、有色鸡种的羽毛颜色变浅等。雏鸡日粮中铁的含量为50～80毫克/千克，不同品种铁的需要量差异较大，如0～6周龄的迪卡褐为55毫克/千克，罗曼褐壳蛋用雏鸡为25毫克/千克，伊莎褐为50毫克/千克，迪卡白为55毫克/千克，轻型白壳蛋鸡为80毫克/千克。

（4）锌。锌是雏鸡生长发育不可缺少的微量元素。缺锌会造成雏鸡生长停滞，羽毛发育异常，关节肿大，有时皮肤发生不完全角化症，出现腹泻症状。雏鸡锌的最低需要量为40毫克/千克，生产上多添加到50～60毫克/千克，白壳蛋鸡需要量稍低，中型褐壳蛋鸡锌需要量最高，但不要超过1 000～2 000毫克/千克。

（5）铜。雏鸡的骨骼发育、血红素水平、血管弹性、羽毛色泽等都离不开铜元素。缺铜时，不利于钙、磷在软骨基质上的沉积，2～4周龄雏鸡骨骼变脆，易骨折、跛行和患佝偻病；出现贫血症；动脉血管弹性降低，易破裂；羽毛无色泽，易断裂。

国家固定雏鸡铜的最低需要量为6～8毫克/千克，生产上一般每千克日粮提供10～20毫克铜，这样能保证雏鸡较高的生长速度。但不可超过250毫克/千克，高铜会引起缺铁和缺锌，还会造成雏鸡生长受到抑制，肾脏损坏，羽毛蓬乱，消化道糜烂出血，腹泻呕吐，严重时出现死亡。

（6）锰。雏鸡的骨骼、肝脏、肾和胰脏都离不开锰元素。缺乏锰时，雏鸡易患“滑腱症”，胫骨粗短，胫骨与跖骨接头处肿胀，跟腱从踝状突滑出，腿骨弯曲，无法站立，伴有神经症状；生长速度缓慢，羽毛蓬乱，饲料利用率低，死亡率高。雏鸡最低需锰量为50～60毫克/千克日粮。不同品种需要量差异大。0～6周龄罗曼褐为100毫克/千克，迪卡褐为77毫克/千克，伊莎褐为60毫克/千克，迪卡白为77毫克/千克，轻型白壳蛋鸡为60毫克/千克，7～18周龄雏鸡需锰量可适当降低。正常情况下，雏鸡不会发生锰过量的情况。

（7）硒。雏鸡缺硒症较常见，表现为生长发育迟缓，肌肉中有白色肌纤维，易患渗出性素质病，主要为皮下积水，心包大量积液，尤其是胸部皮下较明显；小脑水肿，有转圈运动，头颈歪斜等神经症状；肌肉变性、钙化和坏死；若种鸡严重缺硒时，雏鸡刚出壳5～7天就可表现出缺硒症状，死亡率高。雏鸡对硒的最低需要量为0.05毫克/千克，正常情况下雏鸡日粮中的含硒量应为0.1～0.2毫克/千克，生产上多添加0.15～0.2毫克/千克。白壳轻型蛋鸡需要量较低，中型蛋鸡需要量较高；育雏前期较高，后期较低。雏鸡对高硒耐受力差，日粮中硒含量超过0.5～1毫克/千克时就会导致雏鸡中毒，表现为生长停滞、羽毛蓬乱、神经过敏、四肢关节糜烂跛行、性成熟推迟等。

（8）碘。雏鸡需要的碘量不高。一般日粮中要求的最低含量为0.35毫克/千克，轻型蛋鸡需要量为0.35毫克/千克，中型褐壳蛋鸡的需要量较高，罗曼褐为0.5毫克/千克，迪卡褐为1.1

毫克/千克，伊莎褐为 1 毫克/千克，迪卡白为 1.1 毫克/千克。

12. 育雏期蛋鸡维生素的营养需要有哪些特点？

维生素是维持机体正常代谢和生命活动必不可少的物质。雏鸡的饲料中需要加入维生素 A、维生素 D、维生素 E、维生素 K、维生素 C、维生素 B_1、维生素 B_2、泛酸、烟酸、维生素 B_6、叶酸、生物素、胆碱、微生物 B_{12} 共计 14 种维生素。分作两类，即脂溶性维生素（维生素 A、维生素 D、维生素 E、维生素 K）和水溶性维生素（维生素 B_1、维生素 B_2、泛酸，叶酸、维生素 B_{12}、生物素、烟酸、维生素 B_6、维生素 C 等）。维生素是一类结构各异的有机物质，它们在饲料中的含量很少，但对机体的代谢起着极其重要的调节作用。

雏鸡最易缺乏的维生素主要有微生物 A、维生素 D、维生素 E、维生素 B_1、维生素 B_2、胆碱等。育雏期蛋鸡各种维生素营养需要的特点见表 4－1。

表 4－1　育雏期蛋鸡各种维生素营养需要的特点

类型	功能	缺乏症状	最低需要量	饲喂剂量
维生素 A	具有维持上皮细胞和神经组织的正常功能，促进雏鸡生长和提高抗病力	羽毛干枯，眼病发生率高，生长缓慢。种鸡缺乏维生素 A，孵出的雏鸡眼睑溃烂，个别的雏鸡甚至没有眼球	雏鸡阶段维生素 A 的最低需要量为 1 420 ~ 1 500 国际单位/千克	生产上考虑安全系数、保存时间、雏鸡所处的环境状态和生长速度等问题，一般按照 9 000 ~ 15 000 国际单位/千克配合饲料。应激时，维生素 A 用量增加 2 ~ 3 倍。在蛋鸡发生疾病时，可增加维生素 A 的饲喂量

续表

类型	功能	缺乏症状	最低需要量	饲喂剂量
维生素D	促进钙磷吸收	缺乏症与钙磷缺乏相同。雏鸡骨短易弯，腿变形，行走无力，爱蹲伏	NRC 饲养标准中蛋用生长鸡维生素 D_3 的需要量为 190 ~ 200国际单位/千克日粮，开产前增加到 300 国际单位/千克	生产上添加量一般为标准的 5 ~ 10 倍，但不同品种有差异，0 ~ 6 周龄轻型蛋用雏鸡为 200 国际单位/千克，伊莎褐壳蛋用雏鸡为3 000 国际单位/千克
维生素E	参与核酸代谢剂调整蛋白质、碳水化合物及脂肪的代谢，较强的抗氧化作用	缺乏时易发生肌肉营养不良——白肌病，神经系统功能障碍——小脑软化症，步态不稳，渗出性素质病，皮下有积水，心脏衰弱和麻痹，有时突然死亡	NRC 饲养标准规定0 ~ 6 周龄蛋用白壳蛋鸡维生素 E 的最低需要量为 10 国际单位/千克日粮，7 周龄至开产为 5 国际单位/千克日粮	褐壳蛋用雏鸡0 ~ 6 周龄维生素 E 的需要量随着日粮中不饱和脂肪酸、氧化剂、维生素 D、类胡萝卜素和微量元素的增加而提高。雏鸡可耐受200 倍维生素 E 需要量，很少发生维生素 E 中毒症
维生素C	又称抗坏血酸，一些酶的辅酶因子，参与骨胶原生物合成，具抗氧化功能，增强免疫力，促进铁的吸收等	应激状态下易缺乏维生素 C，雏鸡生长发育缓慢，贫血，内出血，新城代谢障碍，抗病力下降		饲料中添加 100 ~ 200 毫克/千克维生素 C，饮水添加也可

续表

类型	功能	缺乏症状	最低需要量	饲喂剂量
维生素K	机体内凝血酶原必需的一种维生素	服用抑菌药物会导致维生素K缺乏。缺乏症表现为皮下有血斑和血点，血液凝固不全	雏鸡对维生素K的需要量为0.5~3毫克/千克日粮	患有球虫病时要增加用量。雏鸡断喙时，为避免出血过多，断喙前后一天在饲料中加入2毫克/千克维生素K，可加速凝血
维生素B_1	以辅酶的形式参与能量代谢	缺乏时常出现神经症状，如共济运动失调、肌肉痉挛、头颈向后极度弯曲，出现“观星”姿势；症状较轻时，腿部无力、步态不稳、下痢疾、贫血、食欲不振、羽毛生长不良	雏鸡维生素B_1的最低需要量为0.8~1毫克/千克日粮	生产上多喂含量为1~2毫克/千克的日粮
维生素B_2	是体内多种酶的辅酶或辅基，参与营养物质代谢	缺乏时雏鸡表现为生长发育不良、软腿，有时关节触地走路。还会影响维生素C合成	饲养标准规定，0~6周龄雏鸡维生素B_2的最低需要量为3.6毫克/千克日粮（白壳蛋鸡）和3.4毫克/千克日粮（褐壳蛋鸡），7~18周龄为1.8毫克/千克日粮（白壳蛋鸡）和1.7毫克/千克日粮（褐壳蛋鸡）	生产上，0~6周龄添加4~6毫克/千克日粮，7~18周龄添加4~5.5毫克/千克日粮

续表

类型	功能	缺乏症状	最低需要量	饲喂剂量
烟酸	参与体内生物氧化还原过程	雏鸡缺乏时口腔黏膜及食道上皮发炎，舌部发炎，颜色加深，称“黑舌病”。出现滑腱症，脚部发炎、结痂、裂口	饲养标准规定烟酸的需要量为11～27毫克/千克日粮，育雏前期高于后期。0～6周龄为26～27毫克/千克日粮，7～18周龄为10～11毫克/千克日粮	生产上用量高于标准，为10～70毫克/千克日粮。不同品种用量有差异。0～6周龄伊莎褐壳蛋鸡烟酸的需要量为60毫克/千克日粮，罗曼褐为30毫克/千克日粮
维生素 B_6	包括吡哆醇、吡哆醛和吡哆酸，以辅酶形式参与蛋白质、碳水化合物和脂肪代谢	雏鸡缺乏表现为食欲不振、生长缓慢、肌胃糜烂、神经系统紊乱，有时失控高度兴奋如奔跑、痉挛、拍打翅膀等，严重可致雏鸡衰竭死亡	吡哆醇最低需要量为2.8～3毫克/千克日粮，前期较后期高	生产中，日粮中蛋白质水平增加时，维生素 B_6 的用量随之增加。低于1毫克/千克日粮，雏鸡出现缺乏症
维生素 B_{12}	参与体内物质代谢的重要物质，影响雏鸡生长发育，又称生长素	雏鸡缺乏时，生长停滞，正常红细胞性贫血，后肢共济失调，羽毛粗乱，肌胃发炎直至糜烂	雏鸡维生素 B_{12} 最低需要量为0.003～0.009毫克/千克日粮	生产中为0.003～0.015毫克/千克日粮。不同品种用量不同。0～6周龄罗曼褐壳蛋用雏鸡为0.01毫克/千克日粮，迪卡褐为0.012毫克/千克日粮，伊莎褐为0.02毫克/千克日粮，迪卡白为0.012毫克/千克日粮，轻型蛋鸡为0.009毫克/千克日粮

续表

类型	功能	缺乏症状	最低需要量	饲喂剂量
泛酸	辅酶A的组成成分，参与蛋白质、脂肪、碳水化合物的代谢	泛酸缺乏症较为常见。典型症状为眼内黏性分泌物增多，眼睑粘连，呈粒状，喙角和肛门有硬痂，脚趾裂口发炎，胫骨粗短	雏鸡泛酸最低需要量为9.4~10毫克/千克日粮	不同品种泛酸需要量不同，0~6周龄罗曼褐为8毫克/千克日粮，迪卡褐为9.7毫克/千克日粮，伊莎褐为10毫克/千克日粮，迪卡白为9.7毫克/千克日粮，轻型蛋鸡为10毫克/千克日粮
叶酸	对蛋白质合成和正常红细胞的形成具有重要作用	雏鸡缺乏叶酸表现为生长发育不良，羽毛生长缓慢，色泽暗淡，红细胞数减少，贫血	雏鸡叶酸最低需要量为0.23~0.55毫克/千克日粮，白壳蛋鸡高于褐壳蛋鸡	生产商常用标准为0.5~1毫克/千克日粮
生物素（维生素H）	几乎与所有有机物代谢都有关系	雏鸡生物素缺乏症与泛酸缺乏症类似，仅仅病变部位有些差异。雏鸡脚底变粗糙，长茧，裂缝出血，严重时脚趾坏死脱落。眼睑和喙角周围变性、裂口和发炎，眼睑肿胀，有分泌物粘连，还可出现滑腱症	育雏期蛋鸡日粮对生物素的最低需要量为0.09~0.15毫克/千克日粮，白壳蛋鸡稍高于褐壳蛋鸡	生产上常用标准为0.10~0.15毫克/千克日粮

续表

类型	功能	缺乏症状	最低需要量	饲喂剂量
胆碱	参与体内蛋氨酸合成，促进脂肪酸在肝脏中的氧化，防止脂肪肝的形成，参与体内神经活动，促进胆汁酸形成	易发生缺乏症，表现为生长缓慢，曲腱病，肝脏中蓄积大量脂肪，形成脂肪肝，胫骨粗短，有时见滑腱症	育雏期蛋鸡最低需要量为500～1 300毫克/千克日粮	生产上用量为500～2 000毫克/日粮。雏鸡耐受量为需要量的两倍

13. 育雏期蛋鸡水的营养需要有何特点？

充足的水分对雏鸡的正常生长发育非常重要。缺水时雏鸡皮肤皱缩，胫、趾干瘪，营养不良，羽毛干枯，严重缺水会导致脱水死亡。

（1）刚出壳的雏鸡要及时补水。孵化器中刚出壳的雏鸡被捡出后，环境湿度从相对湿度75%～80%突然变为55%～60%，机体水分大量散失，同时雏鸡腹腔内蛋黄营养物质的分解利用也需要水分参与，因此雏鸡刚出壳就要及时补充水分。可在饮水中添加5%的葡萄糖或5%～8%的白砂糖、抗生素和电解质等让雏鸡饮用。

（2）雏鸡需水量随温度高低而变化。室温31 ℃时，1周龄雏鸡每天每只的饮水量为10～15克；25 ℃时，3周龄每只雏鸡每天需要水30克；22 ℃时，5周龄雏鸡每只每天需水80～100克；20 ℃时，7周龄雏鸡每只每天需水120～140克。

（3）雏鸡需水量随日粮中盐分含量而变化。雏鸡日粮中盐

分含量要适宜，盐分含量过高，雏鸡会大量饮水，采食量大大减少，造成摄入营养素不全，生长发育迟缓，饮水过多还会造成皮下水肿。

14. 育成期蛋鸡营养需要有何特点？

蛋鸡育成阶段生长周期较长，羽毛发育迅速，消化功能日益增强，采食量增加，对蛋白质需求比育雏期有所降低，对钙的利用从7~8周开始增强，各种维生素、矿物质和微量元素以及氨基酸不可缺乏，否则易造成啄癖、瘫痪等营养素缺乏症。

（1）育成期蛋鸡能量营养需要水平较低。育成期8周龄前鸡体重的增长取决于蛋白质和氨基酸水平，育成后期主要取决于能量水平。一般育成期日粮能量水平不低于2 750千卡/千克（卡为非法定计量单位。1卡=4.184焦），鸡可保持良好的生长态势，没有必要超过2 950千卡/千克。高能量水平的日粮反而易导致育成期蛋鸡过肥，影响产蛋期生产性能。但要注意环境温度变化对鸡采食量的影响，适当调整能量水平。

（2）育成期蛋鸡蛋白质水平不宜过高。育成期蛋鸡日粮的蛋白质水平不能过高，高蛋白质日粮会促使育成鸡早熟，骨骼细，体型较小，骨骼不能充分发育，影响产蛋期生产性能，导致开产早，蛋重小，产蛋持续性差，总产蛋量也减少；低蛋白质水平的日粮，可抑制育成鸡性腺发育，保证骨骼充分发育，20周龄前蛋白质摄取量1.2千克/只即可，还可降低育成鸡饲养成本。此外，育成期鸡每日蛋白质需要量相对恒定，因此育成期日粮中蛋白质的含量应随体重增加而减少，一般7~12周，粗蛋白质不超过16%，从13周开始，每周降低1%，降至13%~14%为止，维持至开产前，这样可避免由于育成鸡采食量与日俱增造成蛋白质摄入量过多。

（3）育成鸡蛋鸡日粮钙、磷含量和比例要适宜。育成期不

同日粮鸡对钙的需要量不同，0～6周龄、7～14周龄、15～20周龄三个阶段日粮钙水平分别为0.8%、0.7%、0.6%，在开产前两周到50%产蛋率之前，钙水平可提高到1%～2%。16周龄之前育成鸡日粮钙水平超过2.5%，易造成鸡食欲不振，体重降低，饲料报酬低，性成熟推迟，还会造成肾脏损伤，死亡率增大，且这种不良影响一直持续到产蛋期。适宜的钙磷比例对鸡的增重、骨骼发育和饲料转化率非常重要，育成鸡日粮钙磷比值为（1～2.2）:1比较适宜，不能超过3:1。

15. 产蛋期蛋鸡营养需要有何特点？

（1）产蛋期蛋鸡日粮能量水平要充足。相对于育雏期和育成期，产蛋期蛋鸡能量需要水平较高，能量是产蛋性能的主要限制因素，产蛋率高低取决于蛋鸡摄入能量的高低。体重变化、环境温度、产蛋率变动等因素都会影响产蛋鸡的能量摄入，产蛋鸡主要靠调节采食量来调节能量的摄入水平。但当日粮浓度过高或过低时，鸡无法通过调节采食量来满足自己需要的能量。因此产蛋鸡的日粮代谢能应维持在2 200～3 400千卡/千克。

（2）产蛋期蛋鸡日粮能蛋比要恰当。为使日粮中蛋白质和能量保持一个适当的比例，生产中应随日粮能量浓度变化对日粮中的蛋白质做出相应的调节。蛋白质和能量比值为日粮中代谢能除以粗蛋白含量的质量分数。产蛋鸡产蛋率为50%时，日粮中代谢能与蛋白质比例（简称能蛋比）为86；产蛋率达60%时，能蛋比为82；产蛋率达70%时，能蛋比为75；产蛋率为80%时，能蛋比为68；产蛋率为90%时，能蛋比为61。在环境温度升高时，蛋鸡采食量下降，摄入蛋白质不足，必须提高日粮蛋白质水平，确保采食足够蛋白质，维持产蛋性能。通常提高蛋白质质量，使热能和蛋白质比值下降10%，维持蛋鸡每只每日采食17克蛋白质。

(3) 日粮中添加油脂可提高蛋鸡产蛋性能。研究表明，在蛋鸡日粮中添加油脂，尤其是不饱和脂肪酸含量高的油脂，如黄豆油、米糠油等，可补充亚麻酸，提高产蛋率，增加蛋重，降低耗料比。鸡消化脂肪散发的热量比消化能量饲料散发的热量少，因此，在夏季炎热季节，鸡的维持消耗降低，可用动、植物油来代替能量饲料，一般添加1%～2%的油脂，且至少应含有2%的亚油酸。

(4) 产蛋期蛋鸡的矿物质营养要全面充足。产蛋鸡需要的矿物质元素有钙、磷、钠、钾、氯、镁、硫、铁、铜、钴、锰、锌、碘、硒共14种。

1) 钙和磷。产蛋鸡最易缺乏的是钙和磷，产蛋期钙需要量为3%，不超过4%。缺钙时，蛋鸡血钙降低，产软壳蛋、薄壳蛋或无壳蛋，同时产蛋量下降；钙过量，亦会抑制鸡的生长和发育，甚至引起尿石症和尿结石。钙的代谢与日粮的代谢能相关，日粮代谢能高时，含钙量也要高，日粮代谢能低，钙的水平也低。产蛋鸡钙需要量还受环境温度和日龄的影响。美国NRC推荐蛋鸡饲料含钙量为3.4%，以每日摄食110克计，每只蛋鸡每日需要钙3.75克，蛋壳品质差时，可提高钙日摄取量为4.75克。磷会影响蛋壳的硬度，产蛋鸡有效磷的需要量为0.4%，总磷需要量为0.55%。产蛋鸡日粮中适宜的钙磷比为（4～6）:1。

2) 钠和氯。产蛋鸡缺钠易造成啄癖，蛋重减轻，产蛋率下降。食盐能提供钠和氯，可保证机体渗透压和酸碱平衡。产蛋鸡日粮中适宜氯化钠添加量为0.25%～0.4%，不能超过5%。

3) 铁。构成血红蛋白的成分。一般添加可溶性铁盐，每吨产蛋鸡饲料含铁45～75克能保证最高产蛋率和孵化率的需要。

4) 铜。缺铜会引起鸡贫血、跛腿、瘫痪、生长缓慢、蛋壳异常率高、产蛋率下降等。常以硫酸铜作为铜添加剂，每吨日粮中添加25克铜可维持鸡的健康，超过350毫克/千克会导致

中毒。

5）锰。锰缺乏会降低产蛋率和孵化率，使蛋壳变薄，鸡胚因营养不良死亡。通常在饲料中添加硫酸锰，每吨饲料添加50~84克。

6）锌。锌是骨骼生长发育和维持上皮组织功能必需的元素。缺锌鸡生长受阻，羽毛发育不良，性成熟推迟，产蛋量减少，蛋品质差，软壳蛋多。锌过量会引起鸡食欲减退，羽毛脱落，甚至停产。

7）碘。缺碘会影响甲状腺的形成，繁殖性能受影响，羽毛蓬松，生活力弱，产蛋量下降。过量碘会抑制鸡的性成熟和甲状腺功能。产蛋鸡日粮中通常添加碘化钾，添加碘最多不超过每吨40克。

8）硒。鸡对硒的需要很少，但不可缺乏，缺乏硒会影响维生素E的利用，易患白肌病；过量则降低孵化率，导致胚胎畸形。通常在鸡饲料中添加亚硒酸钠，产蛋鸡一般每吨饲料添加0.15~0.2克。

9）钴。缺乏钴会影响铁的代谢，引起贫血和维生素B_{12}缺乏症，使鸡消瘦、精神萎靡、生长迟缓。一般日粮不缺乏钴。需要添加时，常在饲料中添加氯化钴、硫酸钴和维生素B_{12}等，也可添加含钴丰富的针叶松柏。

（5）产蛋期蛋鸡的维生素营养要全面充足。鸡对维生素的需要量很少，常以每千克饲料中含的毫克、微克来计算，但维生素是维持鸡体内物质代谢过程不可缺少的营养物质，也是鸡生长、生存和生产必须的营养物质。鸡体内仅可合成少量维生素，大部分必须从饲料中获取。

1）维生素A。对维持蛋鸡正常生长、发育、繁殖和免疫功能非常重要，能提高免疫力。过量甚至超过正常量几倍的数量添加维生素，可以补偿前期维生素A缺乏造成的种鸡孵化率降低、运动失调、失明和产蛋率下降问题。全价配合料中的适宜添加量为每千克料 9 000 ~ 12 000 国际单位。

2）维生素 D。缺乏时造成鸡骨变软，胸骨弯曲，生长迟缓，成鸡瘫痪，产蛋少，产薄壳蛋和软壳蛋，孵化率下降。在钙充足，仍有破壳蛋时，补充 1 ~ 2 倍维生素 D 可增强钙吸收，有效改善蛋壳质量。全价配合料中的适宜添加量为每千克料 2 000 ~ 4 000国际单位。

3）维生素 E。缺乏会导致蛋鸡产蛋率下降、受精率低、脑软化、血浆细胞减少、渗出性素质病、肌肉营养障碍和免疫力降低。在种鸡不明原因的受精率低和产蛋率下降时，可补充维生素 E 来改善。全价配合饲料中一般每千克料添加 15 ~ 30 国际单位。

4）维生素 B_1。种鸡缺乏该维生素会造成受精率和孵化率下降。在热处理饲料、饲料发霉或贮存过久时，饲料中的大部分维生素 B_1 容易流失，必须额外添加。产蛋鸡日粮中至少每千克料添加 0. 8 毫克维生素 B_1。

5）维生素 B_2。产蛋鸡和种鸡缺乏时会降低孵化率和产蛋率，肝脏肥大，雏鸡趾端卷曲症。生产中一般在每吨饲料中添加 5 ~ 6 克维生素 B_2。

6）泛酸。产蛋鸡缺乏时产蛋率下降，出现皮下水肿、出血等症状，胚胎孵化后期死亡。种母鸡需要量较多，每吨饲料中添加 10 ~ 16 克。

7）维生素 K。产蛋鸡缺乏时所产蛋和孵出的雏鸡含维生素 K 也少，凝血慢。产蛋鸡饲料中至少每千克添加 0. 5 千克。

8）维生素 B_6。蛋鸡缺乏时受精率和孵化率下降，异常兴奋、无目的运动和痉挛。产蛋鸡对维生素 B_6 的需要量为每千克 3 毫克。

9）烟酸。烟酸不足会造成产蛋鸡产蛋率和孵化率下降，出现腹泻，羽毛蓬乱。一般每吨饲料添加烟酸 20 ~ 30 克。

10）叶酸。缺乏时造成胚胎发育不良，破壳后不久死亡，降低产蛋率和孵化率。通常生产中每吨饲料添加0.5～1.0克叶酸。

此外，维生素B_{12}缺乏会造成产蛋量下降，蛋形小，孵化率降低；日粮中适宜维生素B_{12}添加量为每千克3～20微克。生物素缺乏易引起产蛋鸡腱炎，定孵化期死亡率高等问题；日粮中生物素含量应为每吨饲料0.15～0.18克。维生素C能提高产蛋量、蛋壳品质和孵化率；一般在日粮中适宜添加量为每千克100～300毫克维生素C。产蛋鸡缺乏胆碱会造成骨粗短和脂肪肝，应及时补充，每吨饲料适宜添加量为300～600克。

（5）产蛋期蛋鸡供水要充足、清洁和卫生。①充足的饮水供应对产蛋鸡维持高产蛋率非常重要。一般料与水的比例为2∶1。气温升高时，蛋鸡需水量增加，如气温升至35℃时，鸡的需水量比21℃时高1倍。②水质对产蛋率影响很大。水质要求清洁卫生。水中亚硝酸盐高，会造成蛋鸡腹泻，产蛋率和孵化率下降；水里病原微生物是产蛋鸡患病的重要传染源，引起产蛋量下降。此外，还应避免铅、汞、砷等重金属、有机农药、氰化物、病原微生物、寄生虫及有机腐败产物等污染。

16. 什么是蛋鸡的饲养标准？

蛋鸡的饲养标准是根据饲养试验结果和蛋鸡生产实践的经验总结，蛋鸡所需要的各种营养物质的定额做出的规定，这种系统的营养定额及有关资料统称为饲养标准。世界上很多国家都有自己的饲养标准，如美国NRC、英国的ARC、日本饲养标准等。其中，美国国家研究委员会（NRC）制定的《家禽营养需要》是世界上影响最大的需要量标准。2004年，我国正式公布了蛋鸡的饲养标准，表4－2列出了除蛋鸡的维生素、亚油酸及微量元素需要量之外的各种营养需要的饲养标准。

表4－2　蛋鸡的饲养标准

项目	生长鸡			产蛋鸡及种母鸡		
	0～8周龄	9～18周龄	19周龄至开产	开产至高峰期（>85%）	高峰后（>85%）	种鸡
代谢能（兆焦/千克）	11.91	11.70	11.50	11.29	10.87	11.29
粗蛋白质（%）	19.0	15.5	17.0	16.5	15.5	18.0
蛋白能量比（克/兆焦）	15.95	13.25	14.78	14.61	14.26	15.94
钙（%）	0.90	0.80	2.00	3.50	3.50	3.50
总磷（%）	0.70	0.60	0.55	0.60	0.60	0.60
非植酸磷（%）	0.40	0.35	0.32	0.32	0.32	0.32
食盐（%）	0.15	0.15	0.15	0.15	0.15	0.15
蛋氨酸（%）	0.37	0.27	0.34	0.34	0.34	0.34
蛋氨酸＋胱氨酸（%）	0.74	0.55	0.64	0.65	0.56	0.65
赖氨酸（%）	1.00	0.68	0.70	0.75	0.70	0.75
色氨酸（%）	0.20	0.18	0.19	0.55	0.50	0.55
精氨酸（%）	1.18	0.98	1.02	0.76	0.69	0.76
亮氨酸（%）	1.27	1.01	1.07	1.02	0.98	1.02
异亮氨酸（%）	0.71	0.59	0.60	0.72	0.66	0.72
苯丙氨酸（%）	0.64	0.53	0.54	0.58	0.52	0.58
苯丙氨酸＋酪氨酸（%）	1.18	0.98	1.00	1.08	1.06	1.08
苏氨酸（%）	0.66	0.55	0.62	0.55	0.50	0.55
缬氨酸（%）	0.73	0.60	0.62	0.59	0.54	0.59
组氨酸（%）	0.3	0.26	0.27	0.25	0.23	0.25
甘氨酸＋丝氨酸（%）	0.82	0.68	0.71	0.57	0.48	0.57

17. 使用鸡的饲养标准时应注意哪些问题?

饲养标准是通过长期的试验研究和饲养实践，对各种不同种类、不同品种、不同生理状况、不同生产目的和生产水平的家

禽，科学地规定出每只家禽每天应当供给的定额指标。饲养标准的种类大致可分为两类，一类是国家规定和颁布的饲养标准，称为国家标准；另一类是大型育种公司根据自己培育出的优良品种或品系的特点，制定的符合该品种或品系营养需要的饲养标准，称为专用标准。应用饲养标准时，必须对饲养标准有一个全面的认识，根据具体情况灵活运用。

（1）饲养标准必须因地制宜，应根据养禽企业的生产条件、生产目的、家禽的品种、技术水平、经济条件等灵活应用，不能生搬硬套。

（2）应用饲养标准时，应结合实际饲养效果适当调整日粮，以求更接近于营养需要。

（3）饲养标准并不是一个不变的规定，应随着科学技术的发展和家禽生产水平的提高，不断进行修订、充实和完善。

（4）应用同一饲养标准，其饲养效果也不一定会完全相同。因此，在实行科学养禽的过程中，还应充分发挥人主观能动性，进行实验和总结饲养经验。

（5）由于家禽对能量的需要有根据采食自行调节的能力，所以在自由采食方式下，采食一定范围能量水平的饲料便可获得相应的能量和其他营养。

18. 如何选择饲料生产厂家？

选择好的饲料对于蛋鸡养殖至关重要，面对琳琅满目的饲料厂家和产品，仅仅依靠业务人员推销和宣传材料去判断和选择是不够的，还要结合网络、区域影响力和品牌的知名度等综合判断，最好进行实地考察，目的是选择实力雄厚、产品质量稳定的厂家，具体选择时应注意以下几个方面：

（1）饲料生产厂家使用的原料质优价廉。饲料厂家经济实力强，与有诚信有实力的原料商长期合作，这样生产的饲料产品也会质优价廉。

（2）饲料产品销量大，原料周转快。这样能保障饲料的新鲜度，产品的各种有效活性成分含量高、品质优。

（3）专业性强，技术实力雄厚。专业的饲料生产厂家会及时跟踪国内外先进的动物营养理论，不断研发新的产品，为养殖户提供物美价廉的饲料产品。

（4）技术服务及时周到。好的饲料厂家在销售饲料的同时，还对养殖户在饲养过程中遇到的各种疑难问题提出解决方案，跟进技术指导，保证了饲养效果。

19. 蛋鸡饲料主要有哪些品种?

饲料品种种类及品牌名目繁多，不同的养殖规模、不同地域所选择的饲料品种也不同。蛋鸡饲料品种一般包括以下几种：

（1）复合维生素添加剂预混料。适用于大型饲料厂。主要由多种维生素、抗氧化剂和载体组成，饲料中添加量为0.02%～0.04%。

（2）复合微量元素添加剂预混料。适用于大型饲料厂。主要由多种微量元素、抗氧化剂和稀释剂组成，饲料中添加量为0.15%～0.5%。

（3）1%预混料。一般适用于中小型饲料厂和规模化大型养殖场。主要由多种维生素、多种微量元素、酶制剂、益生菌、抗氧化剂、防腐剂、胆碱和氨基酸等组成。

（4）5%预混料。适用于有一定规模的养殖场。主要由多种维生素、多种微量元素、酶制剂、益生菌、抗氧化剂、防腐剂、胆碱、氨基酸、磷酸氢钙、肉粉、鱼粉、石粉、肉骨粉、麦饭石、膨润土等载体或稀释剂配合而成。用5%的预混料需配备一台250～500千克的混合机，用玉米、麸皮、豆粕、石粉等原料配合全价料。

（5）浓缩料。蛋鸡浓缩料市场份额比例较小。含有全部蛋

白质饲料、全部饲料添加剂预混料和全部矿物质饲料，不含能量饲料，不含石粉或含部分石粉，在配合全价料时再添加石粉。饲料中添加比例为12%～50%，搭配玉米和石粉等配成全价料。

（6）全价配合饲料。含有蛋鸡生长和生产所需的全部营养成分。使用时不需添加其他原料，省时省力，买回就可以喂。在蛋鸡养殖发展到一定规模时，全价料成为饲料品种选择的主导。

20. 为什么最好的原料做的配方不一定是最赚钱的饲料?

有的养殖户在选择饲料原料时用的都是最好的原料，这样饲料成本相对是最高的。但鸡的生产性能决定了它每天需要的营养量也是一定的。当饲料中的营养量超过它的需要量时，多余的营养部分就会转作其他用途，这就造成了饲料的浪费，即便是产蛋率高、蛋重、料蛋比低，整个产蛋年的经济效益不一定最好。因此，选择饲料原料时，应根据蛋鸡不同饲养阶段的营养需要来选择，同时考虑成本和效益因素。

21. 为什么价格高的饲料不一定是最好的饲料?

有的养殖户在选择饲料时总认为一分价钱一分货，价格高的就是好的饲料，但实际上并非如此，影响饲料成本的因素除了品质外，还有多个方面的因素。

（1）饲料生产技术水平低造成饲料成本高。动物营养技术在不断发展，如果不能跟上技术发展的潮流，使用陈旧的饲料配方，生产技术水平停滞不前，就会造成饲料成本高。如植酸酶添加技术，植酸酶可将玉米、豆粕、麸皮中的难以被畜禽利用的磷释放出来，让畜禽充分利用，这样植酸酶的添加可代替配方中80%的磷酸氢钙。饲料中添加和不添加植酸酶的差价，全价料可达到每吨20元，5%预混料可达到每吨400元。

随着酶制剂工业的发展，酶制剂品种越来越多，在提高饲料产品质量、降低成本、节约原料和能源、保护环境方面发挥着越来越重要的作用。如果技术更新速度慢，饲料产品效率低、成本高，就很难占据市场最高点。

（2）很少使用饲料原料的替代品导致饲料产品成本高。如使用固态蛋氨酸和液体蛋氨酸的产品价格有很大差别，全价料每吨差4元，5%预混料每吨差80元，1%预混料中差价达每吨400元。

（3）配方调整不及时造成饲料成本高。当前饲料价格波动起伏较大，一个配方用几个月甚至几年不变动，就会造成饲料成本难以控制。应在充分了解各种原料营养价值的基础上，多设计和准备几个含多种原料的饲料配方，以便在某种原料价格上涨时用另一种原料来替代，就可达到在不影响饲喂效果的基础上降低饲料的成本。

（4）采购原料成本高造成饲料成本高。饲料公司在采购方面采购信息不全面，采购实力差，就会造成采购原料的价格高，提高饲料成本价格。

22. 鱼粉添加多的饲料就是好饲料吗?

饲料中鱼粉添加量多的饲料质量未必一定好，鱼粉味道越浓的饲料鱼粉添加量也不一定多。蛋鸡生产需要的营养包括代谢能、蛋白质、氨基酸、维生素、微量元素、钙磷等，鱼粉并不是蛋鸡饲料中的必需原料，只要饲料能满足蛋鸡对各种营养成分的需求，不加鱼粉一样能取得好的饲养效果。而有的饲料厂家为了迎合部分养殖户喜爱鱼粉饲料的心理，在饲料中添加鱼腥香，使饲料中鱼粉的味道很浓，但实际鱼腥香并没有任何营养价值，反而额外增加了饲料的成本。

23. 影响饲料安全生产的有毒有害物质有哪几类？

影响饲料安全生产的因素主要来自于6个方面，包括饲料原料本身含有的有毒有害物质、非法使用违禁药物、不按规定使用饲料药物添加剂、过量添加微量元素和维生素、饲料在加工贮存过程中产生的有毒有害物质和转基因原料的安全性等。其中有毒有害物质可分为四大类：

（1）饲料本身含有的有毒有害物质。主要是植物在生活过程中产生的次生代谢产物，主要由糖类、脂肪和氨基酸等有机物代谢衍生而来。如高粱中的单宁、菜籽中的硫代葡萄糖苷、棉籽粕中的棉酚、豆类原料中的胰蛋白酶抑制因子、动物性原料中的生物胺—组胺及肌胃糜烂素等。

（2）饲料中的正常成分或无害成分在特定情况下，发生化学反应形成的有毒有害物质。如叶菜调质贮存不当时使硝酸盐还原形成亚硝酸盐、鱼粉等动物性原料中的氨基酸分解形成有毒的腐胺、加工贮存不当导致脂肪氧化酸败产生的酸败脂肪和自由基等。

（3）饲料污染物。主要包括化学性污染物和生物性污染物。化学性污染物指农业用化学品（如农药、化肥等）、工业化学品、重金属（如铅、砷、镉、汞等）和其他有毒化学物质（如多环芳烃、多氯联苯等）。生物性污染包括真菌与真菌毒素、细菌及细菌毒素、病毒（朊病毒、口蹄疫等）及饲料害虫等。

（4）饲料添加剂使用不当。主要表现为超量使用和违规添加。这也是目前危害饲料安全的主要风险之一。

24. 饲料质量安全控制技术有哪些重点控制环节？

饲料质量安全控制必须统筹考虑饲料生产的各个环节。其重点控制环节如下：

（1）配方设计的控制。设计配方必须按规定使用添加剂、禁止使用违禁药物、合法规范使用药物、合理使用微量元素、避免霉菌毒素的危害。

（2）生产过程的控制。

1）生产记录完善。饲料生产企业必须保存完善的生产记录和进销台账，以备监管部门审查原料使用是否合理合法，生产记录是否真实可靠。采购部门要清楚记录每批次采购原料的来源、数量、价格和指标等。生产部门必须清楚完整地记录原料的领用和实际耗用情况。品管部门要监管生产部门的生产过程，做好监管记录，确保生产过程按照技术部门的要求进行。

2）严控生产过程。原料必须检验合格后才能入库备用，出现特殊情况时要在技术部门指导下使用，同时品管部门要跟踪监督。尽量使用自动配料系统，不采用或少采用人工配料。配置电脑控制的配料纠错系统来减少配料错误。生产多种动物饲料的企业，每种动物饲料应使用专门的生产线，防止药物和动物源性原料的交叉感染引起安全事故。定期清理生产线和仓库，防止残留饲料霉变造成污染。

（3）产品的贮存运输。贮存和运输饲料产品时要注意防水、防潮、防鼠虫害。饲料营养物质丰富，受潮易霉变产生毒素，鼠虫害易携带病原污染饲料，都会危害动物健康。运输过程中还要防止有毒有害物质通过运输工具污染饲料产品。

25. 推行 HACCP 体系对蛋鸡饲料质量安全生产控制有何意义？

我国蛋鸡全价配合饲料的生产存在于养殖的各个环节，包括饲料厂、饲料经销商代加工鸡养殖场（户）自配料等，因此，必须对多个环节进行控制，才能生产出安全的饲料产品。

（1）在蛋鸡饲料工业推广和应用 HACCP 的基本原理，是解决饲料安全问题的重要战略性措施之一。HACCP 体系是 Hazard Analysis Critical Control Point 的英文缩写，表示危害分析的临界控制点。HACCP 体系是国际上共同认可和接受的食品安全保证体系，主要是对食品中微生物、化学和物理危害进行安全控制。HACCP 体系具有以下特点：对饲料加工的每一个步骤进行危害因素分析，确定关键控制点，控制可能出现的危害，建立符合每个关键控制点的临界限，与关键控制点的所有关键组分都是饲料安全的关键因素。同时建立临界限的检测程序、纠正方案、有效档案记录保存体系、校验体系，以确保产品安全。

（2）在饲料工业中建立和推广 HACCP 管理，可有效杜绝有毒有害物质和微生物进入饲料原料或配合饲料生产环节。由于关键控制点的有效设定和检验，保证了饲料终产品中各种药物残留和卫生指标均在控制限以下，确保了饲料原料和配合饲料产品的安全。2002 年我国正式启动对 HACCP 体系认证机构的认可试点工作。目前，在 HACCP 体系推广应用较好的国家，大部分是强制性推行采用 HACCP 体系。加拿大、澳大利亚和欧盟都积极在饲料工业中推行 HACCP 管理，并且正积极努力把 HACCP 管理纳入饲料工业的法规。

26. 蛋鸡饲料配方中常用的能量饲料和蛋白质饲料有哪些？

常用的能量饲料主要有玉米籽实、高粱籽实、小麦（含次粉）、稻谷（含糙米、碎米）、大麦（裸大麦）、粟（谷子）、小麦麸、米糠、米糠饼（粕）等。

常用的蛋白质饲料包括大豆、黑大豆（俗称黑豆）、豌豆、蚕豆、大豆饼（粕）、菜籽饼（粕）、棉籽饼（粕）、花生仁饼

(粕)、亚麻(含胡麻)饼(粕)、向日葵仁饼(粕)、芝麻饼、玉米蛋白粉、鱼粉、血粉、肉骨粉、羽毛粉、蚕蛹等。

27. 蛋鸡饲料配方中常用的矿物质添加剂和维生素添加剂有哪些?

(1)矿物质添加剂。①常量矿物质元素添加剂:石灰石粉(天然的碳酸钙)、贝壳粉、蛋壳粉、骨粉、磷酸钙盐、食盐等。②微量元素添加剂:在鸡微量元素混料中通常用硫酸亚铁、硫酸铜、硫酸锰、硫酸锌作为铁、酮、锰、锌源。常用无水的碘化钾(含碘76.4%,钾23.6%)、碘酸钾(含碘59.3%)和碘酸钙(含碘65.1%)作为碘源。碘酸钙稳定性与适口性较好,易被动物吸收,使用较普遍。较常用亚硒酸钠和硒酸钠作为硒的添加剂。无水亚硒酸钠含硒45.7%,有剧毒。硒酸钠含10分子结晶水,含硒21.4%,毒性较亚硒酸纳大。故生产中一般多选用亚硒酸钠,且必须先制成1%的预混剂,再添加到配合饲料中并充分混匀,以保证安全。

(2)维生素添加剂。蛋鸡饲料配方中添加的维生素单体有维生素A、维生素D、维生素E、维生素K、维生素B_1、维生素B_2、维生素B_6、维生素B_{12}、胆碱、叶酸、泛酸和生物素等。生产中常采用固体复合维生素添加剂和液体维生素添加剂,前者是以单体维生素添加剂为原料,加入一定量的载体,经强力混合制成的产品;后者是为了保证养分在液体中的均匀分布,利用表面活性剂或纳米技术生产的水溶性维生素添加剂产品。产品说明书中给出各种维生素的保证含量,以及有效期、添加量与添加方法。养殖户可按产品说明书介绍的方法与要求,将其直接添加到相应的饲粮中,经充分混匀后再喂鸡。

28. 纳米液体维生素添加剂对蛋鸡生长发育有何作用?

维生素作为一种具有生物活性的微量添加成分，最简单的补饲方法是用饲料作为载体通过口服途径完成，其应用多以使用粉状或固体形态为主。这种维生素添加剂称为固体维生素添加剂，具有包装简单、运输和应用方便、单位价格相对较低的优点，但也存在粉尘损失、混合均匀度差、活性损失、难以把握确切含量等问题。随着养殖业规模程度的提高和饲料科技的发展，液体维生素添加剂产品走进了人们的视野。液体维生素不仅可避免应用过程中的粉尘损失，有利于在饲料中的均匀分布，还可有效避免因高温造成的损失，这使液体维生素越来越受饲料生产商和养殖户的青睐。

近几年，研究人员在常规液体维生素生产技术的基础上，又开发出了纳米微乳维生素制剂，大大提高了产品质量和生产效率。纳米微乳维生素是一种达到纳米级的液体维生素，是通过一定的微细加工方法，把维生素微粒粉碎到100纳米以内，直接操纵维生素的原子、分子或原子团和分子团。使用非常方便，能克服固体维生素添加剂的缺点，极大地提高了维生素利用率和补充效率，提高了饲养畜禽的成活率和经济效益，具有广阔的应用前景。纳米液体维生素具有以下显著特点:

(1) 纳米液体维生素可提高蛋鸡对各类维生素的生物利用率。运用纳米技术可以改善或改变维生素的水溶性、分散性和吸收率，纳米液体维生素可与水完全融合，均匀地扩散在水溶液中；同时还能改善维生素和饲料加工之间的相容性，从而改善维生素在蛋鸡体内的生理、生化过程，提高维生素的生物利用率。

(2) 纳米液体维生素可促进蛋鸡对脂溶性维生素的消化吸收。纳米技术生产的脂溶性维生素处于胶体分散状态，是亲水性的，肉眼看上去好像脂溶性维生素完全溶于水了。这样的维生素在胃肠中迅速释放10～30纳米的维生素颗粒，通过胃肠道的上皮细胞间质，穿过肠道进入血液循环，使脂溶性维生素不需要通过胆汁胶化溶解后吸收，即使患有肝脏疾患和脂肪吸收障碍也可以完全吸收，个体利用差异减小，使脂溶性维生素的吸收率明显提高，可达到100%，生物利用率达到98%以上。

（3）纳米液体维生素增强了营养物质的营养。纳米液体维生素的微乳液是由表面活性剂、助表面活性剂、稳定剂、脂溶性维生素、水溶性维生素、氨基酸、低聚糖等和去离子水组成透明的各种同性的热力学稳定体系。纳米级维生素微乳颗粒不停地做布朗运动，有利于维生素功能相同的不同离子间形成“功能协同结构”，这是纳米液体维生素具有更高营养性和更高保健功能的原因所在。研究表明，给鸡添加液体维生素添加剂，具有一定的抗病作用，能明显提高蛋鸡产蛋率，比不添加维生素的鸡群提高产蛋率8.5%，经济效益比较明显。因此，在蛋鸡饲料中使用纳米液态维生素添加剂有助于实现蛋鸡高产。

29. 蛋鸡养殖中常用的饲料着色剂有哪些?

饲料着色剂的作用主要体现在增加畜禽产品色泽，以提高商品价值。蛋鸡养殖中饲料着色剂主要用于增加皮肤、羽毛和蛋黄的色泽，提高感官价值。玉米、牧草、藻类、苜蓿、胡萝卜等饲料中都含有叶黄素和玉米黄质等天然饲料着色剂，可使蛋黄颜色变深。常用的人工合成饲料着色剂有类胡萝卜素、柠檬黄质、辣椒红、番茄红素等。

（1）叶黄素。通过发酵法生产，为黄至橙色，一般鸡饲料中添加10～20克/吨。

（2）柠檬黄质。为强烈的红色色素，其应用不如橘黄色素广泛，有一定的维生素A生理功能。

（3）橘黄色素。允称为西班牙芜青色色素或斑蝥黄质，为

红色着色剂，它是目前世界上应用最广泛的着色剂之一，饲料中的添加量为0.4～0.45克/吨。

（4）β-阿朴-8-胡萝卜素酸乙酯。它为橙黄色着色剂，是应用最广泛的人工合成着色剂之一，饲料中添加量为0.1～10克/吨。

30. 设计饲养配方时为何要考虑能量与蛋白质的比例？

蛋白能量比是家禽营养研究和饲养实践中为衡量家禽配合饲料营养水平而定义的一个重要参数，是单位重量的配合饲料中粗蛋白质克数（克/千克）与代谢能的兆焦数（兆焦/千克）之比，即蛋白能量比=粗蛋白质（CP）÷代谢能（ME）。

保持鸡饲料中一定的蛋白能量比是十分重要的。鸡有一个生理特点，可以在一定范围内依据饲料的能量浓度调节采食量，能量浓度高，采食量就少；能量浓度低，采食量就多。因此，饲料能量浓度变化时，蛋白质水平也应随之调整。用低能高蛋白饲料喂鸡时，鸡为满足能量的需要摄入过量的蛋白质，从而造成蛋白质的浪费；用高能低蛋白饲料喂鸡时，鸡采食量相对减少，能量得到满足时蛋白质尚未满足需要，同样会影响蛋鸡产蛋。因此，在正常饲料管理条件下，配制蛋鸡日粮时，应根据饲料标准选择适宜的蛋白能量比。当然，对蛋白能量比也可灵活掌握。例如，在冬季寒冷环境下，蛋鸡维持需要的能量增加，采食量增多，为了防止摄入过量的蛋白质，应适当降低蛋白能量比；相反，夏季高温环境下，则应适当提高蛋白能量比。另外，当蛋白质饲料氨基酸不平衡时，蛋白质利用率低，应适当增加蛋白质的比例。只有这样，才能满足蛋鸡的营养需要，最大限度地提高生产性能。

31. 蛋鸡饲料配方优化技术有哪些技术要点？

蛋鸡饲料优化技术是根据蛋鸡的营养需要、饲料的实测营养价值、原料的现状及价格等条件科学合理地确定各种原料的配比，提供全面充足的营养，充分挖掘蛋鸡的生产性能，获得高产、优质和低成本的产品，又能降低碳、氮和磷的排放。蛋鸡饲料配方优化技术的技术要点如下：

（1）确定饲料营养标准。虽然可采用国家标准，但应根据实际情况灵活使用国家标准，确定适合场情的营养标准，这是优化饲料配方的前提。另外，供种场的营养标准也可采用，但制定的标准往往较高，蛋鸡场也应灵活调整。制定营养标准时应以国家标准为指导，指标不得低于国家标准。

（2）选择饲料原料品种。选择饲料原料品种应注意以下六个方面：①就地取材，选择当地原料品种。②根据原料的市场价格变化及时调整配方。③控制配合饲料中的粗纤维含量，雏鸡为2%～3%，育成期鸡为5%～6%，产蛋鸡2.5%～3.5%。④控制有毒有害原料用量，如配合饲料中不能有沙门氏菌，雏鸡料中不用菜籽粕和棉籽粕等。⑤饲料组成体积应与蛋鸡采食量相适应。⑥选择原料时还要考虑原料变化引起的饲料颜色、气味的变化对蛋鸡的适口性、应激、市场的接受度等因素的影响。

（3）饲料配方设计与优化。①饲料配方设计。设计配方时应遵循以下原则。一是运用蛋鸡营养领域的新知识和新成果；二是保证营养的前提下，饲料配方成本最低原则；三是原料多样性原则，保证饲料质量稳定；四是不添加国家明文禁止的饲料添加剂。②饲料配方优化。饲料配方可从以下六个方面加以优化，一是利用可消化氨基酸含量和理想蛋白质模式平衡蛋鸡日粮，使氮素排出最低；二是酶制剂的合理利用。如植酸酶可使饲料中的植酸磷有效利用，减少磷的排放；三是使用绿色安全的添加剂，如益生素能维持蛋鸡消化道菌群平衡，降低蛋鸡患病率，提高生产性能；中草药添加剂具有消食、镇静、驱虫、解毒、杀菌消炎等功能，可促进新陈代谢、增强鸡只体质、提高饲料报酬；四是除了杆菌肽锌可在常规饲料使用外，其他抗生素药物应限制使用；

五是根据环境、季节、区域、蛋鸡品种、生产阶段不同，有针对性地应用饲料添加剂；六是注意根据季节变化调整饲料配方，如夏季蛋鸡采食减少时应适当提高饲料营养浓度，产蛋高峰期应提高蛋白质和代谢能水平并相应调整其他营养成分比例。

32. 蛋鸡产蛋前如何选用饲料?

（1）育成期采用含钙量1%的饲料，在蛋鸡产蛋前必须更换为蛋鸡饲料。

（2）在育成期后期和产蛋前，采用含钙量2%的专用过渡饲料，当产蛋率大于1%时更换为产蛋鸡饲料。因为这种过渡饲料虽然可以保证骨髓钙的含有量，但要维持产蛋显得不够充分。

（3）在产蛋早期，采用含钙量3%的产蛋专用饲料。这种饲料是高钙饲料，可以最有效地增加鸡体内钙含量，但不能喂育成鸡，否则会增加鸡肾脏的负担，出现鸡痛风（尿石症）。

33. 如何计算蛋鸡各时期的投料量?

按照表所示方法投料，一只母鸡150日龄时累计耗料8.84千克，一年的蛋鸡用料36.5千克。这样的投料量基本符合既满足生产营养的需要，又能实现节约饲料的要求。具体计算方法见表4－3。

表4－3　不同日龄蛋鸡投料量计算方法

蛋鸡日龄	投料量计算方法
10日龄前	每只鸡日用料克数＝日龄＋2
11～20日龄	每只鸡日用料克数＝日龄＋1
21～50日龄	每只鸡日用料克数＝雏鸡日龄
51～151日龄	每只鸡日用料克数＝50＋（日龄数－50）÷2
151日龄以上	每只鸡日用料克数＝100克以上

34. 炎热的夏季如何调整蛋鸡饲料？

（1）适当提高能量和蛋白质水平及日粮蛋白能量比。夏季高温季节，鸡饮水量增加，采食量相对减少，从而影响鸡自身的营养需要和保持正常生产性能（如产蛋）的营养需要。因此，夏季要适当提高饲料中的能量和蛋白质水平，并且提高日粮蛋白能量比。据报道，夏季在蛋鸡日粮中加喂适量动物脂肪（1.5%）能增强饲料的适口性，对提高产蛋率、饲料转化利用率及经济效益有良好的效果。

（2）适当增加矿物质饲料的量。夏季多数蛋鸡正处在产蛋高峰的中后期，鸡群对钙的需要量增加。为增加钙的采食量而又不至于影响饲料的适口性，可将贝壳粉与饲料分开，单设槽饲喂。另外，在日粮中添加适量氯化钾、氯化铵、碳酸氢钠可提高产蛋量和改善蛋壳品质。

（3）适当增加抗热应激添加剂的量。维生素 C 添加量 100 ~ 300 克/吨，可减少鸡的应激。

35. 为什么母鸡与种公鸡的饲料要分开配制？

公鸡和母鸡的生理条件以及基础代谢水平截然不同，所需的日粮组成和营养水平也不同。

母鸡产蛋期在 20 周左右（约 140 天），开产后母鸡对钙、磷、维生素 D、微生物 B_{12}、氨基酸、脂肪酸及微量元素铁、锰、锌、碘和硒的需要量都大大提高，钙、磷的比例也从一般水平升高至 3.5%。育成鸡的饲料要向产蛋期专用饲料转变。

公鸡不产蛋，对钙、磷等的营养要求不高。种公鸡应采用低蛋白日粮来降低它的生长速度，但要补充蛋氨酸和赖氨酸，使其仍能获得较好的生长性能。

因此，公鸡、母鸡的饲料自 18 周龄后就应该分开配制。

36. 用药期间饲喂饲料应注意哪些问题?

（1）治疗因钙磷失调疾病时应停喂麸皮。麸皮是高磷低钙饲料，含磷量是含钙量的 4 倍，在治疗因钙磷失调引起的软骨病或佝偻病时应停喂麸皮。

（2）用四环素类药物时应停喂大豆。大豆易与土霉素、强力霉素等四环素类药物结合成不溶于水、难以吸收的物质，使抗生素的药效降低。

（3）用生地黄、熟地黄、何首乌、补骨脂、半夏等中药时应停喂血粉。血粉是畜禽血液经脱水制成，含蛋白质较多，以上中药与血粉同用，易产生副作用。

（4）用四环素类药物时应停用石灰粉、骨粉、贝壳粉、蛋壳粉、石膏等钙质饲料。

（5）用链霉素时应减少或停喂食盐。食盐会降低链霉素的疗效，在治疗肾炎期间，食盐中的钠离子可引起鸡水肿，加重症状。

37. 在蛋鸡饲料配方中为什么钙与磷的比例要适当?

所谓钙磷比，是指日粮中钙与磷的含量之比。如，我国饲养标准中规定，产蛋率 65% ~80% 的蛋鸡日粮中，钙应为 3.40%，总磷应为 0.60%，那么，这种日粮的钙磷比为 5.7∶1。

钙和磷都具有重要的生理功能，而且它们的代谢是相互影响的，钙的含量过多，就会造成磷的不足；若磷过量，又会引起钙的缺乏。其原因是：当钙磷比例失调时，会导致钙磷结合成为一种不溶性的磷酸三钙，鸡体不能吸收就排出体外。因此，虽然钙磷给量多，但真正被鸡体吸收利用的却很少，同样会引起蛋鸡的骨骼病变和产量下降，产薄壳蛋、软壳蛋或无壳蛋，甚至产蛋停止。所以，配制蛋鸡日粮时，一定要注意钙磷比例要恰当。据报道，雏鸡阶段钙磷比为（1.0～2.2）∶1，若为2.5∶1似乎是极限，3.3∶1就会导致佝偻病的高发和腿异常；青年鸡为2.5∶1；产蛋鸡为6.5∶1。

38. 如何计算饲料转化率？

饲料转化率（饲料报酬）是养鸡生产中表示饲料效率的指标，它表示每生产单位重量的产品所耗用饲料的数量，是衡量养鸡生产经济效益的重要指标。耗料少，饲料报酬就高；反之，则低。一般有两种表示方法：

（1）饲料/增重（千克/千克）。即表示增重1千克所需饲料的千克数。

（2）增重/饲料（克/千克）。即表示1千克饲料可增重的克数。如产蛋鸡的饲料报酬常用料蛋比表示：料蛋比＝产蛋期总耗量（千克）÷总蛋重（千克），显然，料蛋比越高，饲料报酬就越低。

39. 选购和使用饲料添加剂时应注意什么？

（1）选购饲料的注意事项。①确定来源：最好从信誉好的厂商购买，不购买无标签、标签不清楚或来路不明的产品。②考虑经济性：考虑其价格是否便宜，如相对较高则考虑鸡产品的价格定位是否也相对较高。③关注使用说明：关注使用说明中所需要的使用条件是否具备，是否符合饲养鸡的种类和生长阶段。④建立完善的验收、贮存和库存管理制度：用良好的管理条件确保其安全性、效力、品质和纯度。

（2）使用饲料添加剂的注意事项根据不同的品种、生长阶段、饲养方式、环境因素等灵活掌据，合理使用。要搅拌均匀，要生喂不熟用，在使用全价配合饲料时不要再用饲料添加剂，要准确掌握各种添加剂的用量。如雏鸡和种鸡添加维生素的量要比

一般鸡多，夏天要比冬天多，临近产蛋高峰的蛋鸡要比平时多。此外，饲料添加剂要置于干燥、低温、阴暗处存放，以防变质。

40. 蛋鸡饲料中常用的中草药有哪些？

在当前保护生态环境和生产绿色食品的发展趋势下，中草药因其具有天然、毒副作用小、无抗药性、多功能性、防病治病、促进生长发育的作用，越来越多地被用于养鸡生产中。据研究表明，中草药能明显提高蛋鸡产蛋率，促进采食量，降低料蛋比，减少死亡率和破蛋率，提高种蛋受精率和孵化率，增强鸡的抗应激能力，有效提高蛋鸡生产性能。中草药及其活性成分提取物制成的饲料添加剂由于其来源广泛、安全性高、使用方便的特点，市场前景非常广阔。蛋鸡饲料中常用的中草药及其功效和添加量见表 4－4。

表 4－4　蛋鸡饲料中常用中草药的功效和添加量

中草药	功效	添加量
何首乌	补肝益骨、养血祛风，促进生长发育	配合饲料中添加 0.1% ~0.5%
艾叶	含有脂肪、蛋白质、多种维生素及各种氨基酸等，可提高产蛋率 10% ~20%	晒干粉碎成粉，雏鸡添加 1.5%，育成鸡添加 2.5%，蛋鸡添加 2% ~3%
松针粉	含有鸡生长发育、繁殖所需的 40 多种营养成分。可提高产蛋率 13.8%，使蛋黄颜色加深	在蛋鸡饲料中添加 5%
橘皮	含有挥发油、川皮酮、B 族维生素等，有增进食欲、促进鸡生长、增强抗病力的作用	一般在饲料中添加 3% ~5%
苍术	健胃、利尿、补充营养及镇静作用；预防鸡传染性支气管炎、传染性喉气管炎、传染性鼻炎及眼炎等	鸡饲料中加入 2% 干粉，并加入足量钙粉

续表

中草药	功效	添加量
野菊花	明目、散风热、解毒等功效；对预防鸡球虫病、流行性感冒等具有一定作用	饲料中加3%干粉，也可将鲜品混入饲料中饲喂
车前草	清热去湿、利尿强心作用；对鸡呼吸道感染有良好的预防和治疗效果	可鲜喂，也可制成干粉添加在饲料中饲喂，添加量为3%～5%
仙人掌	治疗禽霍乱、痢疾、伤寒等病均有良好效果	将仙人掌去刺捣烂后可直接饲喂
蒲公英	健胃，增进食欲，促进生长，预防消化及呼吸系统疾病	饲料中添加2%～3%的蒲公英粉
马齿苋	清热解毒、止血止痢作用，增加营养，增进食欲，促进生长，预防疾病	饲料中添加3%～8%
青蒿粉	对鸡球虫病有治疗作用，还能刺激食欲，促进生长	青蒿的茎叶部分晒干，粉碎即可成粉，一般在饲料中添加2%～5%

41. 科学设计饲料配方应遵循哪些原则?

根据动物的营养需要、饲料的营养价值、饲料的现状及价格等条件，合理地确定各种饲料原料的配合比例，这种饲料的配比称为饲料配方。饲料配方的优劣，直接关系到养鸡场（户）或饲料企业经济效益的高低。在设计饲料配方时应遵循以下原则：

（1）营养原则。保证营养需要是设计饲料配方的第一原则。除了考虑各种营养素的营养标准外，还要考虑和平衡好各种营养物质之间复杂的关系。通常依据能量优先满足原则、多养分平衡原则、控制粗纤维含量三个原则来处理。

（2）市场原则。要适应市场需求，产品要有市场竞争力。

（3）科学原则。饲养标准是对动物实施科学饲养的依据。应根据饲养标准规定的营养物质需要量来设计饲料配方。但不能

照搬照用，必须依据畜禽生产性能、饲养环境条件、饲养技术水平和设备、蛋鸡膘情、产品效益和季节等灵活调整，同时要有科学先进性，在配方中运用动物营养领域的新知识、新成果。注意选用新鲜、无霉变、质地好的饲料原料；饲料的体积尽量与蛋鸡的消化生理特点相适应；通过控制味道、粒度和矿物质及粗纤维的含量，尽量提高饲料的适口性。

（4）经济原则。饲料成本占蛋鸡生产成本的70%，要在保证营养的前提下，将饲料配方成本降至最低，尽量利用当地饲料资源，少用或不用价格高的原料。

（5）可行原则。生产上要有可操作性，根据企业自身条件选定原料品种，充分运用多种原料种类，保证饲料质量稳定。

（6）环保原则。设计配方时要综合考虑产品对环境生态和其他生物的影响，尽量提高饲料营养物质的利用效率，减少动物废弃物中氮、磷、药物和其他物质对人类及整个生态系统的影响。

（7）安全合法原则。不能使用发霉、污染和含毒素的失去饲喂品质的大宗饲料；遵照国家相关强制性规定，坚决不在饲料中违法添加国家明确不准添加的饲料添加剂，如盐酸克伦特罗（瘦肉精）、乙烯雌酚等。

42. 如何利用试差法配制蛋鸡全价饲料？

养殖户要掌握一定的知识和技巧，也可以根据自己的饲料和饲养情况设计饲料配方，解决生产中的需要。饲料配方设计就是根据动物营养学原理，利用数学的方法，算出各种原料的合理配比。对于对各种饲料营养素的含量有一定的了解，且有一定配方设计经验的养殖户来说，试差法是常用的一种配方设计方法，其又称为凑数法，它以饲养标准的营养需要量为基础，根据经验初步拟出各种日粮组分的配比，以各种组分的各个营养素含量之和，分别与饲养标准的各个营养素的需要量相比较，出现的差额再用调整日粮配比的方法达到满足营养需要量。主要设计步骤如下：

（1）确定配方的营养水平。

（2）确定配方原料的营养成分含量。

（3）初拟配方：根据经验配方确定各种原料在配方中的比例。

（4）计算初拟配方的营养指标，分别计算配方中每种营养素在配方中的营养浓度，用原料每种营养素含量与原料配比相乘，然后把每种原料的计算值相加就可得到每种营养素在配方中的浓度。

（5）调整能量和蛋白质水平。

（6）调整钙和磷的含量，先补磷，后补钙。

（7）调整氨基酸含量，用赖氨酸、蛋氨酸弥补配方中的不足，同时补充食盐及矿物质和维生素添加剂预混料等。

（8）确定配方，对其营养成分进行验证。

试差法计算量大，不适用于配方原料和营养指标较多的情况。如果配方原料多，要满足的营养指标较多时，可用计算机 Excel 表格进行配方设计或使用计算机配方软件来设计。但不管采用哪种方法，都要注意简单的计算并不能获得好的配方，好的饲料配方通常是先由动物营养专家根据营养原理和配方经验初拟配方，然后利用计算机优选，最后通过饲养试验筛选验证才能得到。

43. 选择和使用配合饲料产品要注意哪些问题？

选择和使用配合饲料时应注意以下问题：

（1）选择好生产厂家和品牌。选择实力强、生产技术水平高、专业的厂家和品牌。

（2）按照鸡的种类和生长发育阶段选购。按照不同鸡品种

和生长发育阶段对营养成分的需求，选购合适的配合饲料。

（3）重视饲料的饲养效果。不仅仅从外观鉴别饲料优劣。

（4）饲喂配合饲料时不要搭配其他饲料，以免造成营养失衡。有些农户把配合饲料当精料看待，再搭配糖麸、豆饼等其他粗精料，殊不知这样会造成营养成分不平衡，达不到饲喂的预期效果。

（5）不要加水饲喂。要另外设置水槽或自动饮水器。

（6）不要加热饲喂。加热会造成营养成分的不必要损失，破坏营养成分的平衡。

（7）不要额外加入添加剂，否则不仅造成浪费，还可能引起中毒。

44. 蛋鸡预混合饲料生产应注意什么问题？

预混合饲料在全价饲料中所占比例很小，但对全价饲料的饲养效果起着非常重要的作用。预混料是添加剂预混合饲料的简称，是将一种或多种微量组分（包括各种微量矿物质元素、维生素、合成氨基酸、某些药物等添加剂）与稀释剂或载体按要求配比，均匀混合后制成的中间型配合饲料产品。预混料包括复合预混料、微量元素预混料、维生素预混料，是全价配合饲料的一种重要组分。好的预混料生产的关键是要有依据科学优化的预混合饲料配方。预混料生产是综合考虑营养配方设计和原料质量检测在内的一项饲料生产技术，技术含量很高。市场上可购买到专门的预混合饲料。预混料生产应注意以下问题：

（1）配方要先进。配方是预混合饲料生产技术的核心，既能满足当前生产水平和条件下蛋鸡的营养需要，又能满足加工的需要。各种微量元素的比例、有效成分与稀释剂的比例、相关活性成分间的比例都恰到好处。同时要根据当地条件和季节变化，有把握地调整配方，并将最新的技术和产品信息整合到配方设

计中。

(2) 原料要优质。原料品质的好坏直接影响预混料的生产应用效果。要求原料要纯正、无毒，特别要保证活性物质和含量，须经实际测定后再确定配合量。微量元素化合物原料必须具备生物学效价高、物理性质稳定和有毒有害物质少的特点，选择时充分考虑其成分的含量、粒度、结晶水和有毒物质含量。

(3) 载体要选好。载体是预混料中的非活性物质，主要作用是承载和吸附微量活性物质。应选择化学性质稳定、不易氧化、不损害吸附物、粒度适中、与全价饲料有良好的混合型、价格低的载体。载体粒度应为0.177~0.59毫米；载体密度应为各微量组分密度的平均值；载体含水量应控制在8%~10%；载体的酸碱度最好为中性；载体与添加剂混合时，可添加1.5%的植物油提高其黏着性。常用的载体有小麦麸、玉米、贝壳粉、糠粉、脱脂米糠、沸石粉、石粉和食盐等。

(4) 稀释剂要选好。稀释剂和载体都属于无活性物质，作用是降低预混料中活性物质的浓度，分开微量颗粒，减少活性物质之间的反应，稳定活性成分。一般要求稀释剂含水量在10%以下，无吸潮和结块现象；粒度在0.05~0.6毫米；表面光滑，流动性好；pH值在5.5~7.5，无静电荷；无害、稳定性好，动物可食用。

(5) 混合要均匀。预混料的均匀性是衡量预混料质量的一项重要指标。如果均匀性差，就会导致动物实际摄入量与配方规定的供给量不符合，直接影响添加效果和配合饲料的饲喂效果，尤其是对于一些安全剂量和中毒剂量相差不大的微量成分来说，均匀性差可能会造成不安全的使用效果。因此，混合设备、载体和稀释剂、混合的时间和工艺流程的选择和确定都必须经过科学地论证，保证混合均匀，使其各个组分之间的比例与配方设计一致。所有微量元素在混合前应进行干燥预处理，除去化合物中的

部分结晶水以保证微量元素水分达到要求；选择微量元素的细度应达到一定的要求，一般要通过 80 目（非法定计量单位。每平方英寸上的孔数），而硒和碘要通过 200 目，这样才能保证各种微量元素在饲料中的均匀度。每批混合中小于 1 千克的物料应进行预混合，然后再与载体和大料进行主混合，为保证混合均匀，一般应先放入载体，再加入约 1% 稳定性较好的植物油，混合 2 分钟再加入各种微量组分。混合均匀性以变异系数表示，我国规定变异系数应小于 7%。

（6）稳定性要好。一要注意添加基础饲料中的抗营养因子易破坏的营养素，如大豆中脂肪氧化物易破坏维生素 A，亚麻饼抗 B_6 因子破坏维生素 B_6 等。二要考虑到大多维生素的稳定性较差，随着贮存时间延长容易损失活性。注意采取密封和避光措施，且贮存时间不能太长。最好选择经过预处理的维生素，如维生素 A 选用经过乳化、吸附等处理过的维生素 A 酯，这样才可使预混料的贮存时间较长而不变质。三要考虑到微量活性成分之间易相互产生化学反应影响其活性，解决好配伍问题。可将维生素、矿物质和其他成分分别包装，知道生产全价配合饲料时才将各种预混合饲料同时加入；还可在易被破坏的组分外包裹保护层，或将易影响其他组分活性的组分作衍生物处理。

（7）安全性要好。微量元素在添加时要同时考虑有效量和中毒量，如硒的添加量极微，其有效量和中毒量非常接近。此外，还要考虑各种组分之间的协同和拮抗关系，如钙磷只有比例合适才能发挥高效率，维生素 E 和硒在机体内具有协同作用，铁与锌的量影响铜的吸收等。

45. 什么是微生态制剂？

微生态制剂又称有益菌制剂，即通过人工筛选培育动物体内的有益微生物，利用对宿主有益的、活的正常微生物或其促生长物质，通过现代生物工程生产工艺，生产出专门用于动物营养保健的活菌制剂。其中含有十几种甚至几十种畜禽胃肠道有益菌，如益生素、加藤菌、EM、乳酸菌等，添加到饲料中，可达到调整畜禽机体微生态的目的。目前，微生态作为抗生素的替代品在蛋鸡业中的应用越来越广泛，具有良好的经济效益。微生态制剂的作用机制如下：

（1）维持肠道微生态平衡。在长期进化过程中，畜禽肠道菌群与畜禽之间形成了相对稳定平衡的关系，有助于促进畜禽生长发育和提高抗病力。这种平衡的关系一旦失衡，就会出现疾病状态或生产性能下降。正常情况下，厌氧菌是动物肠道内的优势微生物种群，占99%以上，主要有双歧杆菌、乳酸杆菌、消化杆菌、优杆菌、拟杆菌等；另外1%主要是需氧菌和兼性厌氧菌。异常情况下，优势微生物种群发生变化，厌氧菌减少，需氧菌和兼性厌氧菌增多，此时添加微生态制剂，可使优势微生物种群逐渐恢复正常，恢复肠道菌群平衡状态。

（2）生物拮抗作用。微生态制剂中的微生物对肠道中的病原微生物具有生物拮抗作用，通过阻碍病原微生物黏附到肠黏膜上皮细胞上，促使其随粪便排出体外，达到抑制病原微生物生长，促进有益菌繁殖的目的。

（3）生物夺氧作用。微生态制剂中一些需氧菌微生物，如芽孢杆菌进入肠道后，与需氧菌和兼性厌氧菌争夺氧气，既限制了这些细菌的增殖，又创造了有利于乳酸杆菌等有益厌氧菌微生物生长的厌氧环境，从而达到使失调菌群恢复正常状态的目的。

（4）增强机体免疫功能。微生态制剂进入动物体内，可产生抗体和提高巨噬细胞的活性，有效提高机体的抗体水平，刺激和激发机体体液免疫和细胞免疫，增强机体的免疫力和抗病力。因此，微生态制剂是一种良好的免疫激活剂。

（5）合成酶和营养物质。微生态制剂进入肠道内，可产生

多种酶，如水解酶、呼吸酶和发酵酶等，同时促进肠道建立和恢复优势菌群和微生态平衡，有利于饲料中各种营养物质的消化降解，提高饲料消化率，降低饲料成本；另外，抑制大肠杆菌等有害菌的繁殖，增强了机体的免疫力和抗病力，可部分替代或全部替代抗生素，减少耐药性和药物残留对动物和人类健康的损害。蛋鸡饲料中添加微生态制剂，可有效改善蛋品质，提高产蛋率和饲料利用报酬。

46. 饲料保存剂有哪些类型？

饲料在贮藏和运输中，饲料本身的化学成分会发生变化，还会发生霉变，尤其是营养价值高的饲料很容易品质下降，甚至成为有毒饲料，危害畜禽和人类健康。为了保证饲料质量，防止饲料品质下降，有必要在饲料中添加饲料保存剂。饲料保存剂包括饲料防霉剂和饲料抗氧化剂两大类。

（1）饲料防霉剂。具有抑制微生物繁殖、防止饲料发霉变质、延长饲料贮存时间的饲料添加剂称为饲料防霉剂，包括甲酸、乙酸、丙酸、丁酸、乳酸、柠檬酸、苯甲酸等有机酸及相应有机酸的盐或酯。饲料防霉剂一定要在饲料发生霉变前及时添加，在霉菌污染饲料后添加，并不能纠正霉菌毒素降低饲料营养价值的影响。饲料中水分含量高，易发生霉变，高水分含量的饲料应特别注意添加防霉剂。

1）双乙酸钠。双乙酸钠（SDA）安全可靠，体内无残留，对人和家禽没有任何副作用，具有防霉、保鲜、酸化、营养和保健作用，还具有乙酸的芳香味，适口性好，是目前比较理想的饲料防霉剂。在饲料中添加0.1%～0.5%可有效防止毒素的产生。若在青贮料中添加0.2%～0.4%，可使青贮料贮存期延长3周以上。

2）苯甲酸及苯甲酸钠。属酸性防霉剂，毒性低，适用于酸化食品和饲料，在低pH值条件下对微生物有广泛的抑制作用。

1 克苯甲酸钠相当于 0.846 克苯甲酸，最大使用量按苯甲酸计应小于 0.1%。

3）丙酸及其盐类。丙酸及其盐类主要对霉菌有较显著的抑制效果，对需氧芽孢杆菌或革兰氏阴性菌也有较好的抑制效果，但对酵母菌和其他菌的抑制作用较弱，在饲料中应用最为普遍。添加量以丙酸计一般为 0.3% 左右。

4）山梨酸及其盐类。无残留，安全性好；pH 值在 6 以下均有效，多与其他防霉剂共同使用。添加量为饲料的 0.05% ~0.15%。

5）其他饲料防霉剂。脱氢醋酸及其钠盐，饲料中建议添加量为 0.02% ~0.15%；富马酸及其酯类，建议添加 0.025% ~0.08%；各类复合型防霉剂，建议添加 500 ~1 000 克/吨。此外，制霉菌素、对羟基苯甲酸酯、脱氢乙酸、中草药等也可用于防霉。

（2）饲料抗氧化剂。氧化是导致饲料品质下降的一项重要因素，饲料中多种成分都易被氧化，如不饱和脂肪酸、维生素、微量元素等都容易被氧化过程破坏，导致其营养价值下降，且其氧化产物对饲料有效成分具有破坏作用，降低饲料适口性，损害动物健康。能阻止或延迟饲料氧化，提高饲料稳定性，延长饲料贮存期的物质称为饲料抗氧化剂。饲料抗氧化剂的作用机制比较复杂。有的是通过自身氧化，降低饲料成分与氧的结合，起到保护饲料的效果；有些是通过中断氧化反应过程来抑制氧化的发生；有些是通过释放离子，破坏氧化产生的氧化产物，减少有害产物形成。

1）天然抗氧化剂。天然存在的抗氧化剂主要有抗坏血酸类抗氧化剂，没食子酸酯类、生育酚类抗氧化剂、糖醇类和氨基酸类等。

2）化学合成抗氧化剂。主要有二丁基羟基甲苯、乙氧基喹啉、丁基羟基茴香醚、叔丁基对苯二酚等。

饲料抗氧化剂的使用时机应把握在饲料未受氧化作用或刚开始氧化时加入。因为抗氧化剂只能延缓氧化发生，或阻碍氧化作用，并不能改变已经酸败的饲料品质。

47. 如何选购商品饲料？

（1）查看包装选购时，要注意外包装袋的新旧程度和包装缝口线路。若外观陈旧、粗糙，字迹图案褪色、模糊不清，说明饲料贮存过久或转运过多，或者是假冒产品，不宜购买。

（2）查看标记标签的基本内容应包括注册商标、生产许可证号、产品名称、饲用对象、产品保质期、厂名厂址、电话号码、产品标准代号等。产品说明书的内容应包括产品名称、型号、饲用对象、使用方法及注意事项。检验合格证必须加盖检验人员印章和检验日期，注册商标除标在标签上外，还应标在外包装和产品说明书上。

（3）查看质量选购时，可先用手提缝口及包装袋四角，若感觉袋内不松散，有成团现象，可能贮存过久或运输途中被雨淋湿过，不宜购买。必要时可打开包装闻味、观色、捏握，质量好的饲料产品气味芳香，没有异味，手用力握捏时，粉状料不成团，颗粒料硬度大，不易破碎，且表面光滑，当饲料从手中缓缓放出时流动性好，颗粒状饲料落地有清脆的响声。

48. 如何简便计算蛋鸡各时期的投料量？

饲养蛋鸡各种时间投料数量的简便算法：①10 日龄前的雏鸡，每只鸡日用料克数 = 日龄 +2，如 8 日龄的雏鸡，每只鸡用料是 8 +2 =10 克。②11 ~20 日龄雏鸡，每只鸡日用料克数 = 日龄 +1，如 14 日龄雏鸡，每只鸡用料是 15 克。③21 ~50 日龄的雏鸡，每只鸡日用料和雏鸡日龄相等，如 25 日龄的雏鸡，每只鸡用料量为 25 克。④51 ~150 日龄的鸡，每只鸡日用料 =50 +

（日龄数－50）÷2，如150日龄的青年鸡，每只鸡日用料量为50＋（150－50）÷2＝100克。⑤151日龄以上的育成鸡，每只鸡日用料量可稳定在100克以上。如果按照上述方法投料，一只母鸡150日龄时累计耗料8.84千克，一年的蛋鸡用料36.5千克。上述投料量基本符合既满足生产营养的需要，又能实现节约饲料的要求。

49. 如何减少饲料浪费？

节约饲料能显著提高养鸡生产的经济效益。饲料成本通常占养鸡总支出的60%～70%，而饲料浪费量占全部饲料消耗量的3%～8%，甚至达10%以上。节约饲料可从以下几个方面着手：

（1）选用良种鸡。产蛋鸡应选用体重小、饲料利用率高的品种；同一品种以中等体重为宜；产蛋量相同，体重大的比体重小的鸡耗料多。

（2）雏鸡及时断喙。在6～9日龄对雏鸡进行断喙，不仅可以有效防止啄癖发生，而且在生长期每只鸡每天可节省饲料3.5克，产蛋期每天节省饲料5.5克；每产1个鸡蛋，节省饲料12克。

（3）实行笼养。笼养因环境稳定、活动量小以及饲养密度大，减少了散热量，因此吃料相应节省。据测算，笼养比散养一般可节省饲料20%～30%。

（4）实行保护喂养。夏季注意防暑降温，冬季则要保暖升温，为鸡的生长发育提供适应的环境条件。

（5）把好饲养关。不喂发霉变质的饲料；保证饲料的全价营养，因为饲料中营养不全面是最大的浪费；饲料粉碎不能过细。

（6）按季节配料。鸡群在冬季消耗热量多，应适当增加能量饲料比例，以占饲料总量的65%～70%为宜；夏季适当减少

能量饲料的比例。

（7）使用替代料。蛋白质饲料尤其是鱼粉的价格较高，某些原料经适当加工调制后替代部分鱼粉，可大大降低饲料成本。

（8）使用饲料添加剂。添加剂可提高蛋白质饲料的利用率，亦有利于降低饲料成本。

（9）添喂维生素 C。在每吨鸡饲料中添加 50 克维生素 C，可节省饲料 15% 以上。

（10）添喂沙砾。每周适量补喂 1 次沙砾，有助于肌胃中饲料的研磨，帮助消化和吸收，使饲料消化率提高 3% ~8% 。

（11）改进料槽结构。喂鸡的料槽，应该是底尖、肚大、口小。

（12）保证充足的饮水。鸡每产 1 个鸡蛋需要消耗 340 毫升水，若在产蛋时缺水，可使产蛋量下降 30% 。

（13）及时驱虫。如果鸡身上有寄生虫，则鸡吃的饲料所转化的营养物质就会部分被寄生虫吸收，并且影响鸡只健康。

（14）优胜劣汰。及时淘汰病鸡、公鸡和低产母鸡。

五、后备鸡高产饲养管理技术

1. 育雏前要做好哪些准备工作?

（1）拟订育雏计划和制定育雏管理制度，如育雏指标、绩效考核指标、奖惩额度等，准备好育雏管理及技术等日报表。

（2）备好人员。提前配备好育雏人员，并对其进行育雏专业知识和技能培训。育雏前1周左右育雏人员全部到位并开始工作。

（3）备好鸡舍。育雏舍及其周围环境和道路进行全面清洁消毒，做好育雏舍的保温隔热，保证育雏面积。

（4）备好设备用具。准备好供暖设备和设施，饲喂和饮水用具，每100只雏鸡配1个开食盘，每只雏鸡配备长形料槽5厘米，每15只雏鸡配料桶1个；每50只雏鸡配1个小号或中号壶式饮水器，或采用乳头饮水器和勺式饮水器；此外还要准备好防疫消毒用具，自动断喙器和称重用的台秤，游标卡尺等。

（5）备好药品。包括疫苗、防治白痢和球虫的药物、营养剂、抗应激剂、消毒药等。

（6）做好鸡病母源抗体检测及病鸡普查准备。

（7）备好饲料。育雏料在雏鸡入舍前入舍，每次配制5~7天的饲喂量，不要太多，以防饲料变质，损失营养。

（8）调试供温设备。雏鸡入舍前2~3天育雏室和育雏器要

预热试温，看室温是否能达到理想的温度，多久能达到，达不到要求，及时采取措施。同时注意检查排烟及防火安全情况，以防倒烟、漏烟或火灾。根据供温设备在雏鸡入舍前提前供温，在雏鸡入舍时使室温达到要求。

2. 育雏管理要做好哪些记录和分析？

（1）做好育雏管理和技术记录与分析。①育雏死亡、淘汰日报表。②卫生防疫报表。③日耗饲料报表。④生长发育状况报表。⑤药物使用、疫苗免疫情况报表等。

（2）做好雏鸡饲养管理记录和分析。如：①每日鸡舍的温度、湿度、通风换气与光照。②每日鸡存栏只数，死、淘只数与简要原因。③每日饲料消耗量，进料数目与价格，鸡只的采食情况。④每次所投药物的药名、产地、批号、剂量、用法与价格等。⑤每次接种的疫苗品名、批号、生产厂家、免疫方法、剂量及价格。⑥每周鸡只的平均体重。⑦其他情况，如鸡群的整齐度、是否受到应激，鸡的饮水、采食、呼吸情况及粪便颜色等。

3. 雏鸡有哪些生理特点？

雏鸡通常是指从出壳到6周龄的鸡。雏鸡养的好坏直接影响育成期和产蛋期鸡的生长发育和生产性能的发挥，而要做好雏鸡的饲养管理，首先要掌握雏鸡的生理特点。

（1）体温调节功能差。刚出壳的雏鸡大脑体温调节功能发育不健全，体温调节能力差，体表散热面积较大，对温度反应敏感，既怕冷又怕热；另外，初生雏鸡个体小，羽毛稀短，鸡体保温能力差，体温要比成年鸡低1～3℃，需到3周龄左右才能达到成年鸡体温。因此，必须给雏鸡提供温暖干燥、卫生安全的生活环境。

（2）生长发育快。蛋用商品雏鸡新陈代谢旺盛，生长发育迅速，6周龄时的体重已达出壳体重的10倍左右。日粮营养要全面、均衡和充足，以满足雏鸡生长发育的需要。

(3) 消化功能不健全。雏鸡嗉囊、胃肠等消化道容积很小，消化功能差。因此，配制雏鸡日粮时，力求营养完善且易于消化，尽量选用易消化的饲料配制日粮，对于棉籽粕、菜籽粕等非动物性蛋白饲料，雏鸡难以消化，要控制添加比例。此外，注意饲喂时少喂勤添。

(4) 胆小。雏鸡对外界反应敏感，易受惊吓而引起骚动。育雏舍内的各种声响、各种新奇的颜色或有生人进入都会引起鸡群骚乱不安，影响生长，严重时会因突然受惊而互相挤压致死。因此，育雏舍应保持安静，育雏人员应相对稳定，不宜经常更换。

(5) 群居性强。雏鸡喜爱群居，便于大群管理，有利于节省设备、人力、物力。

(6) 对光敏感。雏鸡对光线敏感，要严格控制光照。

(7) 抗病力差。雏鸡体小稚弱，抗病力弱，受疾病侵害较多，如鸡白痢、大肠杆菌病、传染性法氏囊病、球虫病、慢性呼吸道病等。育雏时应认真搞好育雏舍内的环境卫生，严格执行兽医防疫制度，做好隔离，同时精心饲养管理，提高雏鸡体质。

4. 如何挑选优质健康雏鸡?

(1) 选择高产配套杂交鸡种。如果为A、B、C、D四系配套，商品场到父母代场购买的雏鸡或种蛋应是ABCD四系杂交鸡，父母代场到祖代场购买的雏鸡或种蛋应是AB系（父系）的公雏和CD系（母系）的母雏，并且按照一定比例配套，代次决不能弄错，否则选择的雏鸡就很难保证其优良的品种特性。

(2) 到规范化种鸡场订购雏鸡。引种渠道、种鸡场设备、种群管理、孵化和售后服务不同，同一鸡种鸡苗的质量差异很

大。选择种鸡场时，要注意看是否有种禽种蛋经营许可证，管理是否规范，信誉是否好。选择好后，要与种鸡场和孵化场签订购销合同，明确规范购销双方的责任、权利和义务。规范的种鸡场和孵化场生产的鸡苗，也许价格高一些，但不易生病，好饲养，生产性能也高。

（3）选择健壮的雏鸡。通常采用“看、听、摸”的步骤来确定雏鸡的健壮程度。同时结合鸡群的健康状况、孵化率的高低和出壳时间的迟早来鉴别雏鸡的强弱。健康的雏鸡应在20.5～21.5天全部出齐，有明显的出雏高峰，俗称“出得脆”；弱雏大多为扫摊雏、人工助产或过早出壳的雏鸡。

1）“看”是看雏鸡的精神状态，雏鸡的整齐度、绒毛整洁和污秽程度，喙、腿、趾是否端正，动作是否灵活，泄殖腔附近羽毛是否黏着稀粪。健康的雏鸡精神活泼，站立稳健，反应灵敏，绒毛长短适中，有光泽，肛门干净；弱雏呆立嗜睡，行动蹒跚，绒毛过短或过长，蓬乱有污物，没有光泽，肛门污秽不洁，有黄白色稀粪。有的孵化场为了使雏鸡绒毛颜色好看，对出壳雏鸡使用福尔马林熏蒸消毒，这样会损害雏鸡的眼睛，引起结膜炎、角膜炎，严重时影响生长发育和育成质量。

2）“听”就是听雏鸡的鸣叫声。用手轻敲雏鸡盒的边缘，健康雏鸡发出响亮清脆的叫声，病、弱者嘶哑或鸣叫不休。

3）“摸”是将雏鸡抓到手上，摸膘情、体温和骨的发育情况以及腹部的松软程度、蛋黄吸收是否良好、肚脐愈合状况等。健康的雏鸡腹部柔软有弹性，脐部平整光滑，挣扎有力。弱雏瘦弱松软，摸起来像棉花团，温度较低，挣扎无力。

5. 雏鸡运输过程中应注意哪些问题？

雏鸡运输是一项技术性很强的工作，总的原则是要做到迅速及时，安全舒适。冬季运雏主要应注意防寒保温，夏季运雏主要是通风防暑，春秋季节主要是防雨淋。

（1）装运工具的准备。运输雏鸡最好选用专门的运雏箱，一般长50～60厘米，宽40～50厘米，高20～25厘米，内分4格，每格放初生雏25只，一箱可装100只。运雏前，要对所有运雏箱提前冲洗和消毒，箱壁四周应适当开些通气孔，箱底平坦柔软，箱体稳固不变形。运输工具车、船和飞机皆可。

（2）运雏时间要迅速。在雏鸡羽毛干燥后就可开始运输，运输时间尽量缩短，防止中途延误，最好能在24小时内（最迟不超过36小时）安全运到饲养地，以便按时开食、饮水，避免途中脱水和死亡。

（3）装车运输科学。运输途中，要保证雏鸡有一个温暖舒适的环境，运输迅速、平稳，避免剧烈振动和急刹车。尤其是装车时，要根据季节、环境温度和运输时间的不同尽量为雏鸡创造舒适的环境，防止缺氧闷热造成窒息死亡或寒冷造成冻死和感冒拉稀。春、秋季节运输气温较为适宜，春、夏、秋季节运雏要备好防雨用具。夏季注意防暑降温和通风，避开中午运输，防止中暑。冬季做好防寒保温，也要注意通风换气。

（4）运雏人员要专业。运输人员必须具备一定的专业知识和运雏经验，还要求有较强的责任心。运输途中，要勤检查雏鸡状态是否正常，一般每隔0.5～1小时观察1次，如见雏鸡张口抬头、绒毛潮湿，说明温度太高，要注意掀盖降温；如见雏鸡挤堆，并唧唧发叫，说明温度偏低，要加盖保温，并及时将雏鸡堆轻轻拨散开。如果运输途中需要长时间停车，最好将雏鸡箱左右、上下进行调换，以防中心层雏鸡受闷而死。

（5）雏鸡安置要稳妥。到达目的地后，先把装雏盒移入育雏舍的育雏器附近，注意盒子之间保持一定距离，利于空气流通。然后将雏鸡取出放入育雏器内，将装雏盒移到鸡舍外面，一次性的纸盒以及箱底垫料要烧毁，装雏盒则要彻底清洗和消毒后

再使用。

6. 雏鸡的育雏方式有几种？

（1）地面平养育雏（图5－1）。这种方式将雏鸡放在铺有垫料的地面饲养，让其在上面采食活动，根据饲养设施条件的不同，地面的类型包括土地面、砖地面、水泥地面或火坑地面等。如果育雏面积较大，饲养数量较多时，为提高育雏成活率，应采用塑料网、竹编网或其他隔板等将较大的育雏平面分隔成若干面积约25平方米的栏圈，这不仅有利于雏鸡采食、饮水、活动，避免应激情况下雏鸡大量堆压，而且便于饲养管理。育雏时，在地面铺上干燥卫生、吸湿性好、松软有弹性、廉价可做肥料的垫料，配备适量料槽、饮水器及供暖设备等，这种方式较适合养鸡专业户使用。根据垫料的情况分为更换垫料育雏和厚垫料育雏两种，前者地面垫料厚度为3～5厘米，经常部分或全部更换；后者地面垫料厚度为10～15厘米，经常用新的垫料覆盖原有污浊

图5－1　地面平养育雏

垫料。其优点为：投资少、方法简单易行。其缺点为：垫料因潮湿需经常更换，增加了工作量；雏鸡经常与鸡粪接触，容易感染球虫病等多种疾病，影响雏鸡健康和生长发育；占地面积大，饲养密度小，房屋利用不经济，管理不便。

（2）网上平养育雏（图5－2）。网上平养是指在距地面保持50～150厘米高的网面上进行雏鸡饲养的方法，网上平养又可分为高床网养（网面距地面1～1.5米）和低床网养（网面距地面0.5米左右），所铺设的网片可以是塑料网（网眼为1.25厘米×1.25厘米）、竹编网、木制网、条编网等。在网上设有料槽、饮水器、取暖器等。料槽和饮水器要数量充足、结构合理、高度及尺寸大小适中，一般要求料槽高度等于或稍低于鸡高度，即3周龄以内时料槽高度应选用4厘米左右，3～8周龄时高度6厘米左右；3周龄以内的雏鸡每只应占约4厘米长的料槽长度，3～8周龄时每只应占约6厘米长的料槽。底盘直径为18厘米的饮水器，其用量比例为：0～6周龄时，每个饮水器可供20～25只鸡饮

图5－2　网上平养育雏

用；7～20周龄时，可供15～20只鸡饮用。当用水槽作为饮水器具时，0～20周龄，每只鸡所占水槽为2.5～3厘米长。当网上面积较大时，应当用隔网将其分隔为若干个面积约25平方米的栏圈。其优点是有利于粪便、水及杂质等废物漏于网下，使雏鸡不易与粪便等接触，减少了雏鸡与病原接触的机会，特别是减少了球虫病暴发的危险，有益于雏鸡健康，提高了育雏成活率；尤其在高床平养条件下，便于机械或人工清除粪便，对维持鸡舍环境，保持育雏舍空气清新有利；提高了饲养密度，饲养管理方便，便于观察鸡群，但这种育雏方式对日粮营养要求高。

（3）立体笼养育雏（图5－3）。将雏鸡饲养在多层笼内。常用的是4层叠式育雏笼，由笼架、笼体、饲槽、水槽和承粪板组成。笼底是铁丝网，鸡粪漏于承粪板上、定期清除，适于育雏舍较小的条件下选用。该方式饲养密度高，较平面育雏更能充分利用房舍、热源，减少建筑面积和占用土地面积，便于机械化饲养，有利于保温、供水、供料等饲养管理，适用于规模化饲养。

图5－3　立体笼养育雏

这种育雏方式还减少了雏鸡与病原接触的机会，有益于雏鸡健康生长发育，使育雏均匀度和成活率大大提高；但投资大，设备质量要求稳定可靠。

7. 育雏舍有哪些供暖方式？

（1）锅炉供暖。大型鸡场可在育雏舍安装散热片和通暖管道，满足育雏群体大的保暖需要。利用锅炉产生的热汽或热水使育雏室升温，可分为水暖型和气暖型。水暖主要是以热水经过管网进行供暖，升温缓慢、保温时间长、鸡舍温度适宜，操作安全。气暖升温快、降温也快，管网以气供暖，舍内空气干燥。育雏供暖以水暖为宜，若平养可将管网设在网下，热气上升，适宜雏鸡需要。使用这种供暖方式，育雏舍干净卫生，温度稳定舒适，但设备投入成本较高。

（2）红外线供暖。这种供暖方式适用于地面平养和网上平养的育雏方式。红外线发热元件有两种主要形式，即红外线灯泡和远红外电热板或棒。红外线灯一般为250瓦，使用时上面要罩一个金属反射罩，红外线灯育雏数与舍内温度有关。1块800瓦远红外电热板吊起2米左右，可辐射5平方米地面。此外，还有电热保温伞。雏鸡可在伞下选择适宜的温度带，换气较好；缺点是保温效果不太好，需要保证育雏舍维持在24℃以上。

（3）煤炉供暖。适用于小规模鸡场和专业户。在雏鸡舍内安装煤炉和排烟管道，燃料可用煤块、煤球和木炭等。煤炉的大小和数量主要根据育雏舍的大小而定。一般保温良好的房舍，20～30平方米采用一个家用煤炉即可达到雏鸡所需的温度。此法简单易行，但添煤、掏灰比较麻烦，温度不稳定，还要严防煤气中毒。紧挨着雏鸡舍墙壁砌煤炉，煤炉的进风口和掏灰口均设在墙外，可有效防止舍内空气污染。

（4）烟道供温。利用农作物的秸秆、杂草、树枝等作为燃

料，可用火炉、火坑、烟道等多种方式使这些燃料燃烧供温，育雏成本低。但使用农家燃料供热效果差，温度滞后性大，空气中粉尘多，在冬季易诱发呼吸系统疾病。

（5）热风炉供温。将热风炉产生的热风引入育雏舍内，使舍内温度升高。

8. 为什么雏鸡出壳后要及时饮水？

（1）雏鸡入舍后要尽早饮水。雏鸡在进入育雏舍后要先饮水，时间越早越好，一般应在24～48小时饮到水，最好在出壳后24小时内进行。因为，刚出壳不久的雏鸡需要大量水分，如果缺水会造成雏鸡虚脱，直接影响到随后的开食。为保证雏鸡尽早饮水，要在雏鸡入舍前1～3小时就将饮水器注满水备好。雏鸡正常的饮水量随着周龄逐渐增加，1～2周龄让其自由饮水，3周龄饮水量为45毫升，4周龄为50毫升，5周龄为60毫升，6周龄为70毫升，7周龄为80毫升，8周龄为85毫升，9周龄为95毫升，10～20周龄为180毫升。

（2）雏鸡饮水时要注意以下问题：

1）保证饮水器内不断水。雏鸡有定位饮水习惯，饮水器常有水可避免雏鸡缺水后的暴饮。

2）饮水器位置要适宜。将饮水器放在光线明亮、温暖、靠近料盘的位置，有助于雏鸡学会饮水。平面育雏时水盘和料盘的距离不要超过1米；调整饮水器的高度，使饮水器的高度始终要比鸡背高度略高一点，这样可减轻饮水器污染和饮水外溅。使用乳头式饮水器时，育雏头2天使乳头与雏鸡眼睛高度一致；第3天调到使雏鸡以45度仰角来饮水，以后逐步调高，在10日龄左右使雏鸡垂直于乳头下饮水。

3）最好用温水。如没有条件烧开水，也可将饮水事先在舍内预温数小时后再给雏鸡饮用。初次饮水的水温以20～25℃为宜，以后可逐步降为15℃左右。

4）喂给营养水。饮水中可适当添加一些物质，如5%～8%的糖水，或2%～3%的奶粉以及多维电解质营养液等。可以帮助雏鸡消除疲劳、恢复体力。

5）添加抗应激剂。加入维生素C等抗应激剂，可保证雏鸡的健康生长，缓解应激，降低死亡率。特别是经长途运输的雏鸡。

6）饮水器数量充足。保证每只雏鸡有2厘米左右的单边饮水位置，或每100只雏鸡有2个45升大小的塔式饮水器，或每15只雏鸡合用1个饮水乳头。

7）注意观察雏鸡是否都饮到水。如果有雏鸡饮不到水要及时查找原因，看饮水器数量和摆放位置、光线强度、水温等是否存在问题，及时调整。

8）人工辅助饮水。一般情况下，雏鸡见到水会自己主动饮水的，但是由于长途运输，很可能部分雏鸡的体力下降很多，判断能力下降，需要人工辅助其第1次找到水源，要人工强制饮水，促使它学会饮水。具体方法：用手心轻轻地握住雏鸡，将雏鸡的头伸到饮水设备里面，让其感觉到水后就会饮水了；若还不会饮水，应反复几次，便可让鸡学会喝水。

9）饮水器要经常刷洗消毒。为保持饮水清洁卫生，每次饮水前都要清洗消毒。注意饮水免疫的前后2天，饮用水和饮水器里不能有药物和消毒剂。

10）饮用药水要现用现配。用于预防和治疗疾病时，最好现配药水，保证药物活性；同时，应准确掌握药物用量，不能过高和过低，以免中毒或失效。

9. 何时给雏鸡开食？

（1）开食时间。首次给初生雏鸡喂料叫开食。开食时间要

适时，开食过早或过迟都对雏鸡不利，因为雏鸡的消化功能要在出壳36小时后才逐步健全。过早开食，雏鸡无食欲且对雏鸡有害无益；过迟开食，对雏鸡生长不利，且常因雏鸡饥饿，使初次采食过多，形成消化不良。对无法正常开食、必须晚开食的雏鸡，要科学掌握好开食量，千万不要使雏鸡初次采食过饱，以免对鸡群造成伤害。一般在雏鸡进入育雏舍休息和饮水后就可开食，雏鸡出壳后28小时内（最迟不宜超过36小时）饮水2～3小时，观察到大约有1/3的雏鸡具有觅食行为时即可进行开食。

（2）开食方法。开食时使用面积大而浅平的食槽或料盘，或直接将饲料撒在消毒过的牛皮纸或深色塑料布上，让每个雏鸡都容易接触和采食饲料，学会采食；开食的饲料要求新鲜，颗粒大小适中，易于雏鸡啄食，营养丰富且易于消化。大群养鸡可直接使用全价颗粒饲料用温水拌湿后，达到手握成块一松便散的状态，就可给雏鸡撒食，这样提高了适口性，也保证了雏鸡的全面营养。开食时光线应适当增强，使雏鸡容易接近料槽和饮水器，以便及早学会吃食，对不采食的雏鸡采用人工引诱的方法尽快地使雏鸡都能吃上饲料；饲喂时间应相对稳定，不要轻易变动。开食好的雏鸡爱吃食，吃得快，采食量与日俱增。开食后要注意观察雏鸡采食情况，保证雏鸡采食均匀，看雏鸡是否嗉囊饱满，如果不饱应及时查明原因，看光线强度、食盘数量、温度高低、雏鸡体况等方面是否有问题，及时纠正和调整。

10. 雏鸡需要的环境条件有哪些？

（1）温度。温度是育好雏的关键，也是育雏的首要条件。适宜的温度雏鸡才能生长发育正常，具有高的成活率。

1）温度要求。育雏期开始给温要适当高而平稳，以后逐渐缓慢降低，严防忽高忽低或剧烈降温。开始温度以33～35 ℃为宜，如用育雏伞，开始的伞温应为34～35 ℃，以后每周降低2～

3 ℃，7～12 周龄温度为 18～16 ℃。

2）看鸡施温，灵活给温。通过观察雏鸡动态表现，感受温度是否适宜，及时采取措施，保持温度适宜。温度适宜时，可观察到舍内雏鸡分布均匀，精神活泼，行动自如，叫声悦耳，羽毛整齐光洁，饮食正常，采食量逐日增加，排粪正常。饱食后均匀分布在地面或网面上，头颈不蜷缩而是伸直，睡觉姿势安详舒适。给温要灵活，小群饲养比大群饲养高些，夜间比白天高些，阴天比晴天高些。

3）温度测定。温度计是了解室温是否适宜的重要工具。首先要使用校准的温度计，其次温度计放置的位置要适当。暖房式供温时，温度计挂在距离地面、网面或笼底 5 厘米高处。如果使用保姆伞供温，温度计挂在距伞边缘 15 厘米，高度与鸡背相平，大约距地面 5 厘米处。育雏室的温度是指将温度计挂在远离育雏器或热源、离地面 1 米处所测得的温度。

4）适时脱温。育雏结束后要适时给雏鸡脱温。脱温要根据育雏季节和雏鸡体质的不同，灵活掌握。脱温要逐步进行，将舍内温度逐步降至与舍外温度基本相同，然后不关闭窗门，让舍内环境逐步接近舍外气候条件。脱温时要注意夜间气温过低以及寒流突然来袭对雏鸡的影响，做好保温工作。

（2）相对湿度。在育雏期间，适宜的湿度有利于雏鸡的生长发育健康，湿度过高或过低对雏鸡健康都是不利的，特别在相对湿度高于 80% 或低于 40% 时，与温度和通风因素共同作用下易造成很大的危害。

1）高湿、高温、通风不良的危害。当湿度过大、温度偏高、通风换气不良时，鸡体热量得不到正常散发，容易引起雏鸡食欲下降，生长缓慢，抵抗力减弱，同时也可能导致寄生虫、病原菌等趁机滋生繁殖，侵染群体。

2）高湿、低温的危害。在湿度过大、温度偏低时，雏鸡由

于体热散失加快而感到更冷，使御寒能力和抗病力下降。

3）低湿、高温、通风迅速的危害。当湿度过低，而温度偏高、通风迅速时，舍内空气干燥，使雏鸡大量水分散发，导致雏鸡蛋黄吸收不良，绒毛干枯，蹠趾干瘪，眼睛发燥，形体瘦弱，食欲降低，频频饮水，倘若此时饮水供应不足，易导致雏鸡脱水、死亡。同时易引起尘土飞扬，使雏鸡易患呼吸道疾病。

4）1~10 日龄的湿度要求。此时为育雏初期，由于育雏舍温度较高，空气相对湿度要求达到 60%~65%。方法是：在火炉上放置水壶烧开水，以产生水蒸气；或定期向室内空间、地面喷水，或在育雏室内放上湿草捆来提高湿度。

5）10 日龄后的湿度要求。这时育雏室内的空气相对湿度应控制在 55%~60%。方法是：加强通风，勤换垫料，及时清除粪便；添加饮水时，要注意避免水溢于地面或垫料上。

（3）饲养密度。饲养密度是指每平方米饲养面积容纳的鸡只数。通常通过观察每只鸡占有的采食与饮水位置来掌握饲养密度。要根据雏鸡的类型、品种、育雏方式、季节、日龄、通风状况等因素的不同来调整饲养密度。饲养密度过大，鸡群拥挤，易造成采食不足，雏鸡群发育不均匀，易发生啄癖和感染疾病，雏鸡体质弱，生长缓慢，死亡率高。饲养密度小又不利于保温，房舍及设备利用不经济。雏鸡不同饲养方式的饲养密度见表 5-1。

表 5-1　不同饲养方式雏鸡的饲养密度

雏鸡周龄	饲养方式（只/米^2）		
	地面平养	网上平养	立体笼养
1~2	35	40	60
3~4	25	30	40
5~6	20	25	35
7~8	15	20	30

(4) 通风。鸡新陈代谢旺盛，呼吸速度快，体温高，产生的二氧化碳也多；同时雏鸡的消化吸收率较低，粪便中含有丰富的有机物，易发酵分解产生氨气和硫化氢等气体；育雏器煤炉供温等方式会产生一氧化碳，这几方面都会使育雏舍内有害气体超标，空气污浊，影响生长和发育，损害雏鸡健康。因此必须加强通风换气，保证舍内空气新鲜，减少空气中的水汽、灰尘和微生物。

1）开放式鸡舍通风。主要靠开闭门窗，利用自然通风换气，冬春季，可在换气窗上钉纱布、塑料条带等以缓解气流。要根据雏鸡密度的大小、育雏室温度的高低、天气的阴晴、风力的大小、有害气体的浓度等因素来决定开关门窗的次数、时间长短，以达到既能保证室内空气新鲜又能保持适宜的温度。

2）密闭式鸡舍通风。可开启排风扇进行通风换气，育雏室内通风换气是否正常以人进入室内不感到有闷气及呛鼻、辣眼睛、过分臭味为宜，也可通过仪表测量。

(5) 光照。光照对鸡的生长发育和生殖系统发育有非常重要的影响。光照时间对12周龄以后的育成鸡性成熟有明显影响，因此，为了防止鸡早熟和早开产，在12周龄以后，随着鸡日龄的增加，每天光照时间保持恒定或逐渐减少；10周龄前，为了让雏鸡多采食，健壮生长，可保持相对较长的光照时间。密闭式鸡舍光照完全由舍内人工控制，3日龄前每天采用23小时的光照，以便使雏鸡尽快熟悉环境，识别食槽、水槽位置，4~7日龄每天22小时光照，2周龄20小时光照，3~4周龄18小时光照，5~6周龄16小时光照，7~8周龄13小时光照，9~18周龄恒定为8~10小时光照时间。

开放式鸡舍应根据自然光照的变化来制订光照方案，具体做法有两种：

1）渐减法。先查出本批鸡达到20周龄（种鸡22周龄）的白昼长度，加上7小时为1周龄光照时间，以后每周减少20分钟，21周龄（种用鸡22周龄）以后，每周增加半小时，逐渐过渡到产蛋期的光照制度。光照强度可以这样掌握：第1周为10～20勒克斯，2周以后以5～10勒克斯的弱光为宜。生产中，15平方米的鸡舍，第1周用一盏40瓦灯泡悬挂于2米高的位置，第2周换用25瓦的灯泡即可。

2）恒定法。该批雏鸡20周龄内最长的自然光照时间作为育雏育成期光照时间，20周龄后每周增加20～30分钟，直到15.5～16小时恒定光照时间。具体方法：1～3天23小时，4～7天22小时，8～14天20小时，15～21天18小时，22～28天16小时，以后按照20周龄内最长的自然光照时间保持到20周龄，20周龄后每周增加20～30分钟，到15.5～16小时恒定。

11. 如何给蛋雏鸡断喙？

在饲养管理过程中，由于饲养密度大、光照强、通风不良、饲料营养不全价等原因，雏鸡很容易相互叨啄，形成啄羽、啄趾、啄肛等恶癖，造成雏鸡伤残或死亡。所以生产中必须给雏鸡断喙，不仅可减少恶癖的出现，也可减少鸡采食时挑剔饲料造成的浪费，鸡群发育比较整齐。

（1）断喙时间。蛋用雏鸡一般在8～10日龄进行断喙，这时断喙对雏鸡应激性较小，随后在转群和上笼时补断。断喙过早，雏鸡体质弱，应激反应强，不利于雏鸡生长发育。断喙时间晚，喙质地变硬，不好断。在雏鸡状况不太好时可以往后推迟，但必须在35日龄前完成第一次断喙，因为一般鸡群在35日龄左右就可能出现互啄的恶癖。

（2）断喙用具。雏鸡断喙要采用专门的自动断喙器，雏鸡断喙器的孔径，7～10日龄为4.4毫米，10日龄以后为4.8毫米。农村常用电烙铁断喙，会给雏鸡带来较大的应激。

（3）断喙操作。断喙方法是左手抓住鸡腿部，右手拿鸡，将右手拇指放在鸡头顶上，食指放在咽下，稍施压力，使鸡缩舌，选择适当孔径，在离鼻孔2毫米处切断，确保上喙切除1/2，下喙切除1/3。7～10日龄断喙采用直切，在6周龄时可将上喙斜切，下喙直切。灼烧时切刀在喙切面四周滚动，以压平嘴角，阻止喙外缘重新生长。断喙温度控制在650～750℃，断喙器刀片为暗红色。

（4）断喙注意事项。①断喙要标准操作，操作后要仔细观察鸡群，对流血不止的鸡只，应重新烧烙止血。②免疫期不宜进行断喙。③鸡群不健康时，不应进行断喙。④断喙时，应注意不能断得过长或将舌尖切去，以免影响雏鸡采食。⑤断喙后，在饲料中增加适量的维生素K（或多种维生素）和抗生素，维生素K的用量为5毫克/千克，以利于止血和消炎。同时还应立即供给清洁饮水。⑥断喙后的2～3天内，料槽内饲料要有2厘米的厚度，防止雏鸡啄食时喙疼影响采食。

12. 养好雏鸡的综合措施有哪些？

（1）育雏人员专业敬业。提高育雏人员素质，采取激励机制，调动育雏人员的工作积极性。

（2）选择健壮雏鸡。选择的雏鸡应符合品种要求，种鸡群无白痢、伤寒、支原体病和大肠杆菌病等垂直传播的传染病。雏鸡要具有良好的母源抗体，要求体质强壮、活泼、无残疾。病残雏鸡要坚决淘汰。

（3）保持适宜的育雏环境条件。尤其要严格控制好育雏温度。

（4）抓好开食关。保证雏鸡开食良好，采食积极。

（5）搞好卫生防疫。严格执行卫生防疫制度，进入育雏舍

的人员和用具要严格消毒，防止病原体进入鸡舍。有条件的鸡场最好采用全封闭育雏，这项措施对防止疫病的发生很有效。各鸡场应根据各地的条件和鸡群状况，制定切实可行的用药和免疫程序，并严格执行。

（6）科学用药。用药物治疗和预防疾病时，计算用药量一定要准确无误，剂量过大会造成中毒。在饲料中添加药物时必须搅拌均匀，应先用少量粉料拌匀，再按规定比例逐步扩大到要求的含量。不溶于水的药物不能从饮水中给药，切忌把饲料和农药放在一起而造成农药中毒；绝对不能使用发霉变质的饲料喂雏鸡；搞好室内通风换气，谨防煤气中毒。

（7）严格管理。防止聚堆挤压，控制恶癖发生。让雏鸡尽快适应和熟悉环境。加强对弱雏的管理。

（8）严格消毒。定期对鸡舍和周围环境进行消毒。育雏期每周带鸡消毒 2～3 次。鸡舍周围环境每周消毒 1 次。饮水用具每周消毒 2～3 次，水源也要定期消毒。饲喂用具每周消毒 1 次。

（9）应该在育雏前统一灭鼠；进出育雏室应随手关好门窗，门窗最好能用尼龙绳拦好，堵塞室内所有洞口，防止老鼠进入。

13. 怎样制定0～49 日龄雏鸡一日工作程序？

0～49 日龄雏鸡一日工作程序示例如表 5－2 所示。

表 5－2　0～49 日龄雏鸡一日工作程序

工作时间	工作内容
7：00～8：00	①查鸡舍环境温度、湿度，通风、换气。②喂料：添加至料槽 1/3 高度；喂料要均匀，防止断料、浪费。③在饲料或饮水中加防病药物，并按要求使鸡在规定时间内采食或饮水

续表

工作时间	工作内容
8：00 ~ 9：00	①清除粪便打扫工作间及屋舍门口周围，更换坏灯泡，检查温度、湿度和通风。②观察鸡群，及时解脱卡、吊鸡，清除笼内死鸡，抓回笼外鸡。③疫苗注射
9：00 ~ 10：00	①检修调整笼门。②检查饮水系统是否漏水或断水，调整温度使之适宜。③观察鸡采食、饮水、粪便及精神是否正常
10：00 ~ 11：00	①喂料。②检查鸡舍环境温度，适量通风换气
11：00 ~ 13：30	午饭、午休
13：30 ~ 15：30	①喂料，加药。②观察鸡群。③打扫卫生。④检查温度，适量通风换气
15：30 ~ 16：30	①检查笼门。②调整集群（进鸡后 2 周按大小、强弱分别装笼饲养）
16：30 ~ 17：30	①喂料。②认真做好温度、湿温（第一周每 2 小时记录 1 次）、增重（每周称重 1 次）、饲料消耗和死亡淘汰鸡数等项目的记录。③做好交接班安排
17：30	值日班饲养员下班，上夜班的饲养员就位

14. 蛋鸡育成期的培育目标具体有哪些?

培育优质的育成母鸡是提高蛋鸡产蛋性能的基础。按周龄划分，7 ~ 20 周龄称为育成期。现在一般按体重来划分，雏鸡体重达标后就可进入育成期。简单来说，育成期的培育目标就是培育出育成新母鸡。具体来说育成新母鸡应达到以下目标：

(1) 个体质量优良。培育优良的育成新母鸡应该表现为精神活泼，反应灵敏，食欲好，体型良好，羽毛紧凑光洁；鸡冠、脸和髯色彩鲜红，眼睛凸出有神，鼻孔干净，羽毛清洁，肛门无污物，摸起来鸡挣扎有力，胸骨平直，肌肉和脂肪比例良好。

（2）群体质量。整个鸡群的质量也要良好，应符合以下标准。

1）品种质量好。鸡苗来源于规范的有生产经营许可证种鸡场和孵化场的高产配套杂交品种。

2）体型好，均匀度高。好的育成母鸡体重和骨骼发育良好，协调一致，整个鸡群体型均匀度高。

3）抗体水平高。在18～20周龄检测育成鸡抗体水平来鉴定其质量优劣。优质的育成鸡群抗体结果应符合安全指标，没有慢性呼吸道病、淋巴细胞性白血病、白痢等特定病原感染。

15. 蛋鸡育成期有哪些生理特点?

从雏鸡脱温到开产前（通常是7～20周龄）的大雏鸡称为蛋鸡的育成期，该期培育的鸡称为育成鸡或后备鸡，此期的生长发育具有如下特点：

1）体温调节能力健全。羽毛已丰满，具有较健全的体温调节功能和较强的生活力，对环境的适应性较育雏期显著增强。

2）生长发育迅速。消化能力强，采食量增加较快，饲料吸收、转化率较高，鸡体容易过肥和过早产蛋。骨骼和肌肉的增长都处于旺盛时期，自身对钙质的沉积能力也明显提高。应适当降低日粮的蛋白质水平，保证维生素和微量元素供给，育成后期加强钙的补充。

3）生殖器官发育迅速。育成鸡11周龄以后，小母鸡卵巢上的滤泡即开始累积营养物质，滤泡随之逐渐长大，18周龄后生殖器官发育更为迅速，到后期，生殖器官则迅速发育完全。12周龄后性器官发育很快，对光照时间和强度很敏感，应注意控制光照，防止育成鸡性早熟。

16. 育成期蛋鸡有哪些饲养管理要点?

（1）选择优质育成鸡。一般第1次初选在6～8周龄，选择体重适中、健康无病的鸡。第2次在18～20周龄，可结合转群或接种疫苗进行，在平均体重10%以下的个体应予淘汰处理。

（2）育成鸡的饲养方式。育成鸡的饲养方式采用3层育成笼或网上平养方式饲养。

（3）育成鸡营养需求。选用育成期饲料配方自配料或商品育成料。育成期蛋鸡的日粮中蛋白质可降低14%～15%，适当增加粗饲料和青饲料，保证维生素和微量元素的供给和平衡，钙的适宜含量为0.6%～0.9%，不能过高和过低，防止造成痛风病和缺钙症。在产蛋前2周左右，大约17周龄，钙含量应提高到2.5%～3%，为以后产蛋贮存钙质。

（4）提供适宜的环境条件。育成舍温度控制在16～18℃较为适宜。虽然育成鸡调节体温的能力增强，仍要注意夏季防暑降温和冬季防寒保暖。育成期蛋鸡新陈代谢旺盛，采食量和排泄量加大，呼吸出的二氧化碳增多，应加强通风换气，防止空气污浊，湿度控制在50%～70%。光照强度适宜，太强易引起啄癖，饲养密度要合理。

（5）补充沙砾。可在舍内放置沙盘，或在运动场设置沙池，让鸡自由采食。如是垫料平养，可在8周龄后饲粮中补喂沙砾，每周100只鸡给予沙砾500克，一天吃完。网上平养，每4～6周100只鸡喂给450～500克沙砾，一天吃完。

（6）限制饲喂。为控制其生长、抑制性早熟、节约饲料，应按品种标准和增重速度进行限饲；蛋鸡一般从第9周开始限制饲养，其方法有限时、限量、限质等多种。生产中可根据鸡群状况、技术力量、鸡舍条件、季节、饲料供应等具体条件确定采用哪种限饲方法。

（7）控制光照。因为光照能刺激性器官的发育，所以控制蛋鸡性成熟还应控制光照。蛋鸡育成期的光照时间总的来说应该由长到短或者保持恒定，切忌由短到长。光照的控制方法因鸡舍

结构不同而异。对于开放式鸡舍，育成期光照可以采用8小时恒定光照到16周龄，17~20周龄每周增加1小时，到育成期末达到12小时，直到进入产蛋鸡舍。也可在雏鸡第1周光照23~24小时的基础上，从第2周起每周减少50分钟，20周龄减少到8小时。育成期的光照强度以5~10勒克斯为宜（相当于2~3瓦/米^2），实际生产中，光照强度亦可因蛋鸡品种、鸡群情况不同而加以调整。例如，当出现啄癖时，可减弱到1~2瓦/米^2。由于褐壳蛋鸡对光线刺激的敏感性比白壳蛋鸡差，因此，褐壳蛋鸡的光照强度可提高到3~5瓦/米^2。

（8）控制体型。体型良好的育成鸡群，产蛋期才能有很好的生产性能。检测鸡群的体重可以了解鸡群的增重情况，也是对育成鸡限制饲养时确定喂料量的重要依据，胫长指标反映鸡的骨骼发育情况，体重和胫长两项指标综合构成鸡的体型，能准确反映鸡的发育情况。

1）测定体重。在生产中，轻型蛋鸡一般从6周龄开始每隔1~2周称重1次，中型蛋鸡有的从4周龄后每隔1~2周称重1次。一般地说，万只鸡群按1%抽样，小群则按5%抽样，但不能少于50只。为了使抽出的鸡群具有代表性，平养鸡抽样时一般先把舍内的鸡徐徐驱赶，使舍内各区域鸡只及大小不同的鸡只均匀分布，然后在鸡舍的任一地方随意用铁丝网围绕出大约需要的鸡数，并剔除伤残鸡，剩余的鸡只逐个称重登记。笼养鸡抽样时，应从不同层次的鸡笼抽样、称重，每层笼取样数量应该相等。每次称测体重的时间应安排在相同时间，如在周末早晨空腹时测定，称完体重喂料。所谓鸡群的均匀度，是指鸡群中体重在标准体重±10%范围内的鸡只所占的百分比。如某鸡群10周龄标准体重为760克，在5000只鸡以5%抽样得到的250只中，体重在684~836克范围内的有198只，占称重鸡只数的百分比为79.2%，抽样结果表明，这群鸡均匀度为79.2%。一般认为，均匀度在70%~76%时为合格，达到77%~83%时为较好，达到84%~90%为最好。

2）测定胫长。每只鸡称重后用游标卡尺测定鸡的脚垫部到跗关节顶部的直线距离，得到胫长的长度，做好记录。

3）计算。主要计算平均体重、平均胫长和体重、胫长均匀度。计算公式如下：

平均体重=所称鸡数总体重÷所称鸡只数

平均胫长=所测鸡数总胫长÷所称鸡只数

体重均匀度=（平均体重±10%范围内的鸡只数）÷鸡群总只数×100%

胫长均匀度=（平均胫长±5%范围内的鸡只数）÷鸡群总只数×100%

4）调整饲养。如果体型与标准不符，要及时调整。胫长达标体重超重，下周可不增加饲喂量，直到体重与标准相符为止，再恢复正常饲喂量。如果体重低于标准，下周增加喂料量，平均体重与标准差几克，就增加多少克饲料，在2~3周内添加完。胫长不达标，说明骨骼发育滞后，可以缓慢增加饲料，适当提高微量元素、维生素和矿物质含量。胫长超标，鸡体较瘦，可大幅增加喂料量，必要时提高日粮能量水平。多次调整还未达标，应该检查是否日粮质量太差。

5）鸡群整齐度。评价鸡群质量最重要的标准是均匀度。体重均匀度在85%以上，鸡群质量极好；体重均匀度为80%~85%，为很好；体重均匀度为75%~80%，为好；体重均匀度在70%~75%，为一般；体重均匀度在70%以下，为很差。一般体重均匀度低于80%，就应该查找原因，及时纠正。实在找不到原因，就应整群，即将鸡群分为超标、达标和不达标3个小群分开饲养和管理。超标群限制饲料、饮水；达标群正常饲养和饮水；不达标群要提高饲料中营养含量或使用助消化剂，增加饲

喂次数，适当延长采食时间，饮水中可添加营养剂和抗应激剂等，同时降低饲养密度。

（9）预防保健。在60和90日龄及开产前应对蛋鸡的输卵管进行消炎，可在饲料中添加氧氟沙星或环丙沙星，每1 000千克饲料中添加80～100克，连用3天；每隔25～30天对蛋鸡的胃肠道进行杀菌消炎1次，饮水中添加络合碘（聚维酮碘），20%含量按1∶(1 500～2 000）比例添加；如果发现蛋鸡拉棕黄色或黄褐色的稀糊状粪便或有疫病流行时，应注意环境消毒和饮水消毒，注意慢性呼吸道疾病的预防与控制（可每隔1.5个月进行一次药物预防）；按免疫程序及时对鸡群进行免疫接种。

（10）育成鸡质量的衡量指标。20周龄时总成活率不低于96%，6～20周龄阶段的成活率不低于98%，体重符合本品种的体重标准，均匀度应达到85%的个体在平均体重±10%范围内。注意性成熟时间是否符合推荐的日龄、开产日龄是否趋于一致，育成的公鸡应具有活跃的气质、强壮的体格，在繁殖时具有较高的受精率。

（11）转群。转群时间一般为雏鸡6～7周龄时转入育成鸡舍，到17～18周龄转到产蛋鸡舍。转群前2～3天和入舍后3天，饲料内添加多种维生素100～200克/吨，转群前6小时应停料，转群当天应连续24小时光照。转群时注意避免断喙（修剪）、做预防注射等，可结合进行淘汰选择。转群的时间以18周龄前后较为合适，早的可提前到17周龄，晚的在20周龄，最迟不得超过22周龄。蛋鸡在开产前必须及时转群，使鸡有足够的时间熟悉和适应新的环境，减少环境变化的应激给开产带来的不利影响。转群一般在晚间进行，并尽量减小光照强度，使光线暗一些，减少惊扰。捉鸡时要捉两腿，轻拿轻放。

17. 育成期蛋鸡的限制饲养有哪些方法?

在育成期为了控制母鸡体重，延迟性成熟，使鸡群适时开产，提高产蛋性能和饲料效能，提高种蛋合格率、受精率和孵化率，往往要根据育成鸡的营养特点采取限制饲养措施，包括控制喂料量、缩短喂料时间和限制日粮的营养水平等。

（1）限时饲喂。包括每天限时饲喂和隔日饲喂两种方法。每天限时饲喂是在限定时间内喂料，其他时间取走或盖上、吊起料槽。隔日限饲是在喂料日把两天的料在一天中喂给，而停料日只供给清洁饮水。也可每周停喂1天或2天，一般在周三或周四及周六或周日2天不喂料。

（2）限量饲喂。就是不限定时间，但每天每只鸡的平均喂料量只控制在正常采食量的90%。每天的喂料总量应该正确估计或称量，所喂日粮的质量必须良好，不能因质差量少而使鸡群生长受阻。

（3）限质饲喂。就是降低日粮中某种营养素的水平，达到限制目的。例如喂低能日粮，每克含代谢能9.20兆焦左右（正常为11.09～11.50兆焦）；喂低蛋白日粮，粗蛋白质为9%～11%（正常为12%～15%）；饲喂低赖氨酸日粮，赖氨酸为0.39%（正常为0.45%～0.60%）。

18. 育成期蛋鸡的限制饲养应注意哪些问题?

育成鸡限制饲养方法的选定依据包括鸡群状况、现有技术水平、鸡舍条件、饲料供应情况和季节等。在具体实施时应注意做好以下几个方面：

（1）严格执行限饲方案。根据出雏日期、不同蛋鸡品系的发育标准、鸡舍类型、饲料条件等，制订限饲计划并严格执行。

（2）限制饲养前应断喙，防止啄伤，同时淘汰弱鸡和病

残鸡。

（3）定期测体重，控制饲喂量。开始限饲时要先抽样检测鸡群体重，每次随机抽取 30～50 只鸡称重并编号，每周或每两周称重 1 次。所称体重与标准体重进行比较，差异上下不超过 10% 为正常，若不在此范围内，应酌情增减喂料量。

（4）必须配备足够的食槽、水槽，饲养密度要合理，保证每只鸡的采食、饮水和活动空间均等，以免发生饥饱不均，鸡群发育不整齐。

（5）预防应激。在气温突变、鸡群发病、接种疫苗、转群、运输、高温和低温因素造成鸡群发生应激反应时，应暂停限饲，通过改变饲养方案进行补偿，待恢复正常后再限饲。

（6）限饲结合光照控制和少许限制饮水，效果更好。

（7）不能盲目限饲。限饲应以提高总体经济效益为宗旨，盲目限饲会造成过多死亡、提高产品成本和降低产品品质，如鸡的饲料品质不高、鸡群发病、后备鸡体重较轻的时候，不能进行限饲。

19. 如何将限制饲养和控制光照结合起来控制育成鸡的性成熟？

蛋鸡性成熟的早晚与鸡的产蛋性能有着密切的关系，常用开产日龄来衡量。性成熟过早的蛋鸡，产蛋不持久，产蛋量低，蛋重不大，过早衰老，产蛋鸡死亡率高；性成熟过晚，说明鸡的生长发育不良或缓慢，不能正常开产，也很难保证有较高的产蛋量，产蛋性能低。对于种鸡，还会影响种蛋合格率、受精率和孵化率，降低其种用价值。因此，控制好育成鸡性成熟时间，对鸡群适时集中开产具有重要意义。蛋鸡性成熟的早晚受遗传、饲料、光照等因素的影响。白壳蛋鸡和褐壳蛋鸡的适宜开产日龄分别为 160 ~ 180 日龄、170 ~ 190 日龄。在生产中只有将限饲与光照控制两种方法有机结合起来，才能有效地控制鸡的性成熟。具体措施如下：

（1）9 周龄开始实施限饲，通过限饲适当控制蛋鸡性器官的发育，控制鸡的性成熟。

（2）控制光照以控制鸡的性成熟。蛋鸡育成期光照时间的总的控制原则是由长到短或者保持恒定，切忌由短到长。不同鸡舍结构光照控制方法存在差异。

1）封闭式鸡舍：育成期光照可采取 8 小时恒定光照到 16 周龄，17 ~ 20 周龄每周增加 1 小时，育成期末达到 12 小时，直到进入产蛋鸡舍。或在雏鸡 1 周龄光照 23 ~ 24 小时的基础上，从第 2 周起每周减少 50 分钟，20 周龄减少到 8 小时。

2）开放式鸡舍：根据当地纬度和育雏季节确定光照方法。北方地区 4 至 9 月中旬孵出的雏鸡，育成期可全部采取自然光照；9 月中旬到第二年 3 月底孵出的雏鸡，在雏鸡 20 周龄时以当地的自然光照时数为标准，给予恒定光照。冬季可用电灯适当补充光照；也可以雏鸡 20 周龄时当地的自然光照时数加上 5 小时，作为初生雏鸡的光照时数，以后每周递减 15 分钟，20 周龄时，共减去 5 小时，此时采用自然光照。

3）光照强度：育成期适宜的光照强度为 5 ~ 10 勒克斯。生产中根据蛋鸡品种和鸡群具体情况可做相应调整。当鸡群出现啄癖时，可适当减弱光照强度，褐壳蛋鸡对光线刺激敏感性稍差，可适当提高光照强度。

20. 如何制定育成鸡一日工作程序？

育成鸡一日工作程序的制定参照表 5 – 3。

表5-3　育成鸡一日工作程序

工作时间	工作内容
8：00~9：00	①添料要均匀，防止断水、断料和浪费，严禁喂酸败、发霉变质饲料。②药物治疗。③通风换气
9：00~10：00	①清除粪便，打扫工作间及舍外。②观察鸡群采食、饮水、精神和粪便是否正常，及时解脱卡、吊鸡，及时清除笼内死鸡，捉回笼外鸡（包括粪沟或承粪板上的鸡）。③更换坏灯泡，检查照明及通风是否正常。④疫苗注射
10：00~11：00	①调整不适笼门。②检查饮水系统是否漏水。③个别治疗
11：00~12：00	①喂料。②检查鸡群。③通风换气
12：00~13：30	午饭、午休
13：30~15：00	①喂料，堵漏料点。②加药防疫
15：00~16：30	①观察鸡群。②打扫卫生。③整修笼门和笼底。④调整鸡群（进鸡后半个月将鸡按大小、强弱分笼饲养，15天分完）。⑤清粪
16：30~17：00	喂料
17：00~17：30	认真做好温度、湿度、增重（每2周抽样称重1次）、饲料消耗、死亡淘汰鸡群等项目记录
17：30	下班

六、蛋鸡高产饲养管理技术

1. 饲养管理与蛋鸡高产有何关系?

高产蛋鸡从出壳到淘汰需要饲养72周，从21周龄育成期结束就进入产蛋期，一直到72周龄母鸡淘汰为止，产蛋期约为1年。如果蛋鸡产蛋性能高，饲养管理条件好，产蛋期可延长至76~80周龄。根据蛋鸡生长发育的规律特点可将蛋鸡饲养划分为不同的几个饲养管理阶段。除了良种因素之外，关键要熟悉和掌握蛋鸡不同生长阶段的需求和饲养管理技术要点，创造适宜环境，满足蛋鸡每个生长发育阶段的各种需求，才能使蛋鸡的高产性能充分发挥，获得最佳的饲养效益。

产蛋期蛋鸡饲养管理的目标主要是想方设法最大程度地发挥蛋鸡的产蛋性能，降低生产成本，提高经济效益。具体来说，就是利用现代养殖科技的成果和技术手段，最大限度地消除和减少各种应激因素对蛋鸡的不利影响，尽可能创造更加优化的、有利于蛋鸡健康和产蛋性能发挥的环境，使蛋鸡的产蛋遗传潜力得到充分的发挥，适时开产，及时进入产蛋高峰，并能维持较长的产蛋高峰期，同时努力提高饲料报酬，尽量降低鸡的死亡率和蛋的破损率。

2. 产蛋期蛋鸡的饲养管理要点有哪些?

育成期结束后就进入了产蛋期。一般从21周龄开始到72周龄。21～45周龄为产蛋前期，45周龄以后称为产蛋后期。产蛋期蛋鸡饲养管理要点如下：

（1）控制好温度。成年鸡的体温较高，为41℃左右，要求的环境温度为5～27℃，产蛋鸡最适宜的温度是13～20℃，13～16℃时产蛋率最高，15.5～20℃时料蛋比最好。鸡舍内环境温度会随季节与白昼的变化而波动；应根据情况适时采取相应的保温或降温措施。鸡具有耐寒怕热的特点，在-9～-2℃时，鸡才会感到不适，但低于-9℃以下时，会导致鸡出现冻伤，活动迟缓；气温高于30℃，产蛋率就会明显下降，破蛋增多，蛋重变轻；气温超过37.8℃，鸡只死亡率增加。

（2）控制好湿度。蛋鸡的适宜相对湿度为55%～65%，高湿的界限为高于75%，低湿的界限为低于40%。高温高湿时，影响鸡热调节，出现热应激反应；低温高湿时，鸡因寒冷易感冒和发生疾病；高温低湿时，鸡的皮肤和黏膜干裂，抵抗力下降，舍内尘土多，易发生呼吸道疾病。湿度过高时应加强通风，排除潮气；饮水器要放置牢固，防止歪倒；每天翻动垫料或更换过湿垫料1～2次，保持垫料干燥；对于高湿地区，鸡舍应建在地势较高的地方，尽可能离地平养或笼养；在潮湿季节不宜采用喷雾消毒。

（3）控制好通风。鸡舍内维持一定的气流速度，可驱除污浊空气，保持舍内空气新鲜。冬季鸡舍气流速度为每秒0.1～0.2米；夏季鸡舍气流速度为每秒0.3～0.5米。通风与控温、控湿、除尘及调节空气成分密切相关。夏天通风，既可降温，又可排出潮气及CO_2、NH_3、H_2S等有害气体，同时将鸡舍内的粉屑、尘埃、菌体等有害物排出舍外，起到净化舍内环境的作用。有自然通风和机械通风两种方法，前者适用于开放式鸡舍，受自然条件变化的影响较大，通风的均匀性较差；后者也称为强制性通风，适用于密闭式鸡舍，主要设备是风机及其附属设施，通过控制通风量和气流速度来调节鸡舍的温度、相对湿度等，而不受季节和天气变化的影响。

（4）控制好光照。光照是蛋鸡舍环境中的一个重要方面。要制订合理的光照方案，保持稳定的光照。在后备鸡的第 19、20 周龄时各增加 1 小时光照，以后每周增加 0.5 小时光照，直至达光照 16 小时后维持不变，若在产蛋后期，尤其接近淘汰周龄的阶段，可视情况延长光照至 17 ~ 17.5 小时。光照强度（照度）一般控制在 10 勒克斯。灯泡悬挂高度应离地面 1.8 ~ 2.0 米，每间隔 10 米挂一功率为 60 瓦的灯泡，平均照度为 3.2 ~ 4 瓦/米^2。产蛋期间，千万注意不能减少光照时间和光照强度，更不能短于育成期的光照，增加光照应首先从早晨开始，持续给光。在阴天光照强度不足时，应适当开灯给予补光，使产蛋期的最低光照强度不得低于 2 瓦/米^2，以充分发挥高产蛋鸡的优良遗传潜力。

（5）观察好鸡群。细致观察和了解鸡群的精神状况、采食状况、产蛋情况、呼吸情况、粪便性状等，剔出病、弱、停产鸡，同时捡出死鸡。鸡群观察包括行动观察、采食饮水情况观察、粪便状态观察等方面。观察的时间，除随时观察外，应集中在早晨开灯、放鸡、喂饲和晚上关灯后几个时间。

（6）维持环境的相对稳定。产蛋鸡富神经质，易受惊吓。在管理中应做到“定人定群”，按时作息，每天工作的程序不要轻易改动。

（7）满足蛋鸡的饮水量。水对维持蛋鸡健康和产蛋性能非常重要。蛋鸡饮水量大小与气温、产蛋量、采食量和品种等因素有关。产蛋高峰期应提供干净卫生的水，不限量供应。水温一般保持在 13 ~ 18 ℃，冬季不能低于零度以下，夏季不能超过 27 ℃。注

意饮水用具和水源的定期消毒。定期检查饮水器，防止漏水。

(8) 分段饲养。所谓分段饲养，就是根据产蛋鸡的周龄和产蛋水平将产蛋期划分为两个或三个阶段，不同阶段喂给不同营养水平的日粮。各段饲料变更需有1～2周的过渡时间。即在过渡时间里，饲喂前段与后段料的混合料，如有的采用“五五”过渡，即使用50%的前段饲料、50%的后段饲料，混合饲喂1周后，改为后段饲料。如遇鸡群体质状况较差，可采用“三七”过渡法，即用70%的前段料、30%后段料，混合饲喂1周，再加1周“五五”过渡，而后改为后段饲料。

1) 两段法饲养。是以50周龄（有的以42周龄）为界，前一段时期中，鸡体尚在发育，又是产蛋盛期，宜将日粮蛋白质水平控制在16%～17%；后阶段鸡体已发育完全，产蛋率也逐渐下降，蛋白质水平可减少到14%～15%。

2) 三段法饲养。将开产至产蛋20周划分为第1阶段，产蛋20～40周为第2阶段，40周以后分为第3阶段。日粮中的蛋白质水平逐渐降低，分别为18%、16.5%～17%、14%～16%。

(9) 产蛋高峰期的饲喂。产蛋高峰料量的多少受多方面因素的影响，如饲料中能量水平、饲料质量、气候条件、鸡舍温度、鸡群的体重曲线以及开产后产蛋率的日增加幅度等。一定要注意鸡舍温度对耗料量的影响。当舍温度高于27℃时，每增加1℃，所需代谢能约下降20千焦。当温度低于20℃，温度每降低1℃，需增加约20千焦热能。一般情况下，产蛋高峰时母鸡日需代谢能量为1 800～2 100千焦。高峰前给料：产蛋高峰料一般在27～28周龄给予，通常有两种方法：一种是先确定产蛋高峰料，再计算出高峰料与20周龄给料量差值，后将这个料量差除以到达给予高峰料所需的周数，所得数量即为每周增加的料量；另一种办法是从日产蛋率达5%开始，计算出预期高峰料量与产蛋率在5%时所给饲料量的差值，如果在40%产蛋率时给高峰量，则用差值除以7，所得数为以后产蛋率每增加5%需增加的饲料量。

（10）减少鸡舍内的有害气体。①及时清除鸡舍内的粪便和垫料，防止留在舍内时间过长而产生大量的氨气。正常情况下，一般1~2天清除1次；鸡病流行时应每天清除1次。②用艾叶、苍术、大青叶或大蒜、秸秆各等份适量，在鸡舍内燃烧，既杀菌又除臭，特别是在空舍时使用效果更好。③将木炭、活性炭、煤渣、生石灰等具有很强的吸附作用的物质装入网袋悬挂在鸡舍内，或撒在地面上，可吸收空气中的臭气。④在饲料中添加酶制剂等可提高饲料蛋白质的利用率，使粪便中氮的排泄量减少，从而改善鸡舍内的空气质量，并节约饲料。⑤在鸡日粮中添加1%~2%的木炭渣，可使粪便干燥，臭味降低。⑥在鸡日粮中添加2%~5%的沸石粉，可减少粪便含水量及臭味，并有利于提高饲料的利用率。⑦鸡舍内湿度过大时，在地面放些大块的生石灰吸收空气中的水分，待石灰潮湿后立即清除；也可用煤渣作为垫料，吸附舍内有毒有害气体。⑧在鸡舍内，按每50只鸡活动的地面均匀撒过磷酸钙350克，可减少空气中的氨气，一般有效期为6~7天。

（11）捡蛋。由于鸡蛋的相互碰撞和鸡的啄食会增加破蛋率，每天捡蛋3~4次时，破蛋率较低。一般要求勤捡蛋，破蛋率不超过2%。薄壳蛋和裂纹蛋要单独存放，产蛋箱内垫草要及时更换，不要让鸡在产蛋箱内过夜，保证足够的产蛋箱和晒架。

（12）做好日常卫生防疫工作。舍内外应定时清扫，保持清洁卫生。饲槽、饮水器要按时洗刷，每月要消毒1次。

（13）做好记录工作。生产记录要持续不断做好，每天要对产蛋量、饲料消耗、存活、死亡和淘汰鸡数以及定期称测的蛋重、体重等做好记录，并经常对记录进行统计分析，及时发现问题，总结经验，吸取教训；定期进行经济效益核算，不断提高养殖效益。

3. 什么是两段式“全进全出”标准化饲养管理技术？

两段式“全进全出”蛋鸡饲养管理是将整个蛋鸡的生产周期划分为后备期（0~15 周龄）和产蛋期（16 周龄至产蛋结束）两个阶段，通过建立专门的后备鸡场和蛋鸡场，实行一个场区一个日龄的“全进全出”的专业化饲养管理模式。该技术具有以下特点：

（1）饲养过程分后备和产蛋两个阶段。两段式饲养仅需要育雏舍和产蛋鸡舍，不需要育成鸡舍，减少了建场投入，降低了成本。商品鸡场雏鸡从 1 日龄在后备鸡舍内饲养到 15 周龄，再转入产蛋鸡舍，整个饲养阶段分为后备鸡和产蛋鸡两个阶段。

（2）整个生产过程仅进行一次分群。转群处理不当易对鸡造成较大的应激，一是转群本身的影响；二是鸡对新环境不习惯产生的应激。两阶段饲养只在 15~16 周龄转群一次，减少了转群对蛋鸡造成的应激反应，同时由于在较小的鸡龄转入永久性蛋鸡舍，有预防应激的作用。

（3）后备鸡和产蛋鸡分别作为生产过程的单体。两段式饲养后备鸡和产蛋鸡在生产过程中各自独立，两者互不干扰，可根据各自的生理特点对后备鸡和产蛋鸡分别进行饲养管理，有利于实现专业化管理和专门化生产。鸡出场后对鸡舍及设备彻底清洗和消毒，能有效防控疫病。

4. 蛋鸡 153 标准化养殖模式适用于什么对象？

我国农户中小规模蛋鸡生产普遍存在资金有限、养殖观念落后、劳动效率低、生产水平低、疫病防控难、鸡群死淘率高、蛋品质量难保障和经济效益不高等突出问题，严重阻碍了我国蛋鸡生产的发展。“蛋鸡 153 标准化养殖模式”主要针对我国农户中小规模的家庭式蛋鸡生产经营者而设计，以提高农户蛋鸡生产水

平、养殖效益和蛋品质量安全水平为目的，以转变粗放经营方式、大力推广蛋鸡标准化生产和先进的养殖模式为重点内容，要求家庭式农户蛋鸡养殖，1 栋鸡舍饲养蛋鸡 5 000 只以上，实行喂料机、清粪机、湿帘风机三机配套。该模式具有适用对象明确、生产水平高和鲜蛋品质好的特点，所应用的生产工艺和设备均为现阶段蛋鸡生产的成熟技术，资金和规模一般农户都可以承担，适宜大规模推广。

“蛋鸡 153 标准化养殖模式”重点强调以下蛋鸡养殖理念：

（1）适度规模。蛋鸡生产的规模化和集约化程度体现了蛋鸡产业的基本素质，蛋鸡生产的规模化也是执行标准化养殖的前提。当前，我国蛋鸡产业的主要任务是提高农户蛋鸡养殖的规模化程度和产业的整体素质。强调适度规模养殖的意义在于，既能提高劳动效率，又便于推行先进的饲养模式所必需的养殖配套设备，降低生产成本。蛋鸡 153 标准化养殖模式的推荐养殖规模与我国农村生产力发展水平的实际是相适应的。

（2）专业化生产。该模式推荐两段式饲养和专业化生产。采取龙头企业或专业合作社开展社会化集中育雏育成提供育成鸡，农户将有限的资金完全投入到专门化商品蛋鸡饲养。这种先进的生产工艺可使农户蛋鸡生产有效做到以场为单位的“全进全出”，有利于疫病防控，也能将资金集中用于提高设施设备水平和扩大蛋鸡养殖规模方面，提高规模化程度和蛋鸡产业的整体素质。

（3）标准化养殖。在蛋鸡生产中，强调实行标准化养殖设施、设备配套，主要包括喂料机、清粪机和湿帘风机。这是蛋鸡生产必需的关键配套设备，体现了现阶段我国农户蛋鸡生产的标准化水平。根据生产实际的需要和不同地区的气候特点，推荐采取封闭式鸡舍结合三机配套的标准化饲养工艺，以达到控制生产环境的目的。这种饲养工艺劳动效率比粗放饲养提高 1 倍以上，鸡群患病少、生产水平高、蛋品质量好。

（4）综合配套技术集成。153 模式强调蛋鸡生产必须把握好优良品种、设施设备、精心管理、品质保障四个关键要素的集成组装配套。四个要素全部具备才能实现蛋鸡生产优质、高产、高效、安全。该模式关键技术组装集成的主要内容包括主推品种、鸡舍与生产方式、养殖设备配套、鸡舍简易设计、饲养管理要点、疫病防控要点、“放心蛋”关键控制要点、蛋品加工与品牌化营销等具体操作环节和技术要点，具有先进性、实用性和可操作性的特点。

5. 北方丘陵和山区实行蛋鸡生态养殖配套技术的关键措施有哪些？

散养鸡蛋市场潜力大，山区放养蛋鸡成为许多养殖户的选择。针对蛋鸡放养存在的管理粗放、生产性能低、蛋品质量安全无法掌控等问题，根据生产中实际运用的成效和经验，研究人员组装了一套适于北方丘陵、山区的散养鸡生态养殖技术（图 6 – 1）。该技术规范了散养鸡的养殖方式和方法，养殖环境好，鸡群疫病少，符合禽类福利要求，蛋品质量高，市场前景好，而且投入少、效益高，在实际应用中，成效显著。既可利用山区农村闲散劳动力进行小规模养殖，又可将散户集中起来进行产供销一条龙式的品牌化生产经营。目前，山区散养蛋鸡已成为山区农民脱贫致富的一条好路子。散养鸡生态养殖配套技术的关键措施如下：

（1）选好蛋鸡养殖品种。可选用地方特色鸡种，如大骨鸡及某些地方品种配套系等，也可选择适宜散养的高产蛋鸡品种，如罗曼粉、海兰褐等。高产蛋鸡品种在山场散养条件下饲养，具有整齐度高、产蛋多、易管理的特性，且鸡蛋品质与地方鸡种无显著差异。

图6－1　散养鸡生态养殖技术

（2）确定适宜的养殖规模。饲养规模以每群500～1 000只、每亩山场饲养30～40只为宜。不仅保证蛋鸡能自由采食和活动，还能防止鸡过度采食破坏山场植被，且便于日常饲养管理。

（3）选好场址。①选择地势高燥、相对平坦、开阔、排水良好的山坡、草场、林地，禁止在低洼、潮湿和水源污染地建场。②场址交通便捷，水、电方便。③放牧地要求坡度不超过30度，有良好的植被，草、虫等天然饲料资源丰富，树木树冠遮阴不能太多，要求阳光照射地面面积在50%左右，防止春秋季节阴冷和影响地面植被的生长。④水源充足，水质达到无公害畜禽饮用水标准。⑤场址各方面条件必须符合国家相关防疫规定。⑥充分考虑极端天气、地质灾害时鸡场和鸡群的安全。

（4）鸡舍建筑合理、配套设施齐全。

1）鸡舍的设计原则。总体要求鸡舍保温隔热性能和通风换气良好，光线充足，便于清理粪便及消毒防疫；设计遵循实用原则，避免华而不实或过于简陋影响蛋鸡生产性能和生物安全；每群鸡的鸡舍应独立和自成体系，各鸡舍之间呈棋盘式分布，一般间距为150~200米。

2）建筑规格和配套设施。假定500只鸡群为一个饲养单位，要求鸡舍长10米，宽5米，房檐高2~2.2米。设2个隔间，每个隔间在南墙中间位置或一侧设1门，供人鸡出入；也可在每个隔间再设1个鸡只进出口，规格为长50厘米，高40厘米。每个隔间南北墙各设2个窗户，规格为长145厘米，高90厘米，窗户上缘与舍内北墙根连线与地面的角度最好为25度左右。舍内近北墙处设栖架，高度为30厘米左右，每只鸡占栖架的位置为12~15厘米。鸡舍和运动场设置产蛋窝，长35厘米，高30厘米，深30厘米，每5只鸡设一个蛋窝，窝内放适量干燥垫料，放在安静避光处。舍前或围栏区内地势高燥的地方搭设遮雨棚，面积为鸡舍的1/3左右，便于避暑和防雨。

（5）饲养管理科学。

1）育雏季节。安排在11~12月，育雏期和育成前期舍饲养殖，可使放牧饲养和整个产蛋期错过寒冷季节，赶在气候适宜时节。

2）鸡群公母比例。鸡群中搭配5%左右的公鸡。

3）育雏和育成期饲养管理。按照常规饲养方式饲养。注意在育雏后期适当调节舍温，以使雏鸡快速适应舍外放牧环境。雏鸡离温后舍温可以逐渐降低，35日龄后保持在18℃以上即可，注意保持舍温恒定，不可忽高忽低。2~3周龄喂给雏鸡全价颗粒料，以后用雏鸡粉料，3周后搭配饲喂切碎的青绿饲料，锻炼鸡的消化能力。育成期可开始放牧，并逐渐建立补料、回舍等条件反射。17周龄前以饲喂全价料为主，放牧采食为辅，采用自然光照，要求体重达标。

4）产蛋期饲养管理。补饲采用全价料或购买优质的预混料自配全价料，补料量根据季节、放牧地植被和虫草情况、鸡的觅食情况来确定。一般每天补饲2次，补料量占正常采食量的80%～90%。自由饮水或每天定时饮水3～4次。17周时开始补充光照，每周增加0.5～1小时，直至每天16～16.5小时。光照强度加强为每平方米30勒克斯。为提高鸡蛋品质，应多让鸡只在野外采食昆虫、牧草和其他可食之物。可根据牧地的大小、牧草和昆虫资源、饲养量进行分栏，采取定期轮牧的饲养方式，一般划分为3个区域，每10天换1片，保障鸡只的野外采食。

6. “规模化生态养鸡553养殖模式”的原理和科学内涵是什么？

随着我国国民经济的发展和人们生活水平的提高，禽产品消费需求的多样化，要求家禽生产结构多元化，生态养鸡生产的高端禽产品的市场需求将不断增长。根据我国的蛋鸡生产实际，遵照生态学原理，从有利于维护生态平衡和保障禽产品品质出发，我国在总结全国各地多年开展生态养鸡的经验基础上，形成了“规模化生态养鸡553养殖模式”（图6－2）。该模式主要针对规模化放牧养鸡，以生产鲜蛋和活鸡为对象，具有技术成熟，投资少，效益高，适用范围广泛的特点，在技术实施时需要配套措施支撑。“553”指一群鸡数量不大于500只，1亩地饲养量不大于50只，饲养日龄300天左右。该养殖模式的原理和科学内涵包括以下几个方面：

（1）根据鸡的生物学特性，以提高生态养鸡产品品质的角度，将一群鸡数量设定为不大于500只。使鸡群有足够的放牧空间，让鸡只能充分采食牧草、昆虫，同时饲养密度减少，可减少鸡群应激，保证空气新鲜和鸡群愉快生活，这样才能产出优质产品。放牧养鸡的鸡群活动半径多在150米内，群体过大，易造成鸡舍周围放牧过度，鸡舍远处鸡群很少觅食和活动，不利于养鸡

图6－2　规模化生态养鸡

与环境的和谐相处。

（2）考虑荒山、林地、草地等植被的承载能力，设定为1亩地饲养数量不大于50只。放牧鸡数量过多，鸡群从自然界中采食少，主要依靠人工补充饲料生存，既提高了生产成本，又不利于改善蛋品品质和建立鸡群与环境之间的相互依存关系。

（3）国内生态养鸡饲养的品种多为地方品种或地方改良鸡种，兼顾生产优质鲜蛋，饲养日龄300天左右淘汰较为合理。地方鸡种或地方改良鸡种饲养至300日龄左右时，每只平均产蛋110个左右，已过产蛋高峰期，延长饲养有三个方面的不利影响：一是产蛋量少，就巢鸡增多；二是鸡的羽毛开始脱落，鸡体外观变差，影响销售价格；三是母鸡脂肪沉积增多，肉质下降。实践证明，生态养鸡300日龄淘汰是获取经济效益的最佳结合点。

7. 发展生态养鸡应注意哪些问题？

生态养鸡不是简单的放牧饲养，必须要把握好适宜的群体规模、饲养密度、放牧时间、鸡舍间隔距离、合理补料和合理的上市日龄等。在发展生态养鸡时应注意以下问题：

（1）我国生态养鸡与发达国家不同，饲养品种主要为土鸡或改良土鸡。因为消费者难以接受外貌特征和蛋品外观与地方鸡种不相符的生态养鸡禽产品。

（2）把握适宜的鸡群上市日龄和产蛋期。优质活鸡饲养期要求在130天以上，生产优质鲜蛋的鸡群饲养期须在300日龄左右，即产蛋期5个月左右为好。

（3）前期舍饲，后期放牧。60～70日龄实行舍饲，集中育雏育成，饲喂全价料促进鸡群生长发育；70日龄后实行生态放牧饲养，除特殊天气之外，每日放牧时间不能低于8小时。

（4）小群分散饲养。鸡舍间距100米以上，控制每群鸡和每亩饲养只数，保证鸡群活动空间充足。如放牧场地充足，可多建鸡舍，实行批次种草轮牧效果更佳。

（5）放牧场地为果园、茶园及其他农作物种植地的，注意喷洒农药后，至少禁牧7天以上。

（6）生态养鸡生产的禽产品为高端禽产品，目前国内没有统一认证，生产经营者自身应注重产品品牌打造和品牌化经营，以实现优质优价。

（7）根据生态养鸡生产经营特点，生产经营形式可按照专业合作社+农户的模式开展，有利于充分利用自然资源，扩大生产规模，实行品牌化经营。

8. 生态养鸡的主要配套技术措施有哪些？

生态养鸡配套的主要技术措施如下：

（1）放牧地和周围环境应符合无公害养殖的要求。

（2）配套必要的生产设施，包括喂料、饮水、鸡舍、光照、产蛋等设施。

（3）建立适宜的免疫接种程序，特别是要做好新城疫、法氏囊、传染性支气管炎、马立克、禽流感、鸡痘的防控工作。

（4）放牧养鸡鸡群易感染寄生虫，在放牧期应定期开展2次

驱虫。

（5）补料方法要正确。清晨少补料，傍晚多补料。根据放牧场地自然资源状况和不同季节，确定补料质量等级，主要是料的蛋白质和能量水平。

（6）看护鸡群措施完善，防止兽害和被盗。如栓狗、养鹅等措施，可协助照看鸡群。

9. 引起蛋鸡产蛋率下降的原因有哪些？

蛋鸡在产蛋率达到50%后的3～4周内，就会进入产蛋高峰，然后约有10周或更长时间产蛋率维持在90%以上，以后每周递减0.7%～0.8%。在产蛋期间若产蛋率突然下降，将会导致巨大的经济损失。饲养者应熟悉引起产蛋率下降的各种原因，及早做好预防，即使发生产蛋率下降，也能迅速查明原因，采取有力措施，使鸡群恢复生产。引起蛋鸡产蛋率下降的原因及预防措施见表6－1。

表6－1　蛋鸡产蛋率下降的原因及预防措施

产蛋率下降原因		造成的影响	预防措施
饲料	饲料不足	产蛋率下降10%～30%，严重时引起啄癖、停产	根据饲养标准调配饲料
	钙不足	产软壳蛋，蛋壳脆弱，可引起100%的鸡蛋损失	按饲养标准调配饲料
	缺盐	引起换羽，产蛋率下降80%～100%	饲料中含盐量调整到0.3%～0.4%
	盐分超标	腹泻，引起营养不良，产蛋率下降80%～100%	饲料中含盐量调整到0.3%～0.4%
	维生素、矿物质缺乏	产蛋率下降，产软壳蛋，严重时停产	检测饲料，补充微量元素和维生素

续表

	产蛋率下降原因	造成的影响	预防措施
水分	饮水不足	产蛋量下降5%～10%	维持充足水分供应
光照	光照程序错误	产蛋率下降10%	不可减少光照时间和强度
疾病	新城疫	畸形蛋和软壳蛋，可导致完全丧失产蛋能力	接种疫苗，及时监测鸡群
	支气管炎	在严重情况下，产蛋率下降95%～100%	接种疫苗，及时监测鸡群
	传染性喉气管炎	产畸形蛋，易感鸡群产蛋率可迅速下降90%～100%	接种疫苗，及时监测鸡群
	产蛋下降综合征	产蛋率可下降50%以上	接种疫苗，及时监测鸡群
	脑脊髓炎	鸡蛋小，在1～2周产蛋率下降5%～50%	接种疫苗，及时监测鸡群
	禽痘	皮肤痘有轻微的产蛋率下降30%～70%，黏膜痘则有严重的产蛋率下降	接种疫苗并监测鸡群，检查接种是否有效
	菌毒素	产蛋率下降，出现蛋壳问题	使用抑霉菌剂，测定饲料的含毒素量
	寄生虫（蠕虫、螨虫和虱、球虫）	产蛋率下降10%～30%	加强管理、投药等
	鸡白痢	产蛋率下降30%～50%	抗生素治疗
	慢性呼吸道疾病	产蛋率下降30%～90%	链霉素、土霉素治疗
	磺胺药物中毒	软壳蛋、薄壳蛋，产蛋率下降	间隔使用
	笼养鸡疲劳症	软壳蛋、薄壳蛋、产蛋率下降10%～50%	日粮中添加骨粉
	脂肪肝综合征	畸形蛋、产蛋率下降10%～40%	饲喂富含蛋氨酸的日粮

10. 如何减少窝外蛋?

窝外蛋就是蛋鸡不在产蛋箱中产蛋，而是在产蛋箱外产蛋，特别是网上地面和地面铺垫草散养的鸡在一些诱因下容易产窝外蛋。窝外蛋易被踩破和被鸡粪污染，提高了破蛋率和脏蛋率，降低了经济效益，生产中应尽量减少窝外蛋，蛋鸡的饲养管理应做好以下几个方面：

（1）产蛋箱要备足。在鸡群开产前一周，提前将产蛋箱放入鸡舍，注意数量充足。

（2）注意遮挡墙角。为了防止鸡群在墙角处产蛋，用铁丝网、薄木板等尽量挡住鸡舍的角落。

（3）注意放置引蛋。开产初期，产蛋箱内的鸡蛋不要一次捡干净，或使用假蛋作为引蛋，引导或吸引蛋鸡到产蛋箱下蛋。同时注意观察，及时捡走窝外蛋，并将欲在产蛋窝外下蛋的鸡关进产蛋箱内。

（4）产蛋箱位置放好。产蛋箱应放在鸡舍内光线较暗的地方，距离过道尽量远一些。

（5）保持产蛋箱清洁。产蛋箱内垫草要勤换，保持清洁卫生，无异味。

（6）不打扰蛋鸡产蛋。绝不可在蛋鸡产蛋时就搬动产蛋箱，也不能在蛋鸡还未出窝时就捡蛋。

11. 应对产蛋鸡抱窝的方法有哪些?

母鸡产蛋后，不愿意离开产蛋箱，伏在鸡蛋上，使卵内胚胎发育成雏鸡的行为，称为抱窝。抱窝是禽类繁衍后代的一种本能。母鸡抱窝受内分泌条件、环境条件和遗传因素的影响。春末和夏季鸡的产蛋量大，环境温度逐渐上升，是较多发生抱窝行为的季节。产蛋箱中存蛋过多，也易诱发母鸡抱窝；在散养状态下，有公鸡群的母鸡抱窝较为严重。抱窝期间母鸡停止产蛋，通常持续20天左右，最长可达1~2个月，影响产蛋量和经济效益。因此，要设法使母鸡醒抱。

(1) 改变外界环境条件。鸡舍要保持安静，通风良好，特别是光线要充足，保证光线能充分地射入产蛋箱内，不留暗角。此外，增加捡蛋次数，减少鸡蛋在产蛋箱中的存放时间；每天傍晚查看产蛋箱，发现抱窝鸡，及时抓出隔离，同时采取适宜的醒抱措施。

(2) 物理醒抱法。这类方法简便易行，但醒抱时间长，大多需要5~6天，同时劳动强度大，对鸡不人道，容易诱发其他疾病。

1) 低电压刺激法。电压控制在20~25伏，电线一端放在喙内，一端接触鸡冠，通电10秒，也可间隔10秒后再通电10秒。

2) 刺激尾脂穴法。在鸡尾顶端上方距尾尖3厘米处，有一个尾脂腺小突起，这里是鸡的尾脂穴的位置，可用消毒锅的剪刀将小突起减去一点点，涂上食盐；或者用消毒过的针垂直针刺尾脂穴，直到针刺不进去为止，左右捻转数次，白天留针，傍晚出针，将鸡放回鸡群，连用2天就可见效。

3) 针刺鸡爪法。鸡两爪掌心中心的前方，用消毒过的粗针刺入，深度大约6毫米，每天针刺1~2次，以刺激母鸡醒抱。

4) 笼子关养法。将抱窝鸡关入装有食槽、水槽、底网倾斜度较大的鸡笼内，笼子放在光线充足、通风良好的地方，保证鸡能正常饮水和吃料，但限制其在笼内蹲伏，大约5天就可醒抱。

5) 冷水冲洗法。将抱窝母鸡放入冷水中反复冲洗，淋湿羽毛，每天1次，连洗5天左右，大部分抱窝母鸡可醒抱。

6) 倒挂法。将抱窝母鸡的双脚栓系后，将其倒挂在鸡笼旁。这种方法目的是使母鸡产生应激达到醒抱的目的，但醒抱时间较长。

7）鼻隔插羽毛法。找一支大小合适的羽毛，大小以能穿过鼻中隔为宜，从一边穿刺到另一边，抱窝母鸡因鼻部有异物会想法弄掉，这样可达到转移其注意力，达到醒抱的目的。

（3）吊腿法和红布法。用绳子将母鸡的1条腿半吊起来，让鸡单腿站立；或在鸡尾巴上系红布条。这两种方法可使母鸡惊恐、紧张不安，促使其醒抱。

（4）食物醒抱法。

1）灌服食醋法。早晨抱窝鸡空腹时，给其灌服食醋5～10毫升，隔1小时灌1次，连灌3次，2～3天即可醒抱。

2）喂干蚕豆法。每只抱窝鸡每天喂干蚕豆25～35粒，每天早晚各喂1次，连喂2天，这样一方面可使鸡的嗉囊膨胀，让抱窝鸡感到不安，自动离巢，另一方面豆类丰富的营养可使鸡早日恢复产蛋。

3）灌服白酒法。每只抱窝鸡灌服3汤匙白酒，让其醉眠，酒醒后可达到醒抱的目的。

（5）化学药物法。这类方法劳动强度大，操作不便。

1）喂去疼片法。在鸡开始出现抱窝行为的第1天晚上，喂1片去疼片，第2天再喂1片，第3天时观察到母鸡只是“咕咕”叫而不抱窝，就可以停止服药，如果还有抱窝行为，可再加服1片，一般连喂2～3天即可醒抱。

2）喂雷米封法。每只抱窝母鸡每天喂雷米封（异烟肼）1片，隔日1次，一般服药2次后就可使母鸡醒抱。

3）喂阿司匹林法。在抱窝初期，给母鸡喂1片阿司匹林，每日2次，连续服用3天，可让抱窝母鸡醒抱。

4）注射硫酸铜溶液法。给每只抱窝母鸡肌内注射20%硫酸铜溶液1毫升，每天1次，连续注射4～5天，可刺激母鸡脑垂体前叶分泌激素，增强卵巢活动而停止抱窝。

（6）激素注射法。这类方法操作简单，见效快，效果好。

但一次性投资大，适用于散养规模较大，抱窝母鸡数量较多的鸡场。

1）注射丙酸睾丸素注射液。这是一种很好的醒抱药，有三种剂量，每毫升含 10 毫克、25 毫克、50 毫克。根据鸡的体重选择适宜的剂量，鸡体重为 1～2 千克用 12.5 毫克，2～3 千克体重用 25 毫克，一般在肌内注射后 1～2 天，抱窝鸡就能离巢，并很快恢复产蛋。对于抱窝数日的母鸡，应用其他方法往往收效甚微，但采用此法 1～2 次，非常有效。应用这种方法注意控制好用量。用量不足，醒抱效果差，母鸡在 1～2 天后会重新就巢，这时需要补加剂量，2 次注射；用量过大，母鸡能醒抱，但同时也会出现雄性反应，出现鸣叫和类似公鸡的行为表现，不过 2～4 天后即可自行消失。

2）注射三合激素。三合激素是丙酸睾丸素、黄体酮、苯甲酸雌二醇配合而成的油溶性针剂。每只抱窝母鸡胸部肌内注射 0.5～1 毫升，若效果不明显，隔 3 天进行 2 次注射，一般醒抱后 2～3 周可恢复产蛋。但要注意控制好用量，若用法不当会影响受精率和产蛋率。

12. 什么是人工强制换羽？

所谓人工强制换羽，就是人为地改变饲养管理环境，给鸡施加一些应激因素，使其在短期内停止产蛋、体重下降，羽毛脱落从而更换新羽毛的一种方法。强制换羽的目的，是使整个鸡群在短期内停产、换羽、恢复体质，然后恢复产蛋，提高蛋的质量，达到延长鸡的经济利用期的目的。强制换羽时间的确定，要考虑鸡群状况和季节因素。第一个产蛋期产蛋水平较高的优良健康鸡群可进行强制换羽，一般以秋冬之际强制换羽最好。冬季寒冷，此时换羽不利于鸡体保温，体质易下降，有损健康；夏季炎热，给鸡断水可行性差。如果秋冬之际换羽不合适，采取得当措施，

冬夏也可成功换羽，但冬季饥饿时间不可太长，夏季断水时间长短也要掌握好。

13. 换羽时间和换羽速度与产蛋性能有何关系？

换羽是随着母鸡繁殖性能的减退和羽毛组织的衰老，母鸡适应生活环境条件的一种正常生理现象。由于母鸡主翼羽的脱换最有规律，因此判断母鸡换羽速度快慢的方法主要是观察主翼羽的脱换情况。通常主翼羽的脱换从靠近轴羽的第一根主翼羽开始，之后按顺序逐一脱换。判断换羽快慢的标准就是看主翼羽是一根一根脱换，还是几根主翼羽同时脱换。若是前者，说明换羽速度较慢，若是后者，说明换羽速度比较快。

母鸡换羽的迟早和换羽速度与母鸡的产蛋性能有一定的关系。通常可根据换羽情况大致鉴别母鸡产蛋性能的优劣。低产母鸡开始换羽的时间较早，高产母鸡开始换羽的时间较迟。春季孵出的鸡，经过一年的产蛋，在夏末或秋初就开始换羽停产且换羽速度慢的鸡为低产鸡，在秋末或冬初才开始换羽且换羽速度较快的鸡为高产鸡，通常经过一两个月后就能恢复产蛋，有的高产母鸡在最后几根主翼羽还未脱落时，就开始恢复产蛋了。

14. 蛋鸡人工强制换羽的方法有哪些？

人工强制换羽的方法较多，包括饥饿法、化学法、激素法、饥饿化学合并法等。下面介绍几种常用的方法。

（1）饥饿法。通过断水、断料、断光，人为地为鸡施加应激因素，打乱鸡的正常生活规律，给鸡造成突然性的生理压力，激素分泌失去平衡，黄体素下降，又促使卵巢中雌激素减少，结果卵泡萎缩，引起停产和换羽，又叫断水绝食法。采用这种方法时，应根据鸡的品种、体质、产蛋水平和季节等因素采取不同限制方案。有一种严格的方案，鸡换羽快，恢复产蛋早，具体是在开始1~2天断水断食，第3天开始断食不断水，一直到8~10天；密闭式鸡舍每日8小时光照，开放式鸡舍采取自然光照。11天后再恢复给料和光照时间。还有一些较为缓和的方法，如强制换羽期间只限制给料不限制饮水、间断给水和料等，这样鸡的应激反应减小，死亡率低。

（2）化学法。在鸡的日粮中添加过量或不足量的化学物质后，其新陈代谢紊乱，内部器官的功能失调，结果使母鸡停产或换羽。停喂化学物质后，母鸡经过休息，体质恢复后，在喂正常饲料的条件下，再度恢复第2个产蛋期。目前，化学方法上使用最多的是喂高锌日粮，一般在日粮中添加2%~2.5%的氧化锌。换羽期间，密闭鸡舍光照为8小时，开放式鸡舍自然光照。

（3）激素法。使用此法时鸡自由采食和饮水，前12天把光照缩短到8小时。这种方法处理的母鸡产蛋量稍差。由于注射激素容易破坏体内激素的平衡而使代谢紊乱，因此，激素法使用很少。

（4）饥饿化学合并法。该法是综合饥饿法和化学法的优点并加以改进的一种强制换羽方法。先断水、断料2.5天，停止人工补充光照，然后开始给水，第3天起让鸡自由采食含2%~2.5%硫酸锌的饲料，连续7天。一般10日后全部停产，此时恢复正常的光照。合并法的优点是安全简单，换羽快，休产期短，缺点是换羽不太彻底。

15. 蛋鸡人工强制换羽应注意哪些事项?

人工强制换羽在蛋鸡生产中使用广泛，成功的强制换羽既能延长蛋鸡使用年限，还可人为控制蛋鸡的休产期和产蛋期。在进行强制换羽时应注意以下问题：

（1）强制换羽前淘汰病、弱、残鸡。对鸡群严格选择，适时淘汰病、弱、残鸡，从而降低死亡率。

（2）注意夏季饮水和冬季保温。炎热的夏季，不提倡停水或限制饮水；寒冷的冬季，应进行鸡舍的保温，避免增加死淘率。

（3）强制换羽期间保证采食均匀。舍内料槽数量充足，让每只鸡都能吃到料。

（4）恢复喂料应逐渐添加。断食一段时间后，鸡高度饥饿，胃肠功能也有所减弱，恢复喂料应逐渐增加喂量，限制自由采食，否则容易导致鸡消化不良。所用日粮的粗蛋白含量不宜太低。例如，迪卡褐等中型蛋鸡所用饲料的代谢能应为11.5～11.8兆焦/千克，粗蛋白质应为16%～17%，当重新开产后，再将含钙量调整为3%～3.5%，才能满足强制换羽鸡产蛋的营养需要。

（5）强制换羽期间加强卫生和清粪。强制换羽期间，脱落的羽毛较多，要经常清扫，避免蛋鸡吞食。笼养鸡舍还要加强清粪工作，防止大量羽毛落入粪沟造成清粪困难。

（6）强制换羽开始前和进行期间增加捡蛋次数。在鸡群停料后、停产前，应增加捡蛋次数，避免鸡只因饿而啄蛋，造成不应有的经济损失，同时会影响换羽效果。

（7）化学法饲喂量要准确。饲喂高锌饲料时，锌的含量要准确，同时混合均匀，防止因过量添加而中毒。

16. 怎样制定产蛋鸡一日工作程序？

产蛋鸡一日工作程序可参照表6－2。

表6－2　产蛋鸡一日工作程序

工作时间	工作内容
6：00	开灯
7：00～7：30	①喂料；②通风换气
7：30～8：00	早餐
8：00～9：00	①观察鸡群；②打扫卫生（清水槽、鸡粪等）；③检查设备运转情况
9：00～10：00	集蛋
10：00～11：00	①加药或个别鸡有针对性治疗；②清理鸡群
11：00～12：00	①喂料；②通风换气；③观察鸡群和设备运转情况
12：00～14：00	午饭、午休
14：00～15：00	①喂料；②观察鸡群；③打扫卫生；④通风换气
15：00～16：00	①集蛋；②擦拭灯泡
16：00～17：00	①做好记录（产蛋、鸡群动态、环境温度）；②检查设备运转情况
17：00～17：30	①喂料；②检查鸡舍安全
17：30	下班

17. 产蛋鸡为何会发生啄癖?

啄癖又称异食癖、恶食癖、互啄癖，是多种营养物质缺乏及其代谢障碍导致的非常复杂的味觉异常综合征，各日龄、各品种鸡群均发生。产蛋鸡易发生的啄癖类型有啄羽癖、啄肉癖、啄蛋癖、异食癖等。当鸡群中发生啄癖时，就会迅速蔓延开来，鸡群相互啄食造成创伤，甚至引起死亡，造成严重的经济损失。因此，一旦发现鸡群出现啄癖，就应全面分析饲养管理中存在的漏洞和不足，找出原因，及时采取针对性措施。

诱发啄癖的原因主要有以下几个方面：

（1）品种性别原因。不同的蛋鸡品种啄癖的发生率存在差异，如土种鸡生性好动，易发生啄斗行为，有研究表明，其啄癖的遗传力达 0.57%，通过育种可减少啄癖的发生。早熟母鸡因为比较神经质，易发生啄癖。此外，不同性别的鸡因内分泌环境的不同，啄癖发生率也存在差异，母鸡比公鸡的发生率高，往往在开产后一周多发。

（2）饲养管理原因。

1）饲养密度过大。包括两个方面，一是每只鸡占有的食槽位置大小，影响鸡的采食；二是每平方米所容纳的鸡数多，空气污染程度增大。密度过大，造成鸡群中的强欺弱现象，弱者被啄伤，同时造成空气污浊，引起啄羽、啄肛、啄趾等，使鸡群生长发育不齐。

2）光照强度太强和光色不适。光线太强或光色不适宜，对鸡的刺激性较强，易诱发啄癖。产蛋初期光照过强，可导致肛门紧缩，微血管破裂出血，引起啄肛；自然光照的高密度鸡群，中午啄癖严重。由于鸡的眼睛对光色的吸收强度和不同光波的反应不同，影响鸡的行为表现，影响啄癖的发生。在太亮的灯光下或黄光、青光下，啄羽、啄肛和斗殴的发生率最高；灯光暗淡或绿光、红光下，鸡群比较安定。

3）温湿度不适宜、通风不良。鸡舍内温度过高、湿度过大、通风不良、空气中有害气体浓度过高等，会使鸡群烦躁不安，易诱发啄癖。

4）饲养方式的影响。笼养或舍饲的鸡群比散养鸡群，由于每日供料时间短而集中，大部分时间都处于休闲状态，更容易发生啄癖行为。

5）疾病的影响。球虫病、大肠杆菌病、白痢和消化不良等病症可引起啄羽和啄肛。

6）寄生虫病的影响。寄生虫病引起皮肤发痒，导致鸡体自啄出血，最终引起互啄。

(3) 营养原因。

1) 日粮营养不均衡。日粮配合不当，蛋白质含量过低，氨基酸含量不平衡，粗纤维含量过低，容易发生啄癖。如含硫氨基酸和蛋氨酸缺乏时，容易发生啄羽癖；缺乏色氨酸时，鸡会出现神经系统紊乱，易发生啄癖。

2) 矿物质和微量元素缺乏。日粮中钙不足，或钙磷比例失调，锌、硒、铜、锰和碘等微量元素缺乏或比例不当，硫含量不足，食盐不足，都会导致啄羽、啄肛、啄趾、食血等恶癖。

3) 日粮能量高、粗纤维少。鸡对粗纤维消化能力差，不宜过多，但也不能过低，粗纤维过低会使鸡的肠道蠕动不充分，容易引起啄羽、啄肛等恶习。

4) 日粮供应不足。日粮供应不足或喂料间隔时间太长，使鸡处于饥饿状态，四处觅食而诱发啄食癖。

5) 饲料霉变。采食霉变饲料，易造成鸡的皮炎和瘫痪，引起啄癖。

(4) 其他原因。

1) 生理变化。在生长发育期间，随着周龄的增加和性器官的发育，鸡的羽毛从绒羽到幼羽、再到青年羽和成年羽，要经历几次换羽，在换羽期间，皮肤发痒，鸡出现自啄行为诱发群体啄羽现象。19 周龄是第二性征形成的重要时期，21 周龄即将开产，这些生理变化会使鸡对环境变化非常敏感，精神异常亢奋；再加上从育成期到产蛋期过渡时，选鸡、转群、免疫和驱虫频繁抓鸡，为迎接开产延长光照时间和增加光照强度，日粮改为产蛋日粮，这一系列的因素累加，都会使鸡群惊恐不安，加剧鸡群啄斗行为。蛋鸡刚开产时，血液中的雌激素和孕酮含量增高，也是加剧啄癖倾向的因素。

2) 心理因素。笼养鸡缺乏运动，无需觅食，活动受限，没

有沙浴，会使鸡处于一种单调无聊的状态，易导致心理压抑，欲求、愿望得不到满足，这也会导致鸡发生啄癖行为。

防治蛋鸡啄癖的主要措施如下：

（1）科学配制日粮。按照饲养标准，合理配制日粮。日粮中动物性饲料要占5% ~10%；粗蛋白在饲料中的比例，雏鸡为18% ~20%，青年鸡为14% ~16%，产蛋鸡为12% ~16%，同时注意增加含硫氨基酸的比例；保证供给青饲料和干草粉，或者补充维生素添加剂；粗纤维含量占2.5% ~5%为宜，矿物质饲料占3% ~4%，食盐含量为0.3% ~0.5%；为帮助消化，饲料中要适当补充沙砾。因营养性因素诱发的啄癖，根据实际情况可适当调整日粮组合，育成鸡可提高蛋白质含量，增加粗纤维含量，适当降低能量饲料；也可增加蛋氨酸含量，提高食盐含量至0.5% ~7%，连喂3 ~5天，保证充足饮水。

（2）供给充足的微量元素。若铜、锰、锌、硒、铁等微量元素缺乏引起的啄癖，应及时补充硫酸铜、硫酸锰、硫酸锌、亚硒酸钠、硫酸亚铁等；钙磷缺乏或比例失衡时，可在日粮中添加碳酸氢钙、骨粉、贝壳粉或石粉等来补充和平衡。如果缺乏硫，可在饲料中加1%硫化钠予以治疗，连喂3天，见效后改为0.1%常规含量。蛋鸡日粮中加入0.4% ~0.6%硫酸钠可有效预防和治疗啄癖。

（3）保证食盐的供给。因食盐缺乏诱发的啄癖，可用1%的氯化钠饮水2 ~3天，饲料中氯化钠用量增加到3%左右，随后迅速降低至0.5%左右，可有效扼制啄癖。注意日粮中鱼粉含量较高时，可适当减少食盐用量。

（4）保证鸡采食量充足。定时饲喂日粮，用颗粒料代替粉状料，防止饲料浪费，保证鸡采食量充足，保持非饥饿状态，可有效防止因饥饿引起的啄癖。

（5）创造适宜的饲养环境。鸡舍饲养密度要适中，温度和湿度适宜，通风良好。保持地面干燥，勤换垫料，食槽和水槽要充足。舍内光线适宜，不能太强，最好将门窗玻璃和灯泡涂上红色、蓝色或蓝绿色等，这些措施可有效防止啄癖的发生。

（6）定期驱虫。定期驱除鸡群体内外的寄生虫，避免发生啄癖后难以治疗。

（7）发生啄癖及时隔离。发现鸡群中有啄癖现象时，要立即隔离被啄鸡，并在其伤口上涂抹具有强烈难闻气味的物质，如鱼石脂、紫药水和臭药水等，以防该鸡再度被啄以及鸡群发生互啄。

（8）及时断喙。适时为鸡断喙，必要时进行二次断喙，同时饲料中添加维生素 C 和维生素 K 防止应激，可有效防止啄癖的发生。

（9）设置沙浴池。在运动场或鸡舍内设置沙浴池，或悬挂青绿饲料，增加鸡的活动时间，减少互啄的机会。

（10）饲喂石膏粉。在全面分析饲养管理情况后，仍找不出诱发啄癖的原因时，可在日粮中添加 1.5% ~ 2% 的石膏粉予以治疗。

（11）设法改变鸡的恶癖。在生产中，要想方设法改变鸡已经形成的恶癖，比如在鸡笼内放入有颜色的乒乓球，或吊系芭蕉叶等物品，分散鸡的注意力，让鸡啄之无味，达到逐渐改变其恶癖的目的。

（12）为防治啄癖，避免将不同品种、不同日龄和不同强弱的鸡养在一起。

18. 蛋鸡产薄壳蛋、软壳蛋的应对措施有哪些？

薄壳蛋和软壳蛋都是异常蛋的一种，遗传因素、饲养管理不当等原因都可引起，这类鸡蛋蛋壳很薄，没有一定的厚度，无法承受一定的压力，严重影响蛋品产量和质量。

当整个鸡群中只有个别鸡只经常产这类异常蛋，很可能是遗传性因素，应及时淘汰这些鸡。如果饲养管理不当，鸡群中可能有相当部分鸡只产薄壳蛋和软壳蛋。最常见的原因是饲料中钙、维生素D不足和钙磷比例失调。这时必须以饲养标准为依据，合理调配日粮，适当增加钙的含量，满足蛋鸡产蛋需要。

生产中应充分考虑不同生产阶段的特点和季节等因素，合理调整钙的供给。通常，开产前钙的供给量为0.9%，开产时为2.7%，高产期和种鸡为3.25%～3.75%；夏季气温高，蛋鸡采食量减少，饲料中钙含量应增加到4%～4.2%，才能保证蛋鸡钙的摄取量。

19. 给蛋鸡补充光照需要注意哪些问题？

（1）电源电压要稳定。经常停电地区要配置备用电源。

（2）不用软线吊挂白炽灯。防止灯泡随风摆动，惊扰鸡群。

（3）白炽灯外加灯罩，能起到聚光的作用。

（4）保持灯泡清洁。经常擦拭灯泡和灯罩上的灰尘，以免影响光照效果。

（5）平养鸡舍，保证光线均匀照射，食槽和饮水器安置在灯泡下方。

（6）笼养鸡舍，灯泡行距和跨度等于阶梯笼的宽度，灯泡安在走道上方，不同行的灯泡呈锯齿状交错排列。

（7）产蛋期维持每日光照时间恒定或逐渐增加。开关灯的时间要固定，光照时间切勿逐渐缩短，光线的颜色不能随意改变，以免引起减产。

（8）每晚关灯时，最好采用调压变压器先降压使灯光变暗，没有条件也可留一盏灯不关，在暗光下等鸡上栖架后，再熄灭所有灯。

20. 春季蛋鸡的饲养管理应注意哪些问题?

（1）适当提高日粮水平，充分发挥蛋鸡产蛋潜能。春季回暖，气温逐渐升高，日照时间渐长，是开放式鸡舍蛋鸡产蛋的旺盛季节。因此，春季必须适当提高日粮营养水平，还要注意设置足够的食槽、水槽，保证蛋鸡充足的采食和饮水，以满足产蛋鸡对各种营养物质的需要，充分发挥蛋鸡在春季的产蛋潜能。

（2）加强管理，减少脏蛋和破蛋率。首先产蛋箱的数量要充足，箱中的垫料要保持清洁；笼养蛋鸡要及时清除底网上的粪便；此外，要勤捡蛋，每天至少捡蛋 4 次，注意轻捡轻放。通过加强这些管理措施，可防止和减少蛋的脏污和破损。

（3）做好春季卫生防疫工作。随着春季气温的逐渐升高，各种病原微生物也开始滋生繁殖，容易诱发疾病的发生。因此，春季要加强鸡场的生物安全管理，在天气转暖前对鸡舍进行一次彻底的清扫和消毒，注意通风换气，保持鸡舍适宜的温湿度。

（4）及时淘汰低产鸡和病鸡。春季是淘汰低产鸡和病鸡的最佳季节，通常春季不产蛋的鸡，大多为低产鸡和病鸡，可抓住时机及时淘汰，节约饲料，优化产蛋鸡群。

21. 夏季怎样让鸡多吃食?

炎热的夏季，鸡的采食量会明显减少，不仅影响青年鸡的生长发育，还会影响产蛋鸡的产蛋量。因此，夏季必须加强饲养管理，采取有效措施，保证蛋鸡摄取足够的营养物质。具体措施如下：

（1）做好夏季防暑降温工作。加强通风换气，适当减少饲养密度，保证清洁饮水源源不断地供应；采取有效的防暑降温措施，改善炎热的环境，以维持蛋鸡正常的采食量。

（2）科学调整日粮配方。夏季由于采食量下降，蛋鸡对蛋

白质和钙的摄取量也会下降，从而影响产蛋量。因此，夏季要适时调整日粮配方，提高日粮中蛋白质水平和钙的含量，粗蛋白质在饲料中含量为1%～2%，钙的含量为0.5%左右。

（3）饲喂时间避开炎热中午。为了提高蛋鸡采食量，饲喂时间尽量避开炎热的中午，最好集中在早、晚相对凉爽的时间饲喂。此外，由于夏季炎热，喂湿料要现拌现喂，以防变质。

22. 如何做好产蛋鸡的秋季饲养管理？

秋季要做好两项重要工作，一是当年春雏到了逐渐开产的时期，要做好开产期的饲养管理工作；二是去年鸡到了该换羽的时期，要做好换羽鸡的饲养管理工作。

（1）新开产鸡要重点做好补充光照工作。除了做好新开产鸡的日粮调整和饲养，以及日常管理工作外，重点做好补充光照工作，将产蛋鸡群逐渐引向产蛋高峰。

（2）对打算淘汰的换羽鸡，设法推迟换羽时间，延长产蛋时间。一方面加强饲养，另一方面延长光照时间，在原来14～16小时光照时间的基础上，每隔半个月再增加20～30分钟，可达到推迟换羽时间，增加产蛋量的目的。待鸡群产蛋率降至50%以下时就可淘汰鸡群。

（3）对打算留养的换羽鸡，设法推迟开始换羽时间，缩短换羽期。在尚未换羽前，尽量减少外界环境的变化和刺激，维持饲养环境的稳定，日粮中添加维生素饲料，适当减少糠麸饲料。已经开始换羽时，适当提高日粮蛋白质水平，特别是蛋氨酸和胱氨酸的含量，补给少量石膏粉，促进羽毛生长，尽量缩短换羽期。

（4）做好秋季卫生防疫工作和防寒准备工作，包括鸡舍卫生消毒、防疫接种、驱虫等工作，以及入冬前的防寒保暖工作。

23. 冬季如何提高产蛋量?

寒冷的冬季，天短夜长，光照时间减少，母鸡产蛋少甚至停产。要提高冬季母鸡的产蛋量，必须做好以下饲养管理措施:

(1) 做好鸡舍的防寒保温工作。低温和潮湿不仅影响蛋鸡产蛋量，还会威胁蛋鸡的健康。当舍温低于 7 ℃时，鸡舍相对湿度增加，鸡的饲料消耗多，产蛋量下降；舍温低于 0 ℃以下时，会造成母鸡冻伤。通过配置取暖设施、及时清理更换垫料、保持鸡舍干燥、搭建防寒棚、鸡舍四周加防风障等措施，使鸡舍温度控制在 13 ~16 ℃，这是提高蛋鸡产蛋量的关键。

(2) 科学调整饲料配方。冬季母鸡抵御寒冷，耗能增加，应适当增加日粮能量水平，每千克日粮代谢能应在 11. 72 ~11. 92 兆焦；此外，冬季青绿饲料缺乏，应注意补充各种维生素添加剂；每晚可增喂一次颗粒料，既提高母鸡御寒能力，又可增产。

(3) 注意补充光照。冬季日照时间逐渐缩短，如果不补充光照，准备淘汰的老母鸡会提前换羽，而开放式鸡舍当年秋季开产的母鸡会推迟产蛋高峰，严重影响母鸡产蛋。对开放式鸡舍，一般应计算出 9 月下旬开始到第二年的 3 月底为止这段时期内每天的日照时间。如果自然光照不够，应增加人工光照，每天补 14 ~16 小时。可采用早晚补充光照的方法，每天天亮之前 5 时开灯到天亮，晚上日落之后开灯至 19 时，开关灯时间可固定不变，该法方便实用，补光准确。光源最好选用白炽灯，光照强度控制在 5 ~10 勒克斯，不可太强，否则会使蛋鸡感到疲劳，产生恶癖等。

(4) 加强冬季管理。注意保持鸡舍空气新鲜，做好保温的同时，注意通风换气，防止有害气体在舍内蓄积，相对湿度控制在 50% ~55% 。冬季要注意饮水温度，最好饮用温水，切不可饮用冰水；注意维护饮水装置正常使用，防止漏水将蛋鸡羽毛淋

湿。应顺应冬季的自然规律，鸡群迟放早关，防止鸡群遭受寒冻。喂料应定时定量，保证饲料质量，防止饲喂发霉变质饲料。

24. 蛋鸡产蛋量突然下降的原因有哪些?

正常情况下，蛋鸡产蛋有一定的规律性，开产后产蛋率迅速上升，产蛋率达到50%后的3~4周，进入产蛋高峰期，维持一定时间后，缓慢下降。在蛋鸡生产中，由于饲养管理不当、疫病等因素的影响，鸡群产蛋量会出现突然下降，造成巨大的经济损失。因此，生产中要了解导致产蛋量下降的各种原因，及早做好预防。引起产蛋量下降的原因主要有以下几个方面：

（1）营养失衡。

1）缺钙。日粮中钙不足，或钙磷比例失调时，引起鸡群蛋壳质量普遍下降，连产软壳蛋，严重时会造成完全停产。应根据饲养标准配合饲料，保证钙的摄取量。

2）缺盐。引起鸡群换羽，严重时产蛋量下降80%~100%，日粮中食盐含量应保持在0.3%~0.4%。

3）盐分过多。造成鸡群腹泻，严重时产蛋量下降80%~100%，应减少食盐喂量。

4）维生素缺乏。如维生素D缺乏等，造成蛋壳质量下降，产软壳蛋，严重时完全停产，特别是冬季，应注意补充青绿饲料或维生素添加剂。

5）采食量不足。由于饲喂量不足造成鸡采食不足，引起鸡群发生啄癖，产蛋率下降10%~30%，严重时造成停产，应根据饲养标准喂给足量饲料。

（2）饮水缺乏。一般饮水不足，可致产蛋量下降5%~10%；缺水24小时，鸡群产蛋量下降25%~35%；缺水超过36小时，鸡群需要停产40~60天后才能恢复产蛋，经济损失巨大，因此，一定要为产蛋鸡供给充足、新鲜、清洁的饮水。

(3) 光照不佳。当光照程序出现错误时，蛋形变小，产蛋量下降10%～30%，生产中要保证光照时间，并维持适宜的光照强度。

(4) 疾病原因。

1) 新城疫、传染性支气管炎和传染性喉气管炎。这三种疾病都会导致鸡群产畸形蛋和软壳蛋，新城疫可使鸡群完全丧失产蛋能力，传染性支气管炎可使产蛋量下降90%～100%，传染性喉气管炎可使产蛋量下降30%～50%，日常管理中应定期接种疫苗，加强疫情监查。

2) 脑脊髓炎。患此病会使蛋形变小，在2周内可使产蛋量下降30%～50%。在育成期应做好此病的疫苗接种。

3) 鸡痘。皮肤型鸡痘使鸡群产蛋量下降30%～70%，黏膜型鸡痘产蛋量也有所下降，要适时接种鸡痘疫苗。

4) 鸡白痢、慢性呼吸道病、传染性鼻炎。这些疾病都可使种蛋的受精率和孵化率降低，分别使产蛋量下降30%～50%、30%～90%、10%～40%，应及时治疗。

5) 球虫病。产蛋量下降10%～50%，患病种鸡淘汰率为25%～30%，应及早防治。

6) 鸡虱。易引起啄羽恶癖，产蛋量下降10%～40%，提供沙浴池，用敌百虫等药物防治。

7) 磺胺药物中毒。注意间隔使用该药物以预防中毒，否则会出现产软壳蛋、薄壳蛋，使产蛋量下降。

8) 黄曲霉毒素中毒。饲喂霉变饲料不仅降低蛋壳质量，还使产蛋量下降10%～40%。

9) 脂肪肝综合征。患此病畸形蛋增多，产蛋量下降10～40%，生产中注意供给富含蛋氨酸的胆碱饲料来进行防治。

10) 笼养鸡疲劳症。鸡群表现为连产软壳蛋和薄壳蛋，产蛋量下降10%～50%。注意补充骨粉加以预防。

25. 如何把握商品蛋鸡的利用年限?

商品蛋鸡在第一个产蛋年产蛋量最高，以后以每年 20% 的递减率逐年下降。在生产中通常会根据鸡场实际情况来确定利用年限。但商品蛋鸡的利用年限一般不超过 3 年。

（1）一年利用年限：通常商品蛋鸡场都是将蛋鸡饲养至 500 日龄左右，采取“全进全出”方式，即产蛋鸡在产蛋 12～14 个月后或自然换羽前就淘汰。不仅能保持鸡群较高的生产水平，又便于防疫和管理。

（2）两年利用年限：有些蛋鸡场饲养的蛋鸡品种优良，第一个产蛋年产蛋水平较高，可根据鸡场实际条件，选留高产鸡进行人工强制换羽，再养 1 年，也能取得好的经济效益。

26. 如何控制好蛋鸡（种鸡）的体重?

在蛋鸡生产中，过肥过瘦的蛋鸡对产蛋性能影响很大，是饲养管理中不可忽视的一项重要内容。

如果限饲强度不够，蛋鸡（种鸡）很容易出现过肥现象。过肥的鸡开产早、易形成双黄蛋、薄皮蛋等异常蛋，且产蛋没有规律。过瘦的鸡常推迟开产，产蛋间歇频繁，死亡率高。过肥过瘦的母鸡都很难达到产蛋高峰，即使达到产蛋高峰也难以维持。

27. 种公鸡的饲养管理有哪些注意事项?

养好种公鸡是提高种蛋受精率的重要条件。种公鸡的饲养管理应注意以下几点：

（1）饲养方式要合理。种公鸡的饲养方式可分地面散养和笼养两种。笼养适合于人工授精的种鸡群，便于管理和调教，精液品质好；公鸡笼要比母鸡笼大，为防止相互打斗，最好 1 只公鸡 1 个笼。地面散养适用于公母混群的自然交配鸡群。

（2）种公鸡日粮营养全面。种公鸡的日粮中一定要供应充足的蛋白质、维生素和矿物质元素。试验表明，日粮中适当增加蛋白质含量，可提高精子活力和精液浓度；日粮中多种维生素的用量增大，射精量也增多；矿物质添加量增加，对精液品质也有直接影响。种公鸡的日粮配合可按粗蛋白质18%、代谢能11.5兆焦/千克、多种维生素0.04%、钙3.5%～3.6%、磷0.72%～0.78%，氨基酸和微量元素的种类齐全，比例应恰当。

（3）为种公鸡创造适宜的环境条件。种鸡舍温度以15～20℃为宜，不要高于26℃，也不要低于10℃。因此，冬天要做好保温防寒、夏天要做好防暑降温工作。相对湿度在55%左右，不要过高或过低。要搞好环境卫生，要求空气新鲜，无不良气味。最好采用恒定光照，每天16～17小时。光照强度每平方米3～4瓦为宜。

（4）加强种公鸡饲养管理。应根据配种任务大小决定饮料喂量，一般人工授精条件下公鸡采精频率为每采精4天，休息1天，宜采用不限量、自由采食的饲喂方式。要供给充足、清洁的饮水，防止因缺水而影响公鸡健康。要注意观察公鸡状态，特别是采食、饮水、粪便等状态，发现异常应立即采取措施，并进行隔离，停止交配或采精。按防疫要求，及时做好防疫工作。

（5）防止种公鸡"群序"现象。鸡的行为学研究证明，鸡群中具有强欺弱的现象，这种现象称为"群序"现象。强者为"群序"之首，弱者为"群序"之末。当鸡群中饲槽、饮水器和栖架不足时，弱鸡往往因为食槽不足而不能及时吃上饲料，饮水器不够而不能随时饮到水，栖架不够而晚间栖于地面。种鸡群中公鸡的"群序"现象更加明显，对鸡群危害性更大。一般情况下，一只公鸡与一定数量的母鸡交配，使种蛋保持较高的受精率。但由于某些公鸡的"群序"现象，往往发生公鸡间争相与母鸡交配而发生啄斗。若进攻性强的公鸡占了上风，或为"群序"之首，就会严重干扰其他公鸡的正常交配活动，进而影响种

蛋的受精率。斗败的公鸡除了不能正常交配外，还因胆小而不能采食，时间长了，又会影响饲养，因此食槽、栖架的数量应充足，并要布局合理，使所有公鸡都能充分采食、饮水和享有栖架。在产蛋期间，应将严重干扰其他公鸡交配活动的强公鸡和过于胆怯的弱公鸡从种公鸡群中淘汰掉。

28. 如何降低种蛋破损率？

（1）选择饲养蛋壳质量好的品种或品系。白壳蛋系鸡种比褐壳蛋系鸡种的蛋壳破损率高；产蛋率高的品种或品系比产蛋率低的品种或品系蛋壳破损率高。育种中，在注重产蛋率、增重速度、蛋重等多项指标选育的同时，也要注意蛋壳质量的选育。

（2）减少鸡群受惊扰。管理人员要定人定群，作息制度严格，减少噪声，防止猫、狗进入舍内；在免疫、转群、设备维修等鸡舍内作业时，也尽量减少对鸡群的惊扰。

（3）日粮符合饲养标准要求。注意检查母鸡日粮营养与母鸡的采食量。如蛋壳品质普遍下降，则需检查母鸡日粮中钙、磷和维生素 D 的供应；如日粮配方无问题，则应了解母鸡日粮各种营养是否充足，保证钙、磷、铜、锌等各种元素之间的平衡及量的满足。

（4）加强饲养管理。如加强鸡舍内通风，保证氨气浓度不大于0.002%。执行稳定的光照制度，平养鸡舍要在鸡性成熟以前布置好产蛋箱（一般为18周龄），保证窝位充足（4只鸡1个窝位），布局合理，使鸡尽早适应产蛋箱，减少窝外蛋。高温季节做好防暑降温。鸡群采食量下降时，适当提高日粮中蛋白质、维生素和矿物质的浓度。

（5）适时捡蛋。经常更换产蛋箱垫草，捡蛋次数勤可以减少破蛋率和窝外蛋。早晨喂料后必须立即开始捡蛋，保证每天捡蛋5次，产蛋比较集中的上午捡3次，下午捡2次，调整好捡蛋时间，一次捡蛋的数量如超过当天产蛋量的30%，就应该调整捡蛋时间。捡蛋时动作要轻，手要拿稳，同时将大蛋、双黄蛋分开码放，防止由于受力不均造成破损，蛋盘码放不宜太多，一般为5盘左右为宜。

（6）提高鸡群健康水平。加强兽医工作，提高鸡群整体健康水平，防止可能引起蛋壳质量下降的各种疾病。产蛋期间尽量避免或减少疫苗接种次数。

（7）安全运输。在装运过种中减少蛋的碰撞。

（8）淘汰老龄鸡。结合市场情况和种鸡生产性能的表现，适时淘汰老龄鸡。

29. 当前蛋品加工技术的类型主要有哪些？

随着社会经济的快速发展，人们的生活方式和饮食习惯发生了很大的变化，蛋品加工业也随之快速发展。许多规模化蛋鸡场的生产经营方式也开始做出相应调整，逐步安装蛋品加工设备，为发展蛋品加工业打下良好基础。目前，蛋品加工技术的类型主要包括初级加工、洁蛋加工、蛋粉加工和其他生化制品提取等深加工技术等。有一定规模的蛋鸡场都可以进行鸡蛋的初级加工；目前国内一些规模化蛋鸡场也开始采用洁蛋加工技术；液蛋加工主要在一些规模化蛋鸡场采用；蛋粉和其他生化制品等系列深加工技术一般由独立的蛋品公司或工业企业生产。

（1）初级加工技术。主要包括集蛋、装箱、清洗等技术环节。

（2）洁蛋加工技术。主要包括清洗、消毒、干燥、涂膜、检测、分级、打码、包装等技术环节。

（3）再制蛋加工技术。主要包括清洗、检测、拌料、腌制、蒸煮、剥壳、干燥、包装等技术环节。

（4）液蛋加工技术。主要包括清洗、检测、打蛋、巴氏杀

菌、装填等技术环节。

（5）蛋粉加工技术。主要包括清洗、检测、打蛋、分离、巴氏杀菌、干燥等技术环节。

（6）其他生化制品深加工技术。如提取蛋黄油和卵磷脂等。

30. 洁蛋加工技术有哪些特点?

采用洁蛋加工技术的规模化蛋鸡场首先要安装一整套自动化鸡蛋收集设备和鲜蛋处理系统（图6-3，图6-4）。洁蛋加工处理设备由气吸式集蛋传输设备、清洗消毒机、干燥上膜机、分级包装机、电胶喷码机组成。主要流程为鸡蛋产出后进入输送带，送至验蛋机，剔除破壳蛋，进入洗蛋机自动清洗，然后送到鸡蛋处理机，进行自动涂膜和干燥等，再进入选蛋机，自动检数、分级和包装。

（1）全自动高精度无破损处理和分级包装、全程温控。通过对单个鸡蛋的无人处理，可实现全自动高精度无破损处理和分级包装，而且整个生产环节可进行温度控制。

（2）实现平稳柔性输送蛋品。气吸式集蛋和传输设备，实现无破损集蛋和传输蛋品。

（3）清洗消毒机实现无破损、无残留和完全彻底的清洗消毒。

（4）干燥上膜机风干并采用静电技术均匀上膜保鲜。

（5）分级包装机使鸡蛋大头统一朝上，可避免蛋黄粘壳，延长贮藏期；全自动检测蛋体污物、血斑、肉斑和裂缝，按质量对鸡蛋进行分级。

（6）全自动打码包装。电脑喷码在蛋体和包装盒上进行无害化贴签、分类、商标和生产日期等。

（7）生产线自控系统进行生产工艺过程设备的全自动控制。全程杜绝任何人工触摸，大大提高了鸡蛋的食用安全性。

图6－3　自动集蛋系统

图6－4　自动洗蛋、选蛋系统

31. 液蛋加工技术的技术要点有哪些?

液蛋指液体蛋，鸡蛋经过打蛋去壳，将蛋液经过一定处理后包装冷藏，生产出的代替鲜蛋消费的产品，分为蛋白液、蛋黄液

和全蛋液三种类型。液蛋加工设备现代化程度高，对原料鸡蛋质量要求高，卫生控制严格，加工过程中温度要求严格，巴氏杀菌为液蛋加工的核心技术。液氮生产设备包括自动蛋盘进蛋机、洗蛋机及风干机、称重系统、打蛋机、蛋品收集桶及过滤装置、蛋壳分离机、冷却交换板、原料冷却贮存桶、均质机、连续式杀菌机、成品冷却贮存桶和填充机等。液蛋产品比鲜蛋品质更高，而且更加便捷和安全。液蛋对加工、运输和贮藏条件要求高，要求出厂、运输和销售全程实现冷链管理。液蛋加工技术的技术要点如下：

（1）鲜蛋验收、贮存。对原料鸡蛋进行严格的质量检验。

（2）上蛋、清洗。通过清洗，杀灭蛋壳表面大部分微生物，清除物理性的有害物质。

（3）打蛋、分离。打蛋是液蛋生产中的一个重要技术环节。打蛋时的理想温度为15～20 ℃，此时由于蛋液暴露在空气中，要求设备内部保持正压，空气经过过滤处理，洗蛋房间保持负压，防止污染空气进入打蛋间。

（4）过滤、冷却。打蛋后马上过滤掉蛋液中的蛋壳碎屑，以减少污染。

（5）均质、杀菌。均质机常和杀菌机安装在一起，常用于生产蛋黄和全蛋产品，蛋白产品不适用。目前，巴氏杀菌已成为液蛋加工的核心技术。

（6）包装、贮藏。液蛋杀菌后，冷却到4 ℃暂存，然后在独立的洁净包装间无菌包装，严格的包装流程和卫生的包装材料可防止包装造成二次污染。

七、蛋鸡高产生物安全控制技术

1. 蛋鸡场卫生防疫有哪些综合要求？

（1）蛋鸡场布局合理，全进全出。鸡场的建设要科学规划，合理布局。蛋鸡场应建立在地势高燥，排水方便，水源充足，水质良好。离公路、河流、居民区、工厂、学校、其他畜禽场和垃圾站较远的地方。蛋鸡场与外部环境之间要有围墙、林带隔离，场内生活区和生产区要分开，鸡场各类建筑要合理安排。鸡场大门和生产区入口处要建立消毒池，生产区入口应设有更衣室、消毒室和淋浴室。尽量采取全进全出的饲养制度，在两批鸡之间要彻底清洁消毒鸡舍和用具，切断疫病传染途径。

（2）控制好饲料质量，饮用水清洁卫生。从饲料的原料、加工、运输、投喂等各个环节控制饲料质量，避免饲料霉变或饲料污染造成疾病的传播。定期对蛋鸡场水质进行监测，保证鸡的饮用水清洁、无病原菌，必要时进行饮水消毒处理；使用乳头式饮水器可减少饮水污染的机会。

（3）做好人工授精、种蛋孵化环节的卫生消毒。为防止疾病通过孵化过程传播，必须重视孵化卫生条件，严格执行孵化和人工授精操作的消毒卫生程序。种蛋必须来自健康鸡群；孵化用具及设备定期彻底清洗消毒；种蛋上机待孵和罗盘时要进行甲醛烟熏法消毒；出雏后要带鸡消毒。

（4）严格执行蛋鸡场日常卫生防疫制度。健全鸡场卫生防疫制度；严格限制出入鸡场的人员和车辆，并做好入口处的消毒清洁工作；保证鸡舍环境适宜，并定期清扫、消毒；坚持全进全出的饲养制度，鸡舍进鸡前要彻底消毒；做好鸡舍周围环境的消毒，定期灭鼠、灭蚊蝇和蟑螂等。

（5）适时做好鸡群的免疫接种工作。按免疫程序及时做好各项免疫，提高蛋鸡对各种病毒性和细菌性传染病的免疫抵抗力。为确保免疫预防效果，要注意保障疫苗质量，按照科学的免疫程序和用量接种。

（6）坚持种鸡疾病的检疫净化。引种时应选择品质优良、健康无病的种鸡。饲养中要定期监测鸡群健康水平和疫病状况，及时淘汰检出的阳性鸡。同时严格做好经蛋传播疾病的检疫和消毒工作，确保种鸡质量。

（7）饲养管理科学，减少应激发生。易造成应激的因素主要包括温度、湿度、密度、通风透气、光照与噪声等。供给鸡群充足的清洁饮水，改善鸡舍通风散热，全部鸡舍屋顶加盖一层杉皮隔热，间距较小的鸡舍屋顶再安装人工降雨器喷水，所有鸡舍定向安装大功率排风扇，增加舍内空气的流通和热量散失。气温高时密切注意鸡群情况，遇到紧急情况时向鸡群喷凉水降温。除降温之外，在饲料中适当添加电解质和维生素 C。如果防暑工作做得及时，做得又好，因热应激而死的鸡只会大大减少，种鸡的产蛋率、种蛋的受精率、合格率也比以前高。冬春季防止鸡受寒冷应激，应规定当气温低于 16 ℃时，晚上让鸡群进鸡舍，关北面窗门，早上 9 时后才放鸡到运动场，日粮中增加能量成分，并增加饲喂量，保证鸡群有足够营养，维持热量和生产需要。在注意温度湿度的同时，注意通风换气，气温正常时，鸡舍尽量开窗，注意保持鸡粪干燥。每天定期用刮粪机把鸡粪刮开以防止舍内氨气浓度过高。

（8）注意观察鸡群，发现问题及时解决。平时留心观察鸡群状况，鸡群如有异常要及时向兽医汇报，通过诊断查明原因；对疫病要及早采取严格的检疫、隔离、消毒、封锁、预防接种、治疗措施，促使鸡群早日康复；对饲养管理原因引起的问题要及时解决，及时改进饲养管理水平。

2. 如何进行鸡场出入人员的消毒？

在鸡场的入口处，设专职消毒人员和喷雾消毒器、紫外线杀菌灯、脚踏消毒槽（池）。首先，对出入的人员实施衣服喷雾消毒、脚踏消毒、紫外线照射消毒。衣服消毒要从上到下，普遍进行喷雾，使衣服达到潮湿的程度。用过的工作服先用消毒液浸泡，然后进行水洗。用于工作服的消毒剂，应选用杀菌、杀病毒力强，对衣服无损伤，对皮肤无刺激的消毒剂。不宜使用易着色、有臭味的消毒剂。通常可使用季铵盐类消毒剂、碱类消毒剂及过氧乙酸等浸泡消毒，或用福尔马林熏蒸消毒。由于影响紫外线灯消毒效果的因素是多方面的，如电压、温度、湿度、照射时间、照射角度等，鸡场应该根据各自不同的情况，因地因时制宜，合理配置、安装和使用紫外线灯，才能达到灭菌消毒的效果。其次，鸡场工作人员是将病原带入鸡场的一个重要因素，因此进入生产区时，要更换工作服（衣、裤、靴、帽等），必要时进行淋浴、消毒，并在工作前后洗手消毒，即用肥皂洗净手后，浸于1:1 000的新洁尔灭溶液内5～10分钟，清水冲洗后擦干，然后通过脚踏消毒进入生产区。生产人员的一切可染疫的物品不准带入场内，凡进入生产区的物品必须进行消毒处理。工作服、鞋帽应于每天下班后挂在更衣室内，用足够强度的紫外线灯照射消毒。

负责免疫工作的技术人员的消毒，除做好上述消毒工作外，应每免疫完一栋鸡舍，用消毒药水洗手。工作完成后，工作服应

用消毒水泡洗 10 分钟后再在阳光下暴晒消毒。

3. 怎样清理消毒鸡舍?

每次雏鸡和育成鸡转群后都应彻底清扫消毒鸡舍，消灭疫病传染源，切断传播途径，为每批鸡创造安全的生长环境，获得高的育雏率和育成率，见图 7－1。

图 7－1　空舍消毒

（1）彻底清扫。将舍内垫料、粪便和尘土全部清除，各处喷洒一些杀虫剂。清理风扇及供热装置、饲料输送装置、料槽、饲料贮存器具、运输及称重设备，同时清理更衣室、卫生隔离栅栏和其他与鸡舍相关的场所，还要注意水管、电线和灯管的清理。

（2）用水刷洗。主要刷洗清除墙壁、地面和笼子上面的干燥粪便等有机物，用高压水枪冲洗，必要时刷洗。水泥地板先用清洁剂浸泡 3 小时以上，再用高压水枪冲洗。注意冲洗舍内物品连接点以及墙与屋顶的接缝，使消毒液能有效地深入其内部。饲喂系统和饮水系统也同样用泡沫清洁剂浸泡 30 分钟后再冲洗。

（3）喷洒消毒液。鸡舍内水分干燥后，配制消毒液喷洒，可用3%～5%来苏儿、2%～3%热氢氧化钠溶液等，注意边角及物品背面都要喷洒到位。每平方米用消毒液1.5～1.8升。消毒后最好闲置2～3周后再启用鸡舍。

（4）用具消毒。根据用具质地、用途和污染程度灵活选择消毒方法。大多用具可先机械清理脏物，冲洗干净后放在阳光下暴晒。如有疫病感染情况，还要喷洒消毒液消毒。小件物品可浸泡在消毒液中，大件物品采用喷洒消毒液的方法，消毒液可选用0.5%的过氧乙酸消毒液，2%～3%的来苏儿消毒液，2%氢氧化钠溶液及一些含有效氯的消毒液等，还可采用福尔马林熏蒸消毒法。

4. 鸡场常用的物理消毒方法有哪些?

鸡场消毒是防治鸡病工作的重要内容，鸡舍、设备及用具和鸡场环境要定期进行严格的消毒，目的是为了消灭和减少病原微生物，控制鸡病的发生和蔓延。鸡场常用的消毒方法有如下几种：

（1）机械清除法。采用人工清扫、刷洗、刮除、通风和过滤的机械方法，减少环境中的病原微生物数量，降低鸡发病的概率。

（2）物理消毒法。

1）高温消毒法。采用高温杀灭病原体的方法，如火烧、煮沸、蒸汽等都是鸡场常用的高温消毒方法。其中火烧是杀灭病原最简单和彻底的方法，既可保持环境干燥，又可达到消毒目的，但处理对象范围较窄，除了不怕火烧的墙壁、地面和笼具外，带菌的废弃物或无保存价值物品也可用火焰消毒。市场有专门的火焰消毒器销售，也可自制简易火焰消毒器。可以将家庭用的小喷雾器改装成简易火焰消毒器，既经济又实用。改装及使用的方法

是：将一根铁丝连接在喷雾器药壶的颈部，铁丝的另一端绕一圆圈，与颈部连接处相距 10 厘米，圈内固定一个小金属容器（如废白炽电灯泡的金属头口朝上即可），容器内塞满棉球。使用时，先倾入煤油将棉球浸湿，将药壶盛满煤油，再点燃前方金属容器内的煤油棉球，接着用手向前推动喷雾器的手柄，喷出的煤油气雾通过引火点便形成向前射出的一束火焰，其喷程可达 66 厘米左右。

2）紫外线消毒。是将待消毒的物品放在日光下暴晒或放在人工紫外线灯下，利用紫外线、灼热以及干燥等作用使病原微生物灭活而达到消毒的目的。该法较适用于鸡舍的垫料、用具、进出人员等的消毒，对被污染的土壤、场地表层的消毒均具有重要意义，是一种经济方便的方法。

用于鸡场入口、兽医诊断化验室内超净工作台的空气消毒时，将紫外线灯固定安装在天花板或墙壁上，离地面 2.5 米左右，灯管安装金属反光板，使紫外线照射在与水平面成 30～80 度，每 6～15 立方米空间用 15 瓦紫外线灯。而当上下层空气对流产生时，整个房间的空气都会受到消毒。

用于水的消毒时常用的装置有直流式紫外线水液消毒器，使用 30 瓦灯管每小时可处理 2 000 升水；一套管式紫外线水液消毒器，每小时可生产 10 000 升灭菌水。用于污染固体物品表面的消毒时，紫外线灯管距离污染表面不宜超过 1 米，所需时间 30 分钟左右，消毒有效区为灯管周围 1.5～2 米。

（3）化学消毒法。化学消毒法是利用化学药物采用熏蒸、浸泡、药液喷洒的方法杀灭病原微生物的消毒方法。选用化学消毒药时要注意三点：一是化学消毒药的性质应稳定、溶于水、无臭味、杀菌效果好；二是对动物和人体无害，低残无毒，杀菌力强；三是易购买到、价格便宜。

（4）生物热消毒法。鸡粪和污水常采用生物热消毒方法，通过粪便堆积发酵产热杀灭病毒、除芽孢外的病菌和寄生虫卵，可达到无害化处理的目的。

5. 如何对出入鸡场的车辆和设备进行消毒处理?

运输饲料、鸡蛋商品及其他物资的车辆经常出入鸡场，由于面积大，携带的病原微生物多，必须在鸡场入口处对其进行消毒，主要采用以下消毒方式。

(1) 自动化喷雾消毒装置。一般大中型蛋鸡场都会在大门口设置与大门同等宽度的自动化喷雾消毒装置，小型蛋鸡场可采用喷雾消毒器，对出入车辆车身和底盘进行消毒，见图7－2。

图7－2 出入车辆的严格消毒

(2) 消毒池。在鸡场大门处设一消毒池，池内铺草垫浸以消毒液，对过往车辆进行轮胎的消毒。为保证消毒效果，应注意按时更换。

(3) 选择消毒剂时要注意。

1) 选择对车体涂层和金属部件无损伤的消毒剂，不要选择强酸性消毒剂。

2）消毒池内的消毒剂，最好选用耐有机物、耐日光、不易挥发、杀菌谱广、杀菌力强的消毒剂。

3）常用的车辆消毒剂有：博灭特（癸甲溴铵）、强力消毒王、优氯净、百毒杀、过氧乙酸、抗毒威（三氯异氰尿酸钠）、农福（复方煤焦油酸）、氢氧化钠等。

6. 蛋鸡场饮水系统的消毒程序是什么？

蛋鸡场不同的饮水系统消毒方法亦不同。

（1）封闭性乳头或杯型饮水系统。①对整个饮水系统高压冲洗。②整个饮水系统灌满消毒剂，采用系统连接点的化学药品气味或者测定其 pH 值的方法来确认是否充满。③24 小时浸泡。④排空。⑤清水冲洗干净。⑥检查是否有消毒剂残留。

（2）开放性环形或圆形饮水系统。①用消毒剂浸泡整个饮水系统 2～6 小时，等待钙化物溶解。②清洗干净。③若钙质过多，对饮水系统进行刷洗。

7. 如何对蛋鸡场的饮用水进行消毒？

常用于饮用水消毒的消毒剂类型及其使用方法见表 7－1。

表 7－1　常用于饮用水消毒的消毒剂类型及其使用方法

消毒剂类型	常用消毒剂	使用方法
氯制剂	漂白粉	加 6～10 克/米^3，拌匀，30 分钟后饮用
	氯胺－T	加 2～4 克/米^3，拌匀，30 分钟后饮用
	抗毒威	1∶5 000 比例稀释，搅匀后 2 小时后饮用
碘制剂	碘酊	加 2% 碘酊 5～6 滴/升，15 分钟后饮用
	威力碘（络合碘溶液）	1∶（200～400）稀释后用于饮用水消毒

续表

消毒剂类型	常用消毒剂	使用方法
氧化剂类消毒剂	过氧乙酸 高锰酸钾	加20%过氧乙酸溶液1毫升/升，30分钟内饮完 0.01%高锰酸钾溶液，随配随饮，2~3次/周
阳离子与两性离子表面活性剂	百毒杀	50%百毒杀按1∶（1 000~2 000）比例稀释后饮用

8. "带鸡消毒"技术有哪些关键环节?

为了预防和降低疫病发生的概率，在饲养期（育雏期、育成期、产蛋期）内定期使用消毒剂对鸡体和整个舍内环境进行喷雾消毒的方法，称作带鸡消毒。带鸡消毒（图7－3）能降低鸡舍病原微生物含量、提高鸡舍内空气质量、为舍内环境加湿降温，阻止病原扩散，是当代集约化养鸡综合防疫的重要组成部分，是控制鸡舍内环境污染和疫病传播的最重要的防控措施。带鸡消毒技术主要有以下几个关键技术环节：

图7－3　带鸡消毒

（1）消毒前鸡舍的处理。为使带鸡消毒取得较好的效果，消毒前应先彻底清扫鸡舍，将地面、墙壁、鸡笼、舍内物品上的粉尘、蜘蛛网、鸡粪、羽毛和污秽垫料全部扫除，然后用清水冲洗鸡舍地面，污水要排到离鸡舍较远的地方。

（2）选择合适的消毒剂。带鸡消毒应选用广谱、高效、无毒害、水溶性好、黏附性大、刺激性小、腐蚀性小的消毒剂。可选用0.015%或0.025%百毒杀，0.5%～1%强力消毒灵（三氯异氰尿酸钠），0.3%～0.5%过氧乙酸，0.1%新洁尔灭溶液等，此外，还可选用二氧化氯、络合碘、菌毒敌、金碘、复合酚类型的消毒剂。最好两种或两种以上的消毒剂定期交叉循环使用，效果更佳。

（3）合理配制消毒液。应按照消毒剂说明书配制消毒液，保证药液适宜的有效浓度。最好用井水配制消毒液。配制时注意充分搅拌，使药品完全溶解和浓度均匀。用40 ℃以下的热水稀释消毒药液，可提高消毒液效力。消毒液最好现用现配，一次用完，以防失效。

（4）消毒设备的选择。要保证消毒效果和提高消毒效率，必须选择适宜的消毒设备。所需设备为气雾发生器。雏鸡舍、小鸡舍或小场区，可使用肩背式喷雾器，简单方便。成年鸡舍和大型鸡舍，应采用高压动力喷雾装置，消毒速度快，消毒距离远，喷出的雾滴均匀，1 000平方米鸡舍仅需15～20分钟就可完成消毒。一些现代化规模蛋鸡场采用集自动饲喂、自动喷雾装置、自动喷雾降温为一体的行车式全自动喂料机作为带鸡消毒设备，自动喷雾和自动喷雾降温装置由电源控制器、电动机、喷头和液体输送管道构成。喷头位于每个料箱正上方，高于料箱80厘米，每个料箱上1个喷雾装置，安装2个喷头，共16个喷头，雾粒大小为100微米，每次消毒12分钟。

（5）正确的消毒方法。消毒时注意关闭门窗。在暗光下进行可减少应激。消毒时间选择在中午温暖时或熄灯后进行，夏季可在中午最炎热时进行。喷头距鸡体50厘米左右，喷嘴向上喷出雾粒；控制雾粒直径在80～120微米，太细小的微粒容易经过呼吸道进入鸡的肺泡，引起肺气肿；喷雾程度把握在鸡体表稍湿和物体表面均匀湿润为宜。在饮水、气雾和点眼滴免疫时，前后2天内不要进行带鸡消毒，避免降低免疫效果。消毒时室温要比平时提高3～4℃，消毒后注意通风换气，防止湿寒损害鸡的健康。

（6）消毒频率要合理。通常根据鸡群日龄确定消毒频率。1～20日龄鸡群3天消毒1次，21～40日龄的鸡群隔天消毒1次。成年鸡或产蛋鸡根据情况采取定期或不定期消毒。在鸡群传染病高发季节或高发日龄可进行定期消毒，如春秋两季各消毒1次；在鸡群发生传染病时应采取紧急消毒，以控制疫病蔓延。

9. 蛋鸡场粪便的消毒处理方法有哪些？

鸡粪中含有一些病原微生物和寄生虫卵，特别是患病鸡的粪便，病原微生物数量更多，容易引起污染和疾病的传播。为保证环境的生物安全，蛋鸡场产出的粪便必须进行严格的消毒处理。鸡粪便的消毒处理方法主要有生物热消毒法、掩埋法、化学药品消毒法和焚烧法等。

（1）生物热消毒法。应用这种方法不仅可以杀灭病原微生物，还能保留肥料的利用价值，所以该法最为常用。鸡粪的生物热消毒通常包括发酵池法和堆粪法两种。

（2）掩埋法。这种方法是将污染的粪便与漂白粉或新鲜的生石灰混合后，深埋在地下约2米处。这种方法简便易行，但存在病原微生物易经地下水扩散以及肥料损失的缺点。

（3）化学药品消毒法。该方法生产中不常用。一般采用含2%～5%有效氯的漂白粉溶液、20%石灰乳的化学药品对鸡粪进

行消毒，非常烦琐，且难以达到消毒目的。

(4) 焚烧法。该法是消灭病原最有效的一种方法，需要浪费较多燃料，一般情况很少用，主要用于消毒患有危险性传染病鸡的粪便。方法是在地上挖一个壕，宽0.75~1米，深0.75米，在距壕底0.4~0.5米处加一层较为稠密的铁梁，铁梁下面放置木材等燃料，铁梁上放置粪便，粪便太湿，可混合一些干草，以便燃烧。

10. 粪便干湿分离技术有哪些关键程序?

随着蛋鸡养殖集约化和规模化的快速发展，大量鸡粪的排放带来环境的污染问题，如何合理地处理利用鸡粪是蛋鸡养殖业不停探索的一个重要问题。粪便干湿分离技术是目前大多采用水冲洗粪便的蛋鸡养殖场不可缺少的关键技术。用专用水泵将粪便从贮粪池中抽至干湿分离机中，将鸡粪进行干湿分离，将干粪便与大部分水分、细小粪渣有效分离，实现粪便中固体和液体分离；固体和液体粪便再分别处理成液态有机肥和固态有机肥；液态有机肥可用于养殖场附近的农作物生产，固态有机肥可直接销售或用作生产复合有机肥的原料，鸡粪干湿分离流程见图7-4。

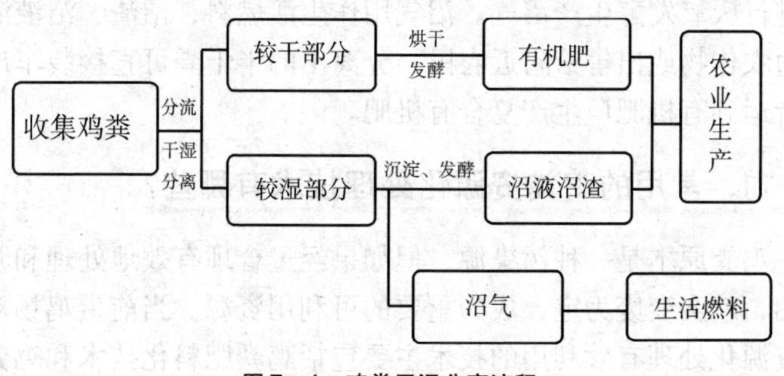

图7-4　鸡粪干湿分离流程

(1) 粪便干湿分离的原理。鸡粪干湿分离机是用于养殖场畜禽粪便粪污脱水的一种环保设备，基本构造包括输送泵、固液分离部件、机架、配电箱、连接管道等。干湿分离时专用泵将贮粪池中的原粪水粪渣同时提升至粪便干湿分离机内，并通过安置在筛网中的挤压螺旋以每分钟 45 转的转速将脱水的原粪水粪渣向前推进，粪水中的干粪便与大部分水分、细小粪渣分离。其中的干物质通过与在机口形成的固态物质柱体相互挤压分离出来，从干湿分离机前端排出；其中的粪水通过筛网滤出，从分离机下端流走，回流进入调节池内或经专用管道排至沉淀池内。

（2）粪便干湿分离技术的关键技术程序。

1）收集鸡粪到集粪池。安装自动刮粪板的养鸡场，可先将鸡粪刮到集粪池，再用适量水冲洗鸡舍残存粪便入集粪池中；无刮粪板的养鸡场，直接用水冲洗鸡粪到集粪池中。

2）干湿分离集粪池中的粪便。启动干湿分离机，对粪便污水进行干湿分离，分离出半干鸡粪和粪液两种物质，经分离后的粪渣含水量在 45% 左右。粪液从分离机下面的粪液排出口排出，分离出的固体粪渣从分离机前端排出。

3）粪便干湿分离物的处理利用。粪液可通过专用管道直接输送到需要施肥的农田，也可通过专用管道输送到沉淀池或沼气池进行厌氧发酵生产沼气。沼气用作生活燃料，沼渣、沼液灌溉周边农作物或出售给附近农民，分离出的半干粪可直接装车出售或者运到有机肥厂生产复合有机肥。

11. 常用的鸡粪资源化处理技术有哪些？

鸡粪原本是一种污染源，但如果经过合理有效地处理和开发利用，就会变废为宝，成为重要的可利用资源。当前蛋鸡场对鸡粪资源化处理有效利用的技术主要包括鸡粪肥料化技术和鸡粪能源化技术。

（1）鸡粪肥料化技术。鸡的消化道短，对饲料蛋白需求较

高，再加上饲养方式的影响，其粪便中含有大量的有机物和丰富的氮、磷、钾等营养物质。随着规模化集约化养鸡场的发展，鸡粪处理愈加重要，鸡粪采用堆肥法生产有机肥是最广泛使用的办法。这种将鸡粪收集后掺入 EM（有效微生物群）、高效发酵微生物等高效发酵微生物，调节粪便中的碳氮比，控制适当的水分、温度、酸碱度进行发酵而生产有机肥的技术，称之为鸡粪肥料化技术。该技术的优点是设备简单、投资低、好管理、产品臭味少、含水率低、质地疏松、包装运输便捷，还便于施肥、肥效高。缺点是处理过程中有氨气释放，不能完全控制臭气，而且需要较大的场地，处理时间也长。根据堆肥的性状，又可分为条垛式和槽式堆肥两种。

1）条垛式堆肥（图 7 -5）。将粪便和堆肥辅料按照适当的比例混合均匀后，再将混合物料堆制成长条形堆垛，堆体大小由翻抛机的尺寸决定，堆体底部宽度控制在 1.5 米左右，高度控制在 0.6 米左右。

图 7 -5　条垛式堆肥

2）槽式堆肥（图7－6）。将堆料混合物放置在长槽式的结构中进行发酵的堆肥方式。这种堆肥靠搅拌机完成供氧，搅拌机沿着槽的纵轴移行，在移行过程中搅拌堆料，槽中堆料深度为1.2～1.5米，堆肥发酵时间为3～5周。

图7－6 槽式堆肥

(2) 鸡粪能源化技术。能源环保工程以厌氧发酵为核心，集环保、能源、资源再利用为一体，是鸡粪能源化利用的主要途径。能源化技术主要适用于大规模的蛋鸡场，不仅提供沼气作为能源，还能通过沼气发电提供电源，发酵底物和原料还可生产优质有机肥，解决了大型蛋鸡场的鸡粪污染问题，分为沼气工程和热电肥联产工程两种。

1）沼气工程。主要由前处理系统、厌氧消化系统、沼气输配及利用系统、有机肥生产系统和消化液后处理系统组成。前处理系统的主要环节有固液分离、pH值调节、料液计量等，主要用于去除粪便中的大部分固形物，按工艺要求为厌氧消化系统提供一定数量、一定酸碱度的发酵原料。厌氧消化系统主要是在一定的温度和一定的发酵时间内将前处理输送的料液通过甲烷细菌分解消化生成甲烷。

2）热电肥联产工程。主要用于大型蛋鸡场，包括原料预处理、可控沼气发酵、沼气热电联产、余热加温、沼液固液分离、沼渣强化堆肥和沼液浓缩等技术。通过构建大型蛋鸡场粪污沼气发酵剂热电联产的技术体系，可实现鸡粪的高效益、可控化利用，并确保了大型蛋鸡场环境的稳定控制。沼液浓缩技术使种植业和养殖业实现了不需要“捆绑”的匹配结合；事故缓存池可避免工程调试期间以及发生故障时的环境风险；特殊积分与固体沼渣的强化堆肥，不仅增强了沼渣的肥料商品化特性，又解决了鸡粪污染的处理问题。

12. 鸡粪肥料化技术的堆肥工艺流程有哪些环节?

（1）堆肥工艺流程。堆肥时常将高氮、低碳的粪便与低氮、高碳的农作物秸秆或木屑混合堆肥，主要工艺流程如下：鸡粪物料处理→加入菌剂和辅料→堆积发酵→翻堆→继续发酵→摊平（卸料）→干燥→粉碎→分筛去杂→包装。

（2）堆肥的影响因素。影响堆肥的因素较多，主要包括以下几个方面：①有机质含量：堆肥过程中，堆料中适宜的有机质含量为20%～80%。②含水率：堆料含水率为40%～65%时，最有利于微生物的分解。③碳氮比：通常以（20～40）∶1较合适。④pH值：中性或弱碱性比较适合微生物繁殖。⑤温度：温度是影响微生物生长的重要因素，堆肥开始时，中温菌经过1～2天的作用，使堆肥温度达到50～65℃，经过5～6天产生的生物热就可杀灭大多病原菌，达到无害化状态。⑥供氧：氧气是好氧微生物生存的必要条件，目前主要利用动力铲、转载机或其他特殊的设备翻堆供氧和自然通风供氧。

13. 蛋鸡养殖—有机肥—种植生态循环技术有何优势?

为应对蛋鸡规模养殖带来的粪便污染问题，蛋鸡养殖业探索出了蛋鸡养殖—有机肥—种植生态循环技术，在生产优质鲜蛋的同时，将鸡粪资源化利用，制成有机肥，直接用于农作物，以实现“蛋鸡养殖—鸡粪烘干发酵—还田”生态循环的目的，这种生态养殖模式将环保等问题放在首要位置，对促进畜牧业可持续发展具有重要意义。该技术主要有以下特点和优势：

(1) 蛋鸡养殖将原粮转化为鲜蛋，鸡粪生产有机肥反哺农田，实现了种、养良种循环。这种生产模式可加快农业产业结构调整，促进农业向科技含量高、附加值高转化，是实现农业产业化经营的一条投资少、见效快的有效途径。

(2) 鸡粪生产生物有机肥，变废为宝，既节约了能源，又解决了环境污染和粪污综合治理利用问题。

(3) 以生产生物有机肥为纽带，对鸡粪重新利用，节能降耗，产生可持续的循环经济，具有广阔的发展前景和社会效益。

(4) 这种循环养殖模式使种植和养殖生态环境得以改善，减少了污染，降低了农产品的有害残留物，提高了农产品质量；生产的无公害食品在市场上竞争力高，可产生显著的生态效益和经济效益。

14. 蛋鸡养殖—有机肥—种植生态循环技术有哪些关键技术环节？

蛋鸡养殖—有机肥—种植生态循环技术主要包括以下关键技术环节：

(1) 蛋鸡养殖产生鸡粪。采用机械清粪系统和鸡粪实时干燥系统，使鸡粪及时干燥，减少微生物活动，进而减少有害气体的释放，机械清出鸡粪，通过皮带运输机将鸡舍中的鸡粪集中收集。

(2) 制作生物有机肥。以鸡粪为主要原料，运用高效的复合

菌种及其扩繁技术、先进的原料配制技术与生物发酵技术、最佳专用肥技术、制肥成套工艺设备设计制造技术，将鸡粪、褐煤、菌类合成微生物发酵后，粉碎、造粒、干燥、制作成生物有机肥。集中收集的鸡粪采用搅拌机混合 2 分钟，再将食用菌废料按比例倒入水中稀释搅拌均匀，无团块后，将稀释后的原料倒入发酵池，25 ~ 35 ℃发酵 5 ~ 10 天，发酵后的物料经过粉碎，输送到造粒机内造成颗粒，再输送到滚筒烘干机内烘干，经检验合格后就可包装入库。

（3）有机肥用于农业生产。生产出的鸡粪生物有机肥可以长期使用，可应用于无公害农产品栽培和绿色产品栽培，也可应用于普通农作物的生产以及花卉栽培、绿化等。

15. 病死鸡无害化处理的措施有哪些?

病死鸡无害化处理可以选择深埋、焚化焚烧或高温处理等方法，在处理过程中，应防止病原扩散，涉及运输、装卸等环节要避免撒漏，对运输装卸工具要彻底消毒。

（1）深埋。深埋点应远离居民区、水源和交通要道，避开公众视野，设置清楚标志；坑的覆盖土层厚度应大于 1.5 米，坑底铺垫生石灰，覆盖土前再撒一层生石灰。坑的位置和类型应有利于防洪。家禽尸体置于坑中后，浇油焚烧，然后用土覆盖，与周围持平。填土不要太实，以免腐尸产气造成气泡冒出和液体渗漏。饲料、污染物以及禽蛋等置于坑中，喷洒消毒剂后掩埋。

（2）焚烧焚化。根据疫情所在地实际情况，在充分考虑环境保护的原则下，采用烧油焚烧或焚尸焚化等焚烧方法进行，然后挖坑深埋；或送无害化处理厂焚烧处理。

（3）发酵法。这种方法是将病死动物尸体抛入专门的动物尸体发酵池内，利用生物热的方法将尸体发酵分解，以达到无害化处理的目的。发酵池的位置要远离住宅、动物饲养场、草原、水源及交通要道的地方。发酵池为圆井形，深9~10米，直径3米，池壁和池底要注意不能透水，可用砖块砌成以后，再涂一层水泥。池口高出地面约30厘米，加盖落锁，池内有通气管。当病死动物尸体堆至池口1.5米处时，处理池满载，应予封闭停用。封闭发酵夏季不少于2个月，冬季不少于3个月，待尸体完全腐败分解后，可挖出作为肥料。处理池内禁止投放强酸、强碱、高锰酸钾等高腐蚀性化学物质，可按体重的5%~8%投放生石灰，漂白粉按体重的1%撒放干剂，氯制剂按1:(200~500)比例稀释，以体重的8%投放稀释液，或以体重的0.5%干剂撒布，1%~2%氧化剂以体重的8%投放稀释液；季铵盐按1:500比例稀释，以体重的8%投放稀释液；处理池表面及其处理场地每天至少用以上消毒剂喷洒消毒一次。

(4) 有机肥无害化处理技术。该技术是将病死动物尸体放入专门的无害化处理机器中，加入生物酵素和麸皮等，经过机器自动切割粉碎、生物发酵和高温灭菌后，生产出高档有机肥料、蛋白饲料等，以实现病死动物的无害化处理。应用这项技术需要专门的无害化处理设备，如高温生物降解系统（图7-7）、后熟降解处理系统（图7-8）和有机废弃物生物降解无害化设备（图7-9）等，投资较大，国内生产的设备大约50万元。但整个无害化处理流程非常简单。除了用于病死动物，对屠宰下脚料、孵化的坏死蛋、粪便等都能降解。机器温度达到95℃的高温，可

图7-7　高温降解系统

杀灭有害病原菌，防止病原传播和污染环境。

图7－8　后熟降解系统

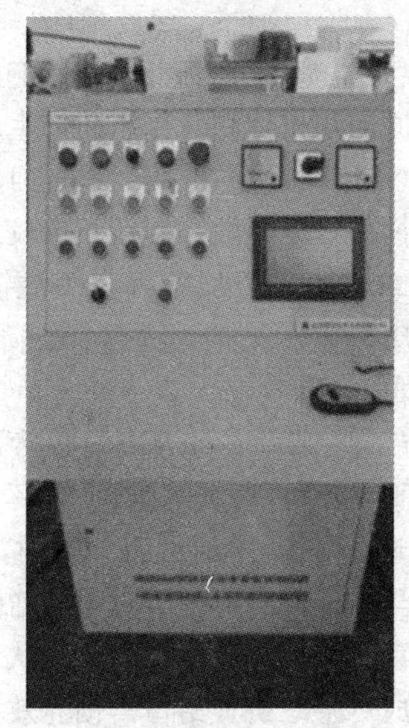

图7－9　有机废弃物生物降解无害化设备

16. 如何理解防控疫病“养重于防”的科学内涵?

疫病是影响养鸡业发展的关键因素之一。面对疫病风险，生产者只能采取综合防治等有效措施，避免疫病的发生和发展。过去为了有效防控疫病，我国提出了“防重于治”的口号，强调以预防为主，治疗为辅，当前又提出了“养重于防、防重于治”的口号。目的是要求把重大动物疫病防控工作做在前面，不给疫病发生、发展留漏洞、供机会。也就是说，当前对待鸡病应当从“防重于治”的理念向“养重于防”转变，不再过多依赖“一针安天下”。

（1）“养重于防”是人类正视和遵循疫病发生自然规律的必然选择。

1）疾病的发生、发展与动物机体的的自身状态关系密切，是一定条件下致病原因与机体相互作用而产生的一个损伤与抗损伤的复杂斗争过程。动物机体越健康，抵抗力越强，就会少发生疾病；即使发病，损伤程度也较小，转归也较乐观。这是不可违背的自然规律。要求养殖者更加重视和关注饲养管理的各个环节，以提高动物健康程度和抵抗力为目标，降低疫病的发生率，减少疫病带来的损害。

2）“养重于防”是保障人畜健康的必然选择。人类要彻底消灭所有传染病几乎是不可能的，随着人居环境的不断改善，人类的抗病能力在不断地下降，而“病”的攻击能力却随着药物的滥用不断增强。当前人类自身已经意识到增强体质、远离疾病的重要性，但对于畜禽而言，有所意识，但认识相对滞后，这样不仅给疫病发生造成可乘之机，给畜禽饲养效益带来损失，也给人类自身健康带来巨大的风险。面对疫病的发生，用烧光、活埋的办法只能是权宜之计，禽流感的暴发和流行就是一个典型的例子。深入领会和认真理解“养重于防”的科学内涵，并严格贯

彻到饲养管理的具体细节之中，才能实现健康养殖，提高养殖效益，保证人畜健康。

（2）提高对“养重于防”的科学内涵的认识。

1）什么是“养重于防”。“养重于防”是指加强饲养管理，增强畜禽体质以及畜禽抵抗疫病的能力。在实际生产中，我们应当在“防重于治”的基础上强调“养重于防”或者在“养防并举”的基础上，向“养重于防”逐步过渡；不可简单地把“养”和“防”人为割裂开来，应当完善措施，真正把养防结合起来，有效地防控重大动物疫病。

2）如何认识“养重于防”的科学内涵。“养重于防”的科学内涵实际上贯穿于养殖过程的每一个环节。也就是说养殖的每一个环节都要考虑到疫病防控的需要，从养殖场地的选择、引种、饲料营养、环境控制、卫生消毒、疾病预防等各个方面都应贯穿“养重于防”的理念，这样才能整体到位的认识其内涵。

3）“养重于防”在各个养殖环节的贯彻。具体来说，主要包括以下几个方面：养殖场地严格按照《中华人民共和国动物防疫法》的规定进行选址，便于防疫工作开展的各类设施设备要配置完善，硬件上为疫病防控提供保障；饲养观念由数量效益型向质量效益型转变，不再单纯追求一时的高效益，提倡健康养殖；提倡“福利”养殖，创造符合畜禽生理需求的养殖环境和舒适的居住环境，在满足动物生长、繁殖、生产的情况下，供给均衡的营养，要在增强人与动物自身的抗病能力，在“养”字上狠下功夫；严格执行卫生消毒环节，不留漏洞；疫病防治在治表的同时，更重视固本，不滥用抗生素等药物，在程序化免疫上下功夫，平衡营养，精细管理，减少应激，做到有的放矢，使其增强机体抵抗力。

17. 如何制定详细的蛋鸡场卫生防疫制度?

蛋鸡场各功能分区以及鸡舍都要制定详细的消毒防疫方法和程序。

(1) 鸡场各功能分区卫生防疫制度的制定。

1) 鸡场大门口。鸡场大门设汽车消毒池和人员消毒池。汽车消毒池长、宽、深分别为3.5米、2.5米、0.3米,两边为缓坡;人员消毒池长、宽、深分别为1米、0.5米、0.08米。人员、车辆必须经消毒后方可进场。消毒液可用3%氢氧化钠溶液,每周更换2次。

2) 场区内部。场区内禁止饲养其他畜禽,与饲养家禽无关的人员严禁入场;场区内要求无杂草、无垃圾,不堆放杂物,每月用3%的热氢氧化钠溶液泼洒场区地面3次。

3) 生活区。生活区的各个区域要求整洁卫生,每月消毒2次。

4) 生产区。非饲养人员不得进入生产区,工作人员必须洗澡、更衣、消毒后方可进入。场区脏、净道分开,鸡苗车、饲料车走净道,毛鸡车、出粪车、死鸡处理走脏道。

5) 场区道路。场区道路硬化,道路两旁有排水沟,沟底硬化,不积水,有一定坡度,排水方向从清洁区流向污染区。

(2) 蛋鸡舍卫生防疫制度的制定。

1) 新建鸡场。新建鸡场进鸡前,要求舍内干燥后,对屋顶、四周和地面用消毒液消毒1次。饮水器、料桶、其他用具等充分清洗消毒。

2) 老鸡场。在进鸡场前彻底清除一切物品,包括饮水器、料桶、网架或垫料、支架、粪便、羽毛等;彻底清扫鸡舍地面、窗台、屋顶以及每个角落,然后用高压水枪由上到下、由内向外冲洗,要求无鸡毛、鸡粪和灰尘;待鸡舍干燥后,再用消毒液从

上到下整个鸡舍喷雾消毒1次；撤出的设备，如饮水器、料桶、垫网等用消毒液浸泡30分钟，然后用清水冲洗，置阳光下暴晒2~3天，搬入鸡舍；进鸡前6天，封闭门窗，用3倍剂量福尔马林（每立方米用高猛酸钾21克，福尔马林42毫升），熏蒸24小时（温度20~25℃，相对湿度80%）后，通风2天，此后人员进鸡舍必须换工作服、工作鞋，脚踏消毒液。

3）鸡舍门口。鸡舍门口设脚踏消毒池（长、宽、深分别为0.6米、0.4米、0.08米）或消毒盆，消毒液每天更换一次。工作人员进入鸡舍，必须洗手、脚踏消毒液、穿工作服和工作鞋。工作服不能穿出鸡舍，每周至少清洗消毒1次。

4）鸡舍。鸡舍坚持每周带鸡喷雾2~3次，鸡舍工作间每天清扫1次，每周消毒1次。

5）其他规定。要求饲养人员不得互串鸡舍。鸡舍内工具固定，不得互相串用，进鸡舍的所有用具必须消毒后方可进舍。及时捡出死鸡、病鸡、残鸡、弱鸡，死鸡装入塑料袋内密封后焚烧或深埋、定点处理，病鸡、残鸡、弱鸡隔离饲养。严禁死鸡贩子入场，不可因小失大。经常灭鼠，注意不得让鼠药污染饲料和饮水。采取“全进全出”制饲养。

18. 鸡体有哪三道免疫防线？

鸡体免疫共有三道防线：

（1）第一道防线。由皮肤和黏膜构成，具有阻挡病原微生物侵入的功能，皮肤黏膜的分泌物还有一定的杀菌作用。

（2）第二道防线。由体液中的杀菌物质和吞噬细胞构成，对大多数病原体都有防御作用，产生的免疫称为非特异性免疫。

（3）第三道防线。由疫苗作用于免疫器官和免疫细胞，产生特异性抗体而建立起来的后天防御功能，称之为特异性免疫。

19. 现代蛋鸡综合免疫技术的关键技术有哪些?

目前，我国禽业多种生产方式并存、养殖水平参差不齐、养殖大环境较差，极易造成疫病流行，存在饲养管理不规范、疫病控制能力不强等诸多问题。在这种养殖环境下，现代蛋鸡综合免疫技术成为当前全国蛋鸡生产中主推的一种实用疫病防控技术。该技术从鸡体的三道免疫防线入手，以科学免疫、提高鸡体抵抗力为核心，在强调特异性免疫的同时，也注重饲养管理、环境控制、饲料营养等非特异性免疫的影响。特别是在免疫环节，强调免疫措施要科学，同时要一定做好免疫细节，才能为鸡只提供有效保护，降低鸡群发病率。现代蛋鸡综合免疫技术的关键技术如下：

（1）建立良好的非特异性免疫。

1）创造适宜的环境。为鸡只提供适宜的环境是保证其健康的必要条件之一。注意保持鸡舍温湿度适宜、清洁无尘、空气新鲜。如育雏时2小时内温差不能太大，以2℃为宜。相对湿度低于40%、灰尘大、氨气浓度超过每立方米210^{-5}毫克时，鸡只呼吸道易受损。

2）提供均衡的营养。提供营养全面的日粮，可增强鸡只体质，提高免疫力，避免鸡群营养不良或患有慢性消耗性疾病导致的免疫力下降。免疫接种前后加大维生素A、维生素E、维生素C等的添加量，或在饲料中添加中草药黄芪、何首乌、柴胡等，都可增强鸡体自身抵抗力，提高免疫效果。

3）做好驱虫工作。寄生虫能破坏鸡体第一道防线皮肤黏膜的完整性，并释放毒素，要定期驱除鸡体内外寄生虫。夏秋季还要防止蚊虫叮咬。

（2）科学接种强化特异性免疫。

1）制定科学的免疫程序。充分考虑当地疾病的流行情况和

鸡群的实际情况，科学地确定疫苗的种类、免疫剂量、免疫时间和方法等。

2）选择合适的疫苗。选择国家定点生产厂家生产的正规优质疫苗，接种前注意逐瓶检查瓶身有无破损、瓶内是否真空、是否在有效期内等。还要根据当地疫情和毒株特点选择适用的疫苗类型。

3）选择最佳免疫时机。原则上应严格执行既定的免疫程序，但根据当前的实际情况也可适当调整。免疫前要进行抗体检测，免疫时确保鸡群健康。对机体刺激性大的疫苗接种应考虑天气状况，特别是开放或半开放式鸡舍更应重视天气因素，在恶劣天气最好不要进行疫苗接种。免疫时间应根据鸡的不同生理阶段来确定，如产蛋鸡疫苗接种应选择在下午 4 时以后注射，可减少应激。

4）准备要充分。注意加强饲养管理，免疫前后 24 小时内应尽量避免采取变料型、转群等易造成鸡群应激的措施。接种前后 48 小时补充优质多维和电解质等抗应激制剂，可缓和应激和促进抗体产生。产蛋前免疫应提前一周驱虫，合理选用左旋咪唑、黄芪多糖等免疫促进剂，能增强免疫效果。传染性喉气管炎疫苗、支原体活苗等易引起呼吸道疾病的疫苗，最好在接种前进行支原体药物净化。

5）免疫操作要正确。免疫操作方法主要包括注射法、滴入法、喷雾接种法和翅内接种法等。不同类型的疫苗应选用适宜的接种方法。如现代蛋鸡集约化程度越来越高，产蛋期间新城疫、传染性支气管炎等活苗用喷雾免疫法，可减轻劳动强度，提高免疫效果。

（3）防止免疫抑制。做好马立克、法氏囊病疫苗的接种，在育雏前 10 天严格隔离和消毒。注意选用 SPF 疫苗，防止疫苗污染。还要特别注意霉菌毒素造成的免疫抑制。

20. 如何制定科学的免疫程序？

(1) 制定免疫程序的基本依据。

1) 根据当地传染病发生的种类及疫情流行情况，选用有针对性的疫苗种类。

2) 根据疫病的检疫和监测情况，制订免疫接种计划，按计划执行，减少免疫接种的盲目性和疫苗浪费。

3) 根据不同传染病的特点、疫苗性质、鸡群状况、环境等具体情况，建立科学的免疫程序，采用可靠的免疫方法和有效的疫苗，适时进行免疫接种。

4) 免疫后检测免疫效果，确保免疫成功，如发现免疫失败，要及时查找原因，调整免疫程序，采取相应补救措施。

5) 可参考供种场家提供的免疫程序来制定免疫程序，但不能生搬硬套，应根据本场实际情况灵活调整，建立符合自己场情的免疫程序。

(2) 制定科学免疫程序的具体方法。根据当地疫病的发生特点、鸡群的实际情况、现有疫苗的性能，为使鸡群获得稳定的免疫力，选用适当的疫苗，安排预防接种的日龄、次数和方法，这就是所谓的免疫程序。一个好的免疫程序不仅要有严密的科学性，而且要符合鸡群的实际情况。

1) 确定适宜接种的疫苗。根据所在地区和鸡场的疫病发生情况，以及鸡场原来采用的免疫程序和疫苗情况，来确定需要接种的疫苗。制定免疫程序时必须考虑该场以前发过什么病、发病日龄、发病频率和发病批次。一般情况下，所在地区有某种疾病流行或具有可能发病的风险时，才进行该病的免疫接种；否则，既是一种浪费，又会使疫病的血清学诊断复杂化，接种不当还会造成鸡群感染发病。如果鸡场某一传染病始终控制不住，这时应考虑原来的免疫程序是否合理或疫苗毒株是否对号，据此来改变

免疫程序或疫苗，制订新的免疫计划。对热性传染病应考虑死苗和活苗兼用，同时了解活苗和死苗优缺点及相互关系，合理搭配使用，如新城疫等。

2）确定适宜的免疫日期和次数。为了保证疫苗接种的效果，应根据鸡的日龄、饲养周期、免疫状况和疫病流行病学特点，确定适宜的免疫接种日期和次数。雏鸡在初次免疫时，要了解雏鸡的母源抗体水平、抗体的整齐度和抗体的半衰期及母源抗体对疫苗不同接种途径的干扰，有助于确定适宜的首免时间。过早接种可能会造成体内母源抗体的中和作用，使疫苗减效和失效，太晚又会增加感染疾病的风险。如传染性法氏囊病母源抗体水平高，且均匀度好的鸡群，首免应该往后推迟；对呼吸道类传染病首免最好的是滴鼻、点眼或喷雾免疫，这样既能产生较好的免疫应答，又能避免母源抗体的干扰。强化免疫时也要考虑鸡体内抗体的水平，一般疫苗需间隔 7～10 天，类毒素需间隔 6 周以上，弱毒活苗只需接种一次。蛋鸡的免疫接种最好都安排在产前，以免影响产蛋。

3）确定适宜的疫苗接种日龄。应根据鸡对不同传染病的易感性，确定适宜的疫苗接种日龄。如传染性喉气管炎、成年鸡最易感，且发病典型，所以该病应在 7 周龄以后免疫才可获得好的效果。禽脑脊髓炎（AE）必须在 10～15 周龄免疫，10 周龄以前免疫可能引起发病，15 周以后免疫可能发生蛋的带毒。鸡痘在 35 日龄以后免疫，一次即可；35 日龄以内免疫，则必须免疫 2 次。

4）确定合适的免疫接种剂量。一定要根据产品说明书确定接种剂量，不可随意增减。剂量过大，会抑制免疫反应，引起免疫麻痹；剂量过小，不能有效地刺激机体产生免疫反应，产生足够的抗体。

5）确定适宜的免疫途径。要根据鸡场规模、疫苗特性和疫苗使用要求，选择适宜的免疫方法，既要方便可行，又能保证效果。不同疫苗或同一疫苗使用不同的免疫途径，可以获得截然不同的免疫效果。如新城疫疫苗滴鼻、点眼明显优于饮水免疫。还有些疫苗病毒侵蚀部位不同，也应采用特定的免疫程序。如传染性法氏囊病和禽脑脊髓炎疫苗侵蚀肠道，即病毒易在肠道内大量繁殖，所以最佳的免疫途径是饮水。鸡痘疫苗亲嗜表皮细胞，必须采用刺种免疫。

6）季节性调整免疫程序。有许多病受外界影响很大，尤其季节交替、气候变化较大时常发。传染性法氏囊病、禽流感、变异型传染性支气管炎等免疫程序必须随着季节有所调整。

7）根据疫情做好紧急免疫。附近鸡场暴发传染病时，除采取常规措施外，必要时进行紧急接种。本地区发生重大疫情时本场还没有发生的，也应考虑免疫接种，以防万一，如高致病性禽流感、变异型传染性支气管炎。

21. 蛋鸡可供参考的免疫程序有哪些?

表7－2是目前蛋鸡生产常用的疫苗和免疫程序，可供制定免疫程序时参考。

表7－2　蛋鸡生产常用的疫苗和免疫程序

蛋鸡日龄	疫苗名称	免疫途径
1	鸡马立克病疫苗	皮下注射
3	传染性支气管炎 H_{120} 或 M_{a5} 疫苗	饮水或喷雾
7～10	新城疫Ⅱ系或Ⅳ系苗	滴鼻、点眼或饮水
	新城疫－禽流感多价油乳剂灭活疫苗	每只0.3毫升，皮下注射
12～14	传染性法氏囊病活苗	饮水免疫
20～22	新城疫Ⅳ系冻干苗	饮水或喷雾
	鸡痘苗	刺种

续表

蛋鸡日龄	疫苗名称	免疫途径
25～28	传染性法氏囊病活苗	饮水
	新城疫－禽流感多价油乳剂灭活疫苗	每只0.5毫升，注射免疫
45～50	传染性喉气管炎活疫苗	点眼
	鸡痘冻干苗	刺种
80～90	传染性喉气管炎活疫苗	点眼
110～120	新支减流四联、新支减三联油乳剂灭活疫苗	每只1毫升，肌内注射
	新城疫－传染性支气管炎 H_{52} 二联冻干苗	饮水或喷雾
130	慢性呼吸道疾病	注射免疫
	传染性鼻炎二联油乳剂灭活疫苗	
160～180	新城疫Ⅳ系冻干苗	饮水或喷雾
220～240	新城疫－禽流感多价油乳剂灭活疫苗	每只0.5毫升，肌内注射
	复合新城疫油乳剂灭活疫苗	
300～320	传染性法氏囊病油苗（种鸡）	注射

22. 蛋鸡场发生传染性疾病的紧急应对措施有哪些?

（1）鸡场管理人员要经常观察鸡舍、鸡群的健康情况，发现异常后，饲养人员应及时将病死鸡送兽医检查，对病死鸡进行检查和剖检，若怀疑为某种传染病时，马上采取隔离、确诊、治疗和紧急接种等措施，做到“三早”，即早发现、早确诊、早处理，防止疫情蔓延。

（2）鸡群中发生新城疫等烈性传染病时，应立即封锁现场和鸡舍，第一时间向主管部门报告，以便采取果断措施扑灭疫情。

（3）病鸡舍及舍内各种用具，必须彻底清洗和严格消毒。粪便和污物应发酵处理经生物热消毒后才能使用。

(4) 某些传染病根据疫病的种类和发生情况，采取药物治疗和疫苗接种。

(5) 病死鸡及扑杀的病鸡严禁食用，更不能出售，必须焚烧深埋或进行集中处理。

23. 什么是鸡群疾病净化？

鸡群疾病净化是指在某一限定地区或养殖场内，根据特定疫病的流行病学调查结果和疫情监测结果，及时发现并淘汰各种形式的感染个体，使限定鸡群中某种疫病逐渐被清除的疾病控制方法。种禽场必须对既可水平传播病原，又可通过卵垂直传递的鸡白痢、鸡白血病、鸡支原体等传染病采取净化措施，清除群内带菌鸡。疫病净化清除了传染源，对动物传染病控制可起到极大的推动作用。

24. 鸡群用药应注意哪些事项？

有效的隔离措施、严格的消毒措施，疾病的科学免疫、紧急处置以及鸡病净化是蛋鸡场控制疾病的三项主要措施。但对于有些细菌性疾病、支原体病和寄生虫病等，还应该采取必要的药物预防和治疗。如果说前三项措施是疫病防控的前三道防线，药物预防和治疗就是控制疾病的第四道防线。在对鸡群用药时应注意以下事项：

(1) 有针对性的预防投药。预防性投药也应根据本鸡场历史疫情，提前有针对性地制订好各类疾病的投药计划，这是预防和减少疾病发生的重要措施。如 1 ~5 日龄投以恩诺沙星，用于预防支原体病；1 ~7 日龄投以细菌灵、恩诺沙星等预防鸡白痢和鸡大肠杆菌病等。

(2) 治疗性投药。鸡群发生疫情后，应及时确诊并采取有效措施，扑灭病原，控制疾病。尤其要注意正确诊断疾病后有的

放矢的用药，才能收到预期效果。复杂的重大疫情，本场兽医技术人员难以做出诊断时，应及时求助当地专业兽医部门进行会诊，以防贻误病情。

（3）保持用药的有效性。选择治疗药物前应做药敏试验，选用针对性强的敏感药物，达到最好的疗效。为了防止耐药性的产生，应经常更换给药的种类。注意投药计量要准确，防止药物蓄积和中毒现象发生。

25. 为什么良好的饲养管理也是蛋鸡场生物安全控制的重要环节？

禽病防控是一个复杂的系统工程，每个生产环节的疏忽都有可能造成疾病传播。不同生产环节之间的联系都会影响动物的健康，因此，除了重视外部环境，还要关注整个生产系统各个环节之间的联系，在时间上将最佳的饲养管理条件和传染病综合防制措施贯彻于蛋鸡生产的全过程。

（1）科学的饲养管理非常重要，可使鸡发育良好、体质健康，这样的鸡群对流行性疾病抵抗能力较强。中医讲扶正祛邪，“正气内存，邪不可干，邪之所奏，其气必虚”。生长发育差、整齐度不好的弱小鸡群是难以抵御疾病侵袭的。

（2）饲养管理条件和管理制度的改善是鸡场传染病综合防治工作的保障。影响疾病发生和流行的饲养管理因素，主要包括饲养密度、防暑保温、通风换气、饲料营养、饮水质量、粪便和污物处理、环境卫生和消毒、圈舍管理、生产管理制度、技术操作规程内容等。这些外界因素可通过改变家禽与各种病原体接触的机会，改变家禽对病原体的一般抵抗力，或影响其产生特异性的免疫应答等作用，影响动物机体的状态。

26. 如何选择免疫方法?

免疫方法主要包括注射法、滴入法、喷雾接种法和翅内接种法等。不同类型的疫苗应选用适宜的接种方法，且免疫操作方法一定要正确。

(1) 注射法。临床上主要用于活疫苗的免疫。根据蛋鸡日龄大小确定适宜的针头大小和长度。油乳剂苗在注射前要用38 ~40 ℃水预温至30 ℃以上，摇匀后使用。

1) 颈部皮下注射。在注射操作时，先用拇指和食指把鸡颈背侧下1/3 处皮肤捏起，使皮肤与颈部肌肉分离，然后将针头以小于30°角朝尾部方向刺入到拇指与食指之间的皮下注射药物。

2) 浅层胸肌注射。正确的注射部位在胸肌上1/3 处，龙骨的两侧，浅层胸肌和深层胸肌指尖。针头与注射部位成30 度角，朝背部方向刺入胸肌，不可垂直刺入。

(2) 滴入法。主要包括滴鼻、点眼和滴口等。适用于活疫苗免疫，如新城疫、传染性支气管炎、支原体等活疫苗。注意疫苗要现配现用，最好在1 小时内用完。

1) 滴鼻、点眼免疫。单侧眼和鼻各滴1 滴，免疫效果更有保障。操作时保持滴瓶口向下，并与鸡眼、鼻部垂直，滴头距眼、鼻部高度1 ~1.5 厘米滴入。待疫苗溶液吸入鼻孔、在眼球周围消失方可将鸡轻轻松开。

2) 滴口免疫法。检疫法氏囊活疫苗采用此法。持瓶方法同滴鼻、点眼法，用大拇指、食指将鸡嘴分开，注入口中适当剂量。

(3) 喷雾接种法。这种方法建议12 周龄后使用，可防止发生不良反应。要求舍温15 ~25 ℃，相对湿度为70%，空气清新。疫苗剂量是滴眼的1.5 倍，稀释用水选择蒸馏水或桶装矿泉水。一般要求在鸡上方40 ~70 厘米高度喷雾，让雾滴自然落下，雾

滴大小 5～50 微米，日龄越大雾滴越小。喷雾免疫前先关闭门窗及风机，喷雾结束后 15 分钟再通风。掌握好喷雾量及行进速度，争取整栋鸡舍喷雾免疫一次完成，注意做好人员防护。

（4）翅内接种法。主要用于鸡痘免疫。用接种针饱蘸疫苗，在鸡翅膀内侧无血管处刺透，3 天后检查刺种部位，若出现小肿块或红斑，表示成功接种，否则需要重新刺种。

27. 免疫接种失败的原因有哪些？

（1）疫苗原因。造成的免疫失败的疫苗原因主要包括疫苗选择不当、疫苗质量差和疫苗之间相互干扰三个方面。接种的疫苗与发生的疾病或血清型不对应会导致免疫无效；疫苗本身毒力较强或毒力不稳定、病毒或细菌的含量不足、冻干或密封不佳、油乳剂疫苗油水分层等，或疫苗在运输过程中保管不当，或稀释后放置过久，导致疫苗失效；此外，不同的疫苗接种时间间隔过短，或同时使用，会出现不同程度的干扰。如传染性支气管炎疫苗病毒对鸡新城疫疫苗病毒的干扰作用，使鸡新城疫疫苗的免疫效果受到影响。

（2）免疫接种原因。疫苗接种时操作不当，如饮水免疫时用水量不足、水质不好、饮水器分布不均、饮水器卫生不符合标准，接种时剂量不准确，注射的部位不当或针头太粗，都会影响免疫效果。接种途径选择不当也会影响免疫效果，每一种疫苗均有其最佳的接种途径，若随意改变可能会影响免疫效果。如新城疫Ⅰ系疫苗以肌内注射为好，传染性法氏囊病冻干疫苗以滴口和饮水为好，鸡痘疫苗以翅膀下刺种为好，马立克病疫苗以颈部皮下注射为好，病毒性关节炎弱毒苗以肌内注射为好；所有的油乳剂灭活苗以颈部皮下注射为好，其次是胸部肌内注射，一般不采用腿部肌内注射，因为腿部肌肉容纳疫苗的体积小，不易吸收，且影响鸡只活动和采食。如鸡新城疫Ⅰ系疫苗用饮水免疫、传染性支气管炎疫苗用肌内注射免疫时，效果较差。

（3）鸡群原因。鸡群健康状况不良，抵抗力低下；鸡群感染的一些免疫抑制性疾病会降低鸡的免疫应答能力；鸡群在免疫接种前处在疾病的潜伏期。

（4）饲养管理原因。①免疫程序不合理，首免与加强免疫的间隔时间过长或过短。②在疫苗接种前后，若饲养条件突然改变，环境条件恶劣（通风不良、持续噪声、严寒酷暑等），消毒不严，鸡感染上寄生虫病（尤其是球虫病）时，鸡群免疫应答能力就大大降低，妨碍免疫力产生，从而导致免疫失败。③饲料中若含有一定量的黄曲霉毒素、铅、汞、镉、砷等会造成严重的免疫抑制，进而引起免疫失败。

（5）其他原因。抗原的变异、超强毒株或新血清型的出现等也会造成免疫失败。有些养鸡场超剂量多次注射免疫，这样可能引起机体的免疫麻痹，往往达不到预期的效果。鸡群内某些个体存在 Y－球蛋白、免疫球蛋白 A 缺乏等免疫缺陷，对抗原的刺激不能产生正常的免疫应答，影响免疫效果。

（6）免疫失败的预防。①购买疫苗时应格外小心，疫苗来源必须可靠，应尽量购买有效期长的疫苗。②疫苗应用适当的容器在规定的低温条件下运输。③疫苗应在生产商规定的条件下保存，一定要详细阅读说明书，有时疫苗和稀释液应在不同的温度条件下分别保存，避免阳光和潮湿。④接种前应检查禽群是否有病。⑤控制饲料质量，防止受到霉菌毒素等其他化学物的污染。⑥疫苗与饮水混合配比要准确，仔细计算用水量，因为不同气候条件和日龄的用水量不同，疫苗瓶应在水中打开，以防受到空气污染。避免使用含氯或其他消毒剂的水，已经加入疫苗的饮水应避免阳光照射。⑦使用疫苗后把疫苗瓶处理掉，两种疫苗不可混用。⑧为缓解应激，接种应在早晚较凉快的时间进行。

八、蛋鸡高产疾病防治技术

1. 诊断鸡病的程序有哪些?

（1）调查病史。通过询问熟悉鸡群状况的饲养管理人员和技术人员，了解鸡群的来源、品种、用途、年龄、饲料结构、卫生防疫制度等各方面情况，结合发病情况，综合分析做出初步判断。

（2）观察鸡群状态。观察鸡群中鸡的形态、动作行为、粪便以及环境是否有异常情况等。如鸡对外界刺激的反应、采食情况、鸡冠肉髯的颜色色泽和羽毛情况、粪便颜色和软硬、鸡的姿势和呼吸状况等。

（3）检查鸡只个体。群体检查后，挑出异常鸡进行详细的个体检查。如体温是否正常，头部喙的硬度、颜色和形状有无异常，眼结膜的色泽及有无出血点和水肿，口腔有无炎症、充血、出血、黏性分泌物和水肿等。通过触诊和视诊观察鸡的嗉囊是否正常，注意其大小、硬度以及内容物的气味和性状。另外还要检查胸部和腹部，了解营养状况，注意胸骨是否有变形和疼痛，有无囊肿、水肿和气肿，观察腹壁的柔韧性和腹部的大小。用手翻开泄殖腔，检查其黏膜的色泽、完整性及其状态。也可手指涂膜凡士林伸进泄殖腔触摸，看是否有肿瘤、囊肿和难产等。

（4）剖检病死鸡。通过剖检病死鸡了解其各个脏器的异常变化。

(5) 送检病料。将采集的病料及时送往实验室进行检验，以获得有力诊断依据。

(6) 综合分析诊断。把上述一系列检查获得的原始资料放在一起，综合、全面分析，对疾病进行诊断。

2. 如何进行病（死）鸡的尸体剖检?

病死鸡的剖检程序由外向里，分为体表检查、剖开体腔、脏器检查和其他检查等程序。

(1) 体表检查。选择鸡群中具有代表性的病（死）鸡进行剖检。病鸡死后 24 小时内必须剖检，夏天尤其要缩短时间，所有死亡鸡都要剖检。如果怀疑待检鸡感染有人禽共患疾病时，接触病鸡前剖检人员必须先做好卫生防护措施，换上工作服、胶靴、戴优质橡胶手套、帽子和口罩等，有条件最好戴上面具，以防吸入病原体。剖检前先进行外部检查，重点观察鸡的营养状况、口腔、眼结膜、肛门处是否有出血和坏死情况。检查之后，要先处死病鸡，为减少污染，一般不建议采用放血致死的方法，而是采用折断颈椎法致死。该法用左手握住病鸡的两腿和翅膀，右手握住鸡头，用力向前方紧拉，使头部颈椎分离致死。

(2) 剖开体腔。先用消毒液将病鸡的尸体和剖检的台面浸湿，防止剖检时鸡绒毛和尘埃飞扬。剖检时遵循从无菌到有菌的程序，未经仔细检查的粘连组织不要随意切断，特别是腹腔内的管状器官不可切断，否则会造成污染，难以分离病原。先切开两侧大腿与腹壁之间的皮肤和筋膜，力压大腿，使髋关节脱离躯体；在胸骨末端后方，横切皮肤，切开胸部皮肤到大腿与腹壁间的皮肤切口，拉起向前方剥离，翻到头部，暴露出胸腹部和颈部皮下组织和肌肉，观察胸肌的发育情况、颜色、脂肪的颜色、有无出血和皮下水肿等。然后在胸骨末端与肛门之间做一切线，切

开腹壁，用剪刀沿两侧肋骨关节向前下剪开肋骨和胸肌，剪断乌喙骨和锁骨，最后将整个胸骨翻向头部，打开胸腔和腹腔，看胸腹腔内是否有积水、渗出液和出血等，观察脏器位置和表面是否有异常变化。采用无菌方法采取病料，取完病料再检查各脏器。

（3）检查脏器。剪断食管末端，剥离开泄殖腔周围的组织，取出整个肠胃及肝、脾进行检查，观察浆膜有无出血和水肿，然后剪开腺胃、肌胃、肠管和泄殖腔，检查黏膜和腺胃乳头有无出血、肿胀、坏死和溃疡，观察脾、肾的色泽、大小，是否出血、坏死和溃疡等。看胆囊是否肿大，胆汁是何性状。必要时剖开肝、脾检查。注意看卵巢和输卵管是否有肿瘤、出血和萎缩，卵子有无出血、坏死等变化。将法氏囊分离出来，剪开检查有无出血肿胀或干酪样渗出物等变化。心肺最好在原位检查，必要时取出看是否有出血、瘀血和结节。最后，将病鸡尸体位置倒转，剪开嘴的上下联合，伸进消化道检查有无异常，再剪开气管检查，看分泌物性状和有无出血等，必要时剪开鼻腔，轻压鼻部，看是否有积液流出。

（4）脑部及神经检查。用剪刀沿着眼后角剪掉头部皮肤，再用刀沿头骨中线切开头骨，检查脑膜和脑髓情况。检查外周神经，可将大腿部肌肉分离开，暴露出坐骨神经，然后将在肩胛骨和脊椎之间检查臂神经丛，检查神经的色泽，有无肿大等。

剖检结束后，将送检病料和保存病料贴上标签。对剖检病鸡尸体进行无害化处理。剖检人员用肥皂洗手洗脸，并用75%酒精消毒手部皮肤，再用清水清洗。所有工作服和剖检用具清洗消毒备用。剖检场地也应清扫和消毒，以防病原扩散和传播。

3. 如何通过鸡的外部表现识别病鸡？

尽早发现鸡群疾病对于及时诊治、降低死亡率、防止扩散和减少损失非常重要。在蛋鸡生产中，要经常观察鸡群并做好观察记录，检查鸡群的生长和生产情况，统计鸡群的死亡情况，以便及时发现异常，采取必要防治措施。健康鸡一般表现为精神活泼，冠髯鲜红，眼睛有神，羽毛丰满有光泽，喜合群，听呼唤。病鸡则表现为精神沉郁，打瞌睡，活动迟缓，冠髯发绀或苍白，羽毛蓬乱，翅尾下垂，呼吸困难，有拉稀等。这类病鸡应及时从鸡群中剔出，隔离、诊断和治疗，同时对其他鸡采取紧急预防措施。此外，鸡的一些典型的异常姿势也与疾病有关，详见表8－1。

表8－1　鸡的典型异常姿势与疾病诊断

异常姿势类型	症状	鸡病的诊断
“劈叉”	两腿麻痹，无法站立，一肢向前伸，一肢向后伸	常见于鸡马立克氏病
“观星”	两腿无法站立，仰头蹲伏	常见于维生素 B_1 缺乏症
“趾蜷曲”	两腿麻痹，无法站立，趾爪蜷缩、瘫痪	常见于维生素 B_2 缺乏症
“企鹅式”站立或行走	鸡体重心后移，身体不平衡	常见于蛋鸡输卵管积水或囊肿，蛋鸡卵巢腺癌，偶见于鸡卵黄性腹膜炎
“交叉”站立行走	站立或行走时两腿交叉，运动时附关节着地	常见于维生素E缺乏症、维生素D缺乏症、也可见于鸡弧菌性肝炎和禽脑脊髓炎等
“鸭式”步态	如鸭走路，行走摇晃不稳	常见于鸡前殖吸虫病、球虫病、严重的绦虫病和蛔虫病等
两腿行走无力	行走时常蹲伏	常见于佝偻病、软骨病、笼养鸡产蛋疲劳综合征、细菌性关节炎、传染性病毒性关节炎、肌营养不良、骨折和先天性小腿畸形等
滑腱症	站立时病腿超出正常位置，跛行	常见于锰缺乏症
行走摇晃	呈现“O”形和“X”形外观，运动失调	常见于佝偻病、维生素D缺乏症、锰缺乏症、胆碱缺乏症、叶酸缺乏症和生物素缺乏症

续表

异常姿势类型	症状	鸡病的诊断
头部震颤	出现抽搐症状	禽脑脊髓炎
扭头曲颈	出现返转滚动姿势，站立不稳	常见于神经型新城疫、鸡维生素 B_1 缺乏症、维生素 E 缺乏症等
甩头	摇头伸颈	常见于呼吸困难

4. 如何根据鸡粪的性状判断鸡病？

鸡粪的形态、色泽和气味的变化是辨别一些鸡病重要的判断依据。不同病原感染的病鸡，其临床见到的粪便性状各不相同，详见表 8－2。

表 8－2　鸡的粪便性状与鸡病的诊断

粪便性状	鸡病诊断
红色粪便	常见于球虫病，盲肠球虫病出血多，死亡率高，小肠球虫病出血少，死亡率低
白色粪便	常见于鸡白痢、鸡传染性法氏囊病、鸡内脏型痛风、磺胺药中毒、铅中毒、鸡肾型传染性支气管炎
肉红色粪便，如烂肉样	常见于鸡绦虫病、蛔虫病、鸡球虫病和出血性肠炎的恢复期
黄色粪便	球虫病继发厌氧菌或大肠杆菌性肠炎易出现黄色粪便
黑色粪便	常见于鸡肌胃糜烂症、鸡小肠球虫病、上消化道出血性病变等
水样粪便	舍温过高、鸡大量饮水也可引起，或见于鸡食盐中毒或肾型传染性支气管炎；蛋鸡高峰期高钙饲料也会引起
绿色粪便	鸡消化紊乱，胆汁无法完全氧化随肠道内容物排出形成绿便。常见于鸡新城疫、禽流感
黄绿色粪便夹杂绿色干粪	常见于败血型大肠杆菌病
硫黄样粪便	常见于鸡组织滴虫病
饲料粪便	常见于鸡消化不良，饲料中小麦含量过高或酶制剂部分或全部失效

5. 蛋鸡生产应用的兽药主要有哪些类型?

蛋鸡生产常用的兽药类型见表8-3。

表8-3 蛋鸡生产常用的兽药类型

兽药类型	作用	分类
抗菌性药物	抑制和杀灭病原体，防治鸡传染病	抗生素、生化药品、人工合成化学药品、消毒剂等
抗寄生虫药	杀灭和驱除鸡体内外寄生虫	抗球虫药、抗蠕虫药、抗线虫药
营养类药物	维持机体正常代谢功能的必需物质	水溶性维生素、脂溶性维生素、常量元素、微量元素等
微生态制剂	使失调的微生态环境恢复平衡	一类是微生态饲料添加剂，如寡糖、酸化剂、中草药等；另一类产品包括活菌制剂和微生物培养物，如乳酸菌、芽孢杆菌、酵母菌、放线菌、光合细菌等几大类
生物制品	诊断疾病；提高鸡体免疫功能	诊断制品、疫苗、血清制品
中药	固本祛邪，增强鸡体抵抗力	中草药和中成药

6. 鸡的治疗用药原则和给药途径有哪些?

为保证好的治疗效果，控制病情蔓延，让鸡群早日恢复健康，鸡病治疗用药时应遵循以下原则：

(1) 及早投药。根据病鸡的临床症状、病理剖检状况和实验室检验结果，尽早投药以控制病情。

(2) 经常消毒。经常做好鸡舍及周围环境的消毒，可以有效控制鸡病发生。消毒步骤分为四步：一冲洗，二用氢氧化钠消

毒，三用甲醛熏蒸消毒，四实施带鸡消毒。

（3）准确用药。实验室诊断结果最为准确，确定致病病原体后，对症用药才能取得立竿见影的效果。

（4）用足剂量。确诊后，在允许的范围内，治疗时剂量要大，特别是抗生素和磺胺类药的使用，首次剂量要加倍，做到速战速决和药到病除，不给病原微生物喘息的机会。

（5）正确选择给药途径。给药途径包括饮水、拌料、注射（皮下、肌内、静脉）、气雾、嗉囊给药等。

7. 为何鸡群症状消失后不能立即停用抗生素药物？

使用抗生素治疗后，鸡群症状消失了，但鸡体内各种平衡尚未恢复，体内仍残留有少量病原菌，因此，应在症状消失后再用药1～2天，可以巩固疗效，同时避免疾病复发或耐药菌株的产生。所以，鸡群症状消失后不能立即停止正在使用的抗生素药物。

8. 蛋鸡生产中如何合理选用磺胺类药物？

磺胺类抗菌药广谱抗菌，可抑制大多数革兰氏阳性菌及一些阴性菌。其抑菌机制一般认为是磺胺类药与对氨基苯甲酸（PA－BA）的竞争性对抗所致，一般无杀灭作用。链球菌、肺炎球菌、沙门菌、化脓棒状杆菌等对磺胺类抗菌药高度敏感，葡萄球菌、大肠杆菌、巴氏杆菌、变形杆菌、痢疾杆菌、李氏杆菌等对其中度敏感。磺胺喹噁啉、磺胺间甲氧嘧啶、磺胺二甲氧嘧啶等磺胺药还可用于球虫病。但要注意，磺胺类药对螺旋体和结核杆菌完全无效，其还有刺激立克次体生长的作用。对磺胺类药敏感的细菌在长期与不足量的磺胺类药接触时，均易产生耐药性；并且各种磺胺类药之间存在交叉耐药性。合理选用磺胺类药物时应注意以下方面：

（1）正确选择药物。①全身性感染，选用肠道易吸收、作用强而副作用较少的磺胺类药，如磺胺间甲氧嘧啶（SMM）、磺胺甲基异噁唑（SMZ）、磺胺嘧啶（SD）等较好。②肠道感染，选用肠道难吸收的磺胺类药酞磺胺噻唑（PST）、琥珀磺胺噻唑（SST）和磺胺脒（SG）等为宜，可在肠道内形成较高的抑菌浓度。③尿道感染，宜选用对泌尿道损害小的磺胺异噁唑（SIZ）、SMM。④局部创面感染，选用结晶磺胺（SN）、磺胺嘧啶银（SD－Ag）等外用磺胺类药。⑤原虫感染，选择有抗原虫作用的磺胺类药如SMM、磺胺二甲氧嘧啶（SDM）、磺胺喹噁啉（SQ）等为宜。

（2）确定恰当的用药剂量。①按疗程用药，切忌随意加量或减量。如果用量过大、时间过长，则会增大毒副作用，严重者引起中毒；而用量过小，不仅起不到治疗作用，反而会使致病菌产生耐药性。②磺胺类药首次用量或第1天用量应加倍，以后用维持量，症状消失后，还应以维持量的1/3～1/2继续投2～3天，以达到彻底治愈。

（3）合理使用抗菌增效剂（TMP）。TMP与磺胺类药按1∶5的比例使用，可明显提高临床效果，降低用药成本。用于治疗球虫病、住白细胞虫病时，可配合使用止血药（如维生素K等）以提高疗效。

（4）配合使用碳酸氢钠（小苏打）可有效防止因尿酸盐沉积引起的尿路阻塞；与维生素C合用则会产生沉淀。

（5）一般情况下连用2天磺胺类药效果不显著时，应改用其他类抗菌药，以避免耐药菌产生和消化道菌群失调。对一种磺胺类药耐药时，不宜换用另一种磺胺类药，应选用其他种类抗菌药。

9. 使用喹诺酮类抗菌药应注意什么？

诺氟沙星、氧氟沙星、环丙沙星、二氟沙星、恩诺沙星、达

诺沙星等都属于喹诺酮类抗菌药，该药广谱抗菌，对革兰氏阴性菌（如大肠杆菌、沙门菌、变形杆菌、绿脓杆菌、巴氏杆菌）、阳性菌（如链球菌、金黄色葡萄球菌）、支原体均有效。其作用机制是抑制细菌 DNA 合成酶之一的回旋酶，造成细菌染色体的不可逆损害而呈选择性杀菌作用。该类药物难溶或微溶于水，对鸡的生长和产蛋无影响，毒副作用小，且剂型多，使用方便。在使用该类药物时应注意以下几点：

（1）不能与利福平及蛋白质合成抑制剂合用。因为利福平等有抑制细菌蛋白质合成作用的抗菌药，可使喹诺酮类药物的药物活性减弱或消失。

（2）不能给雏鸡高浓度混饮或长时间混饲。因为易导致雏鸡肝细胞变性或坏死，以环丙沙星尤为明显。

（3）该类药物之间存在交叉耐药性。但其他抗菌药之间无交叉耐药现象。

10. 新霉素、丁胺卡那霉素饮水治疗大肠杆菌病效果不理想怎么办?

内服不吸收，在肠道内发挥抗菌活性是新霉素和丁胺卡那霉素的作用特点之一。因此，一般在治疗大肠杆菌、沙门菌引起的腹泻时可以选择这两种药，但由于临床上这些细菌感染往往还会引起全身感染，此时继续应用这些抗生素就会出现效果不理想的情况。解决方法如下：

（1）严格掌握适应证。确诊是肠道感染，方可采用饮水给药，否则选用其他药物，如氨苄青霉素或阿莫西林。

（2）采用肌内注射给药。这两种抗生素肌内注射都很容易吸收，并迅速分布到全身。

（3）采用联合用药，如与氨苄青霉素或阿莫西林联合用药。

11. 蛋鸡产蛋期合理用药的技术要点有哪些?

产蛋期用药不当，不仅影响疗效和蛋鸡产蛋性能，降低蛋品质量，还会影响蛋鸡终身产蛋量造成绝产及死亡。因此，产蛋期用药一定要谨慎、合理。主要技术要点如下：

（1）根据药理性质禁用和慎用某些药物。①新城疫、传染性支气管炎、禽出血性败血症等疫苗注射，安排在开产前进行，以免造成鸡群应激，影响产蛋性能。②产蛋期禁用磺胺类药物。因为磺胺类药物能与碳酸酐结合影响碳酸盐形成和分泌，导致产软壳蛋等异常蛋；此外，这类药物还影响鸡肠道维生素K、维生素B的合成，长期使用会造成蛋鸡贫血和出血，造成肾脏损害。③慎用和禁用某些抗球虫药，严格控制用药剂量，以免影响产蛋性能。如常用的抗球虫药莫能菌素、氯苯胍、氯羟吡啶、尼卡巴嗪等用量要特别注意控制。如克球粉用量超过0.04%就会影响产蛋性能。氨丙琳、马杜霉素、盐霉素、二甲硫胺等药物应慎用或禁用。④慎用和禁用激素类药物。丙酸睾丸素、甲基睾丸素等雄性激素用于醒抱，处理治愈后应立即停用。另外，肾上腺皮质激素类药如地塞米松、可的松等不合理使用也会影响蛋禽的产蛋性能。⑤氨茶碱常用于缓解禽类呼吸道传染病引起的呼吸困难，但会明显影响蛋鸡产蛋量，用药要慎重。⑥蛋鸡对乳糖不耐受，饲料中含15%就会抑制产蛋，超过20%导致停产，要严控饲料中乳糖含量。⑦拟胆碱药物和巴比妥类药物会影响子宫功能，造成产蛋异常，应注意慎用和禁用。⑧抗生素和抗病毒药物也要慎用，以免影响产蛋性能。如链霉素、红霉素、壮观霉素、新生美素、金霉素等抗生素以及病毒灵等抗病毒药物都要慎用。

（2）正确用药保证疗效。①合理使用消毒药，定期消毒鸡舍及周围环境，预防疫病发生。②重视预防用药，减少疾病发生。③对症治疗，用药准确。治疗过程中，认真观察病鸡反应，

及时调整治疗方案。④合理联合用药。掌握药物抗菌谱和理化特性，合理联合用药，提高治疗效果。配合不当反而降低药效，如禁止青霉素和土霉素配合使用。⑤用药剂量要合理。按药物使用说明书掌握好用药剂量，不可随意增减，否则造成毒副作用和中毒死亡等事故以及药力不足等。⑥保证用药疗程。切忌长期、断续用药和频繁换药。抗生素一般以 3 ~5 天为 1 个疗程。不合理用药，会造成耐药菌株产生，蛋品药物残留增加，治疗效果不佳，病情反复。⑦用药方式要适宜。蛋鸡产蛋期间用药最好采取饲料拌饲和饮水给药的方式，如果病鸡采食饮水废绝，应及时注射给药和灌服药物，注意光线要暗，防止造成应激。

12. 造成兽药残留的原因有哪些？

兽药在防治动物疾病、提高生产效率、改善畜产品质量等方面起着十分重要的作用。然而，由于养殖人员对科学知识的缺乏以及一味地追求经济利益，致使滥用兽药现象在当前畜牧业中普遍存在。滥用兽药极易造成动物源食品中有害物质的残留，这不仅对人体健康造成直接危害，而且对畜牧业的发展和生态环境也造成极大危害。随着人们对动物源食品由需求型向质量型的转变，动物源食品中的兽药残留已逐渐成为全世界关注的一个焦点。

兽药残留是“兽药在动物源食品中的残留”的简称，根据联合国粮农组织和世界卫生组织（FAO/WHO）食品中兽药残留联合立法委员会的定义，兽药残留是指动物产品的任何可食部分所含兽药的母体化合物及（或）其代谢物，以及与兽药有关的杂质。所以，兽药残留既包括原药，也包括药物在动物体内的代谢产物和兽药生产中所伴生的杂质。目前，兽药残留可分为 7 类：抗生素类、驱肠虫药类、生长促进剂类、抗原虫药类、灭锥虫药类、镇静剂类、β－肾上腺素能受体阻断剂。在动物源食品中较容易引起兽药残留量超标的兽药主要有抗生素类、磺胺类、呋喃类、抗寄生虫类和激素类药物。

造成兽药残留的原因主要有：

（1）用药不正确。用药剂量、途径、部位及用药动物种类不符合用药目的时，都会延长药物残留在体内的时间，需要增加休药天数。

（2）不遵守休药期规定，休药期内屠宰动物造成兽药残留。

（3）将违禁药物或未经批准的药物作为添加剂饲喂动物。

（4）不按照药物使用说明书使用药物，造成药物残留。

（5）饲料粉碎设备受污染或将盛过抗生素的容器用于贮藏饲料。

（6）为掩饰患病动物临诊症状，屠宰前给其用药以逃避宰前检查。

13. 禽流感的防控策略是什么？

禽流感又称为禽流行性感冒，是一种由A型流感病毒引起的禽类烈性传染病，被世界动物卫生组织规定为A类动物疫病。该病在家禽中传播快、死亡率高，大规模流行会严重危害养鸡业的发展，同时还会严重影响受感染国家的民生、公共卫生、经济和国际贸易。临床上以发病急、死亡快、出现呼吸系统及全身严重的败血性病变为特征。自2004年起至2013年12月底，上报并公布的家禽疫情累计达100起以上，范围波及十多个省（区、市），经济损失惨重，社会影响巨大。

（1）高致病性禽流感与人类健康的关系。禽流感最初被称为鸡瘟，由真性鸡瘟病毒引起，可分为高致病性、低致病性和非致病性三大类。目前研究资料表明，高致病性禽流感能严重威胁人类健康，禽流感病毒可不经过宿主直接跨越物种屏障传染给人类，而且病死率很高。第二次世界大战结束后，高致病性禽流感

病毒在世界范围内不断暴发大规模的流行。1997 年后，世界上曾多次出现高致病性禽流感病毒感染人的事件。截至 2013 年 5 月 4 号，我国共报告人感染 H7N9 禽流感确诊病例 129 例，死亡 27 例，康复 26 例，涉及浙江、江苏、上海、江西、湖南、福建、河南、山东、北京、安徽和台湾等省市。其中浙江确诊 46 例，6 例死亡；上海 33 例，13 例死亡；江苏 27 例，6 例死亡。近年来研究表明，高致病性禽流感病毒亚型一旦发生变异，就会导致人间禽流感流行，说明禽流感病毒对人类健康具有很大的潜在威胁。一般认为禽流感主要以空气传播为主，通过呼吸道、消化道和直接接触等多种途径传播；目前认为人类感染禽流感是因为直接接触了携带高致病禽流感病毒的家禽或野禽及其粪便等排泄物。虽然迄今为止还没有高致病性禽流感病毒能在人与人之间直接传播的证据，但不排除将来人与人直接传播的可能性。

（2）禽流感防控策略。

1）强化生物安全措施。家禽场选址、设计、建设、设施设备应符合动物防疫条件。做好引种管理，避免引进带毒家禽。强化常规消毒工作，有效杀灭病原微生物，减少发病。加强饲养管理，增强抗病力。

2）减少活禽远距离运输、交易、消费数量。目前，活禽可以在全国范围内运输流通，一旦活禽带毒就存在大范围传播的风险；大量的活禽交易、消费，客观上增加了人与活禽接触，人感染禽流感概率增加。因此，应提倡在产地进行屠宰加工后销往其他地方，提倡人们消费冰鲜加工禽类产品。

3）加强禽流感监测，建立快速的病例报告体系，及时发现并处理疫情。

4）加大流感疫苗的推广接种。目前我国已经研制出有效的禽流感疫苗，该疫苗在实验室的保护率可达 100%。疫情发生时，彻底扑杀疫点 3 千米以内的所有家禽，对疫区 5 千米范围内的所有家禽进行禽流感强制性免疫，能有效控制禽流感的蔓延，降低人禽流感的防控压力。蛋鸡禽流感疫苗、禽流感灭活疫苗应进行4次肌内注射免疫接种，首免2~3周龄，3周后二免，120日龄前后三免，280~300日龄四免；雏鸡每只0.3毫升，青年鸡每只0.5毫升，成年鸡每只1~2毫升。

5）治疗。对于高致病性禽流感，按照我国《高致病性禽流感疫情判定及扑灭技术规范》进行处理；低致病性禽流感发生时，应以免疫为主，同时辅以治疗、消毒、改善饲养管理和防止继发感染等措施。肌内注射禽流感多价卵黄抗体或抗血清，雏鸡每只用量1~2毫升，青年鸡和成年鸡每只用量2~3毫升，连用2天，每天1次。中药与抗生素结合使用，如阿莫西林按0.01%~0.02%浓度混饮或混饲，每天2次，连用3~5天，同时给成年鸡注射板蓝根注射液，每只1~4毫升。

（3）人感染禽流感防控策略。应严格按照我国《人感染H7N9禽流感疫情防控方案》做好防控工作。

1）加强高危人群安全防护。高危人群主要指经常接触活禽的人群，如饲养员、兽医、养禽场管理人员、活禽运输工、家禽屠宰工、活禽经营人员等，一旦家禽感染H7N9禽流感，这类人群极易受到威胁，因此，采取必要的防护措施（工作期间穿戴防护服装、鞋帽，下班后淋浴清洁）可以大大减少感染概率。

2）避免或减少人与活禽接触，普通人群要尽可能避免或减少与活禽接触，特别是减少活禽消费，尽可能消费经过屠宰加工、分割的禽产品。

3）积极开展卫生宣教。教育群众养成良好的生活和卫生习惯，勤洗手，室内经常通风换气，加强锻炼，提高自身抵抗力，减少感染的机会。做到早发现、早隔离、早治疗，只要防治措施得力，可有效地减少人禽流感的病死率。

4）重视国际合作，加快疫苗研究和开发步伐。当前禽流感

是全人类共同面对的问题，其防控研究应强化国际组织的合作，共享研究资源，共同合作加快禽流感疫苗的研究开发步伐，有效控制禽流感病毒对人类健康的危害。

14. 产蛋高峰期如何防控鸡新城疫？

近年来，由于环境污染、鸡新城疫疫苗的频繁和大剂量使用、免疫抑制性疾病的增多以及应激因素等原因，产蛋高峰期蛋鸡发生以产蛋率和蛋壳质量下降为主要特征的鸡新城疫的概率日渐升高，发病鸡群以处于产蛋高峰期的鸡为主；养殖时间较长的鸡场、饲养密集的养殖小区和饲养批次较多的鸡场发病率较高，产蛋率下降幅度大，造成较大损失；鸡群抗体水平越低，产蛋率下降幅度越大；鸡新城疫抗体滴度在9～11（log2）的高抗体鸡群也会发病，但症状较轻，产蛋率下降幅度在10%左右。

（1）症状。病情严重的鸡群，以喉部出现呼噜音为主，呼吸道症状明显；采食量下降；部分鸡精神沉郁，鸡冠发紫；软壳蛋和浅色蛋增多，产蛋率下降；发病7～10天产蛋率下降幅度可达30%～70%。对症用药后，呼吸道症状消失，病鸡精神好转，采食量很快恢复正常，产蛋率恢复较慢（一般1个月以后能恢复到原来的80%左右）；产蛋恢复期间，软壳蛋、沙壳蛋和畸形蛋较多。病情较轻的鸡群，精神状态和采食情况都很正常，产蛋率下降10%～20%；软壳蛋增多；个别鸡只鸡冠发紫；半个月后，产蛋率缓慢回升至5%～10%；产蛋恢复期间，软壳蛋、砂壳蛋和畸形蛋较多。该病的这种症状与鸡传染性支气管炎和减蛋综合征较相似，要加以区别。

（2）病理变化。病死鸡剖检发现输卵管萎缩，卵泡充血、出血、变形（呈菜花样），且有卵黄性腹膜炎。

（3）防治措施。

1）抓好生物安全措施。要控制鸡新城疫的发生，必须降低环境中鸡新城疫野毒的含量。正常情况下，大环境1周消毒1次；本鸡场正常，周围鸡场发病时，3天消毒1次；本鸡场发病时，1天消毒1次。消毒前，必须先将鸡舍内外打扫干净、不留死角，然后再消毒，才能获得最好的效果。做好病死鸡及疫苗空瓶的焚烧或深埋等无害化处理。鸡场实行“全进全出”制度，或尽量减少饲养批次。进入鸡场的人员、车辆和物品要严格控制，并进行彻底消毒；饲养员要更换鞋帽且经消毒后，方可进入鸡场。

2）减少应激。要求饲养密度合理和通风换气良好，尤其是在寒冷季节，要兼顾保温和通风，使鸡群有一个良好的生活环境，降低呼吸道疾病的发生率，增强鸡群的抵抗力，从而降低鸡新城疫的发生率。鸡场要经常灭鼠、蚊和蝇，并防止飞鸟、狗、猫等进入。

3）加强饲养管理。制订上鸡计划，尽量使鸡的产蛋高峰期避开发病率较高的冬春季节。选购饲养管理好及技术水平高的种鸡场的优质、健康鸡苗。提供优质全价饲料，于饲料中添加多维和氨基酸，并定期驱虫，以增强鸡群体质、提高其抵抗力，降低鸡新城疫的发生率。

4）制定合理的免疫程序，做好疫苗免疫接种，使鸡群保持较高的抗体水平。部分养殖户只给鸡只接种鸡新城疫活疫苗而不接种灭活疫苗，或者只接种鸡新城疫灭活疫苗而不接种活疫苗，都不能确保鸡只不发病。只有同时接种鸡新城疫活疫苗和灭活疫苗，将细胞免疫和体液免疫都激活，才能确保鸡只能抵抗野毒侵袭。建议采取以下免疫程序：3日龄，接种新城疫Ⅳ－HI20二联活疫苗，2头份/只，点眼或滴鼻。7～9日龄，接种新城疫Ⅳ－HI20二联活疫苗，2头份/只，点眼或滴鼻；同时接种新城疫－法氏囊亚单位二联灭活油苗或新城疫－禽流感二联灭活油苗，0.4毫升/只，颈部皮下注射。35～40日龄，接种新城疫Ⅳ－H52

二联活疫苗，2 头份/只，饮水；同时接种新城疫－禽流感二联灭活油苗，0.5 毫升/只，颈部皮下注射。60 日龄，接种新城疫克隆Ⅰ系（C52 株）疫苗，2 头份/只，肌内注射。100 日龄，接种新城疫克隆Ⅰ系（C52 株）疫苗，2 头份/只，点眼、滴鼻或饮水；同时接种新城疫－传染性支气管炎－减蛋三联灭活油苗，0.5 毫升/只，颈部皮下注射。130 日龄，接种新城疫灭活油苗，0.5 毫升/只，颈部皮下注射；同时接种新城疫克隆Ⅰ系（C52 株）疫苗，2 头份/只，肌内注射。230 日龄，接种新城疫－禽流感二联灭活油苗，0.6 毫升/只，颈部皮下注射；同时接种新城疫克隆Ⅰ系（C52 株）疫苗，2 头份/只，肌内注射。130～230 日龄为产蛋高峰期，此间不做任何免疫，以减少应激反应，但要增强鸡只营养并加强消毒。230 日龄以后，根据鸡新城疫抗体监测水平，给鸡群接种疫苗，不可规律性地每个月用鸡新城疫活疫苗免疫 1 次，以免引起免疫抑制或免疫麻痹。

5）对症治疗：该病无特效治疗方法，只能对症治疗。可在饲料中添加抗病毒药物，如黄芪多糖、金丝桃素等，还可添加维生素 C 和治疗呼吸道疾病的药物，如泰乐菌素、红霉素、强力霉素等，以增强鸡体抵抗力，防止继发感染；同时每天消毒 1 次。

15. 怎样防控鸡传染性法氏囊病？

鸡传染性法氏囊病是由传染性法氏囊病毒引起的急性、高度接触性传染病，是危害养鸡业的重大疾病之一，本病一年四季均可发生。以 20～40 日龄雏鸡为最易感染并可造成严重危害。病鸡以腹泻、精神沉郁、法氏囊肿大并出血、肾脏肿大和肌肉出血等为特征。

（1）症状。鸡群采食量减少，部分鸡只精神萎顿、缩颈、怕冷、打堆。有时病鸡啄肛严重。拉水样粪便呈白或黄绿色，病鸡趾爪干枯，眼窝凹陷，最后衰竭至死。通常发病 3 天后开始死亡，1 周左右达到死亡高峰，死亡曲线呈尖峰型。发病率达 70% ~100%，死亡率高达 30%。

（2）病理变化。解剖病鸡脱水，整个腿肌刷状出血；肾脏肿大；个别可见有少量尿酸盐沉积；肝脏色泽暗淡、质地变脆；法氏囊明显肿大，黏膜有条纹状或点状出血，内有白色奶酪样渗出物，并有不同程度出血。

（3）防控措施。

1）严格的卫生消毒措施，完善的生物安全体系。

2）加强日常管理，提高鸡群体质。做好日常饲养管理，给鸡群创造适宜的环境，尽量减少应激，同时要提供优质的全价饲料。

3）制定合理免疫程序。制定免疫程序应根据当地的疫情状况、饲养管理条件、疫苗毒株的特点、鸡群母源抗体水平等来决定。初免时间的确定：一种方法是用琼脂扩散试验（AGP）测定 1 日龄雏鸡母源抗体水平，然后推算合适的首免日龄，如果阳性率低于 80%，鸡群应在 10 ~17 日龄进行首免。若阳性率达 80% ~100%，在 7 ~10 日龄再采血测定一次，如阳性率低于 50%，鸡群应在 14 ~21 日龄首免；若超过 50%，鸡群应在 17 ~24 日龄首免。另一种方法是根据种鸡的免疫情况确定初免时间，种鸡开产前和产蛋期注射过灭活疫苗的，其后代母源抗体一般比较高，雏鸡应在 14 ~18 日龄首免；种鸡没有注射灭活疫苗的，其后代母源抗体一般比较低或没有，雏鸡应在 1 ~5 日龄首免。

4）发病鸡群的处理。加强饲养管理，消除环境应激，在升高鸡舍温度 1 ~2 ℃的基础上加大通风。鸡群饮水中加入电解多维，病鸡饮水中还添加口服补液盐。隔离病鸡，出现死鸡立即挑出并深埋，彻底清除舍内粪便，对鸡舍内外环境、设备用品、垫草粪便等全面消毒，并全群带鸡消毒，每天 1 次。鸡群全部注射高免卵黄抗体。每只 1 毫升，颈部皮下注射，连续注射 2 次。为

防止细菌污染，每500毫升抗体内加入100万单位的庆大霉素。45天后，待鸡群病情稳定，雏鸡食欲与精神明显好转时，继续投强力霉素粉，每天2次，连用5天，以防继发大肠杆菌病或肠炎。

16. 怎样防控鸡传染性脑脊髓炎？

鸡传染性脑脊髓炎是一种主要侵害幼鸡的传染病，以共济失调和快速震颤特别是头部震颤为特征。该病很大程度上是一种经蛋传播的疾病。经种蛋传播，其子代在4周龄内出现临床症状与死亡，水平传播出现症状率很低。本病一年四季均可发生，发病率及死亡率随鸡群的易感鸡数量多少、病原的毒力高低、发病的日龄大小不同而有所不同。雏鸡发病率一般为40%~60%，死亡率10%~25%，甚至高达50%。

（1）症状。病雏最初表现为迟钝，精神沉郁，小鸡不愿走动或走几步就蹲下来，常以跗关节着地，继而出现共济失调、走路蹒跚、步态不稳，驱赶时勉强用跗关节走路并拍动翅膀。病雏一般在发病3天后出现麻痹而倒地侧卧，头颈部震颤一般在发病5天后逐渐出现，一般呈阵发性音叉式的震颤；人工刺激如给水加料、驱赶、倒提时可激发。发病早期小鸡食欲尚好，但因运动障碍，病鸡难以接近食槽和水槽而饥渴衰竭死亡。在大群饲养条件下，鸡只也会互相践踏或继发细菌性感染而死亡。中成鸡感染除出现血清学阳性反应外，无明显的临诊症状及肉眼可见的病理变化。产蛋鸡感染后产蛋下降16%~43%。产蛋下降后1~2周恢复正常。孵化率可下降10%~35%，蛋重减少，除畸形蛋稍多外，蛋壳颜色基本正常。

（2）病理变化。病死鸡剖检可见，一般内脏器官无特征性的肉眼病变，个别病例能见到脑膜血管充血、出血。如细心观察可偶见病雏肌胃的肌层有散在的灰白区。成年鸡偶见脑水肿。

（3）防控措施。①加强消毒与隔离措施。防止从疫区引进种苗和种蛋，鸡感染后1个月内的蛋不宜孵化。鸡传染性脑脊髓炎发生后，目前尚无特异性疗法。将轻症鸡隔离饲养。②加强饲养管理并投以抗生素预防细菌感染，维生素E、维生素B、谷维素等药可保护神经和改善症状。③重症鸡挑出全部淘汰。④全群肌内注射抗鸡传染性脑脊髓炎的卵黄抗体，每只雏鸡0.5～1.0毫升，每天1次，连用2天。⑤做好免疫接种。接种鸡传染性脑脊髓炎冻干苗以预防鸡脑脊髓炎病毒感染，可用于10周龄以上的鸡，作种母鸡可在10～12周龄时和产蛋前3周各接种1次。接种后14天产生免疫力，免疫期为6个月。鸡传染性脑脊髓炎油乳剂灭活苗。灭活苗用于预防脑脊髓炎或用于种鸡群，使后代雏鸡获得母源抗体。常用于10周龄及18～19周龄种鸡。接种后9～14天，产生免疫力，免疫期可持续9个月。

17. 规模养殖鸡传染性支气管炎的关键防控措施有哪些?

鸡传染性支气管炎是由冠状病毒科冠状病毒属的传染性支气管炎病毒引起的一种急性、高度接触性传染病。主要侵害鸡的呼吸系统、泌尿生殖系统和消化系统。以气管啰音、咳嗽和打喷嚏为特征。鸡感染本病后，饲料报酬降低，死亡率增加，造成很大经济损失。

（1）症状。①呼吸道型鸡传染性支气管炎：各个日龄的鸡均易发生，表现为张口呼吸、甩头、咳嗽、有呼吸啰音和喘鸣音等明显的呼吸道症状。雏鸡精神萎靡，怕冷、流泪，死亡率3%～20%。育成鸡和成年鸡症状较轻。产蛋鸡的产蛋率下降，恢复期产褐色蛋和畸形蛋，蛋清稀薄如水。②肾型传染性支气管炎：多发于14～40日龄雏鸡，发病2～5天出现轻微呼吸道症状，5～7天后进入急性肾病变阶段，病鸡精神委顿、羽毛蓬乱、排清水样稀粪或米汤样白色粪便，趾爪脱水干瘪。严重时死亡率

可达30%～50%。

（2）病理变化。剖检病死鸡可见，呼吸系统黏膜肿胀、充血，气管内有黄白色渗出物，黏膜变厚，呈灰白色。肾型出现肾肿大、花斑肾，输尿管变粗，有白色尿酸盐沉积，泄殖腔也多有尿酸盐沉积。产蛋鸡输卵管水肿，卵泡变形出血，出现卵黄性腹膜炎。

（3）关键防控措施。

1）做好相近批次免疫鸡群的生物隔离：预防鸡传染性支气管炎的发生一定要控制好多日龄混养的生物安全问题。这是因为一些疫苗株在鸡群中反复繁殖传播有毒力增强的危险。在多批次饲养的场区中，鸡传染性支气管炎的免疫往往是单独进行的，特别是在雏鸡阶段，一个鸡群进行免疫后的几天进入疫苗排毒期，这些排出的疫苗毒随人员、设备和空气很容易扩散到鸡场中其他批次未同次免疫的鸡群。如某群鸡感染了免疫鸡群排的疫苗毒，病毒再次在其体内复制后排出，陆续传播给其他鸡只。在这种不断的传播过程中，疫苗毒返强的可能是存在的，造成其感染能力增强，最后抗体略高的鸡也会感染。因此，一定要搞好不同批次鸡群的生物安全隔离。

2）避免大日龄鸡排毒对小日龄鸡群的影响：鸡传染性支气管炎病毒可在各内脏器官中持续存在163天或更长时间，定期通过鼻分泌物和粪便排毒。这对于多日龄混养的鸡群来说，增加了较小日龄鸡群感染的概率，最后出现连续几批鸡产蛋情况逐渐变差现象，形成恶性循环。要解决该问题，一是要根据鸡舍结构和全年饲养计划，降低进鸡频率，做到小范围全进全出，减少免疫影响；二是加强防疫隔离，包括严格的隔离、清洗和消毒鸡舍后再进鸡。

3）抓好育雏期和开产时两个关键期鸡传染性支气管炎的防控：育雏期感染易造成假母鸡，10日龄之内感染可造成雏鸡输卵管的永久性损伤，到产蛋时蛋的产量和质量均下降，产蛋鸡群没有产蛋高峰。鸡传染性支气管炎感染日龄越小，对后期产蛋性能的影响越重，产蛋率越低。开产时感染引起产蛋下降和蛋的品质下降，产蛋率一般下降20%～50%。产蛋下降幅度因产蛋期和毒株的不同而异，多数情况下不能恢复到原有产蛋性能。对于两个特殊时期，在做好饲养管理的基础上，主要依靠疫苗免疫来解决。在1日龄做好活苗免疫，降低鸡传染性支气管炎的早期感染的概率。开产阶段预防感染主要靠油苗免疫来实现，比如鸡群在130日龄左右开产，那么就要使鸡群在130日龄时体内有均匀有效的抗体。根据抗体产生的规律，鸡传染性支气管炎油苗免疫后要6～8周鸡群才能产生有效的抗体，因此要在74～88日龄之间进行1次鸡传染性支气管炎油苗免疫。

4）加强孵化场的防疫安全。雏鸡一出壳就受到鸡传染性支气管炎病毒的感染，可导致输卵管永久性的损伤。同时在孵化场感染后，在育雏前期所做的各项措施，比如免疫、环境控制和防疫隔离都将徒劳无功。因此，一定要保证孵化场的防疫安全。

18. 怎样防控鸡传染性喉气管炎?

鸡传染性喉气管炎是由传染性喉气管炎病毒引起的鸡的一种急性呼吸道传染病，以呼吸困难、湿性啰音、咳出血样渗出物等症状为特征。各日龄鸡均易感，传播速度快，发病率可达90%～100%，病死率达5%～70%，集约化规模养鸡常因此病造成严重损失。

(1) 症状。发病初期有个别鸡只突然死亡，其他患鸡开始流泪、流出透明鼻液。约2天后，出现伸颈、咳嗽、打喷嚏和喘气等明显呼吸道症状，伴有啰音和喘鸣音。急性期，病鸡口、面和羽毛被血样分泌物污染，多数鸡体温升高至43℃以上，间有下痢，严重时因窒息死亡。产蛋鸡产蛋率下降10%～20%。一

般产蛋需1个月恢复，但产蛋率下降50%以上时，鸡群很难恢复正常。

（2）病理变化。病死鸡剖检可见喉头和气管黏膜充血、出血、肿胀、内有干酪样分泌物，有时完全被分泌物堵塞，干酪样分泌易被剥离。

（3）防控措施。①加强饲养管理，定期彻底消毒环境，严格执行生物安全措施是防治本病的有效方法。②杜绝引进带毒病鸡，发现病鸡及时隔离，彻底消毒。③健康鸡群接种疫苗预防此病。主要使用弱毒疫苗，35～40日龄首免，80～100日龄二免，可采用点眼和滴鼻的方法接种。④治疗本病尚无有效治疗药物，只能对症治疗，缓解呼吸困难，投服土霉素、泰乐菌素、病毒灵等药物，防止继发感染。

19. 怎样防控鸡马立克病?

马立克病是由马立克疱疹病毒引起的一种淋巴组织增生性疾病，以外周神经、性腺、各脏器、眼的虹膜、肌肉及皮肤的单核细胞浸润和形成肿瘤病灶为特征。该病分布极为广泛，可引起鸡群较高的发病率和死亡率。近年来疫苗免疫失败屡有发生，而且世界各地相继发现了毒力极强的马立克病毒，这给该病的进一步防控带来了新的问题，因此，广大养殖户应高度重视对鸡马立克病的预防。

（1）症状。该病通常分为内脏型、神经型、皮肤型和眼型。同一病鸡可能表现其中的几种类型。内脏型病鸡消瘦、采食减少、精神不振、鸡冠发白，发病后几天死亡。

（2）病理变化。剖检可见卵巢、脾脏、肺脏、肾脏、腺胃、肠壁、肌肉、心脏等器官有针尖大小至黄豆大小的肿瘤位于脏器表面或实质脏器内，有的肿瘤可达鸡蛋黄大小。神经型病鸡极度消瘦，体重下降，颈歪，四肢不对称麻痹或完全瘫痪。出现劈叉的典型姿势。剖检可见坐骨神经、臂神经和迷走神经肿大，粗细不均。皮肤型在病鸡的颈部、大腿和翅膀等皮肤上可见淡白色和淡黄色肿瘤结节，突出体表。眼型病鸡眼睛失明，呈灰白色，剖检可见眼部虹膜长有肿瘤。

（3）防控措施。

1）加强饲养管理。给雏鸡提供优质的全价配合饲料，并且在饲料中适当添加多维菌素和矿物质硒，以提高机体抵抗力，确保雏鸡健康生长发育，维持良好的体况，降低疾病的发生。认真执行消毒制度，及时对鸡舍进行清扫，将清扫物堆放到指定区域，进行消毒和发酵处理，对栏舍用3%氢氧化钠、5%来苏儿等对地面及墙面彻底进行消毒，定期用百毒杀、碘伏及含氯消毒剂轮换带鸡喷雾消毒，对出入场区的车辆用5%氢氧化钠溶液进行认真消毒。控制好饲养密度，保持鸡舍干燥卫生，加强保温和通风，创造良好环境。加强孵化室的管理，尤其是做好种蛋的消毒和保管工作，及时处理好被污染的种蛋，认真执行孵化室的消毒工作，严禁无关人员进出孵化区域，以防止雏鸡早期感染；否则，即使出雏后立即进行免疫接种，也难以防止马立克病的发生。

2）坚持自繁自养全进全出的养殖制度。严禁从外地购买鸡苗，以防将病毒带入鸡场，不能中途补充鸡苗，严禁不同日龄鸡混群饲养，每批鸡必须全部集中出栏。

3）购买优质的疫苗。购买有品质保证的疫苗，运输时必须装在有冰块的保温箱或保温瓶内。疫苗每次稀释都要按照说明书操作，每次稀释剂量应在12小时内使用完，同时接种时最好使用连续注射器，注意注射剂量、部位要准确，不能用酒精或其他消毒液对针头进行消毒，以防疫苗受到破坏。

4）做好免疫接种。免疫接种鸡马立克病最有效的防治办法就是疫苗接种，鸡出壳后应立即接种，并且在17或21日龄时，

进行第二次加强免疫，以保证免疫质量。

5）控制疾病，减少各种应激：控制好各种病毒病及细菌疾病，如：新城疫病毒、鸡传染性贫血因子、呼肠孤病毒、禽淋巴白血病病毒、网状内皮组织增生症病毒、大肠杆菌、支原体、沙门菌、球虫等的发生，因此，为防止上述疾病的发生，要避免免疫失败。同时，严禁外来及场区内无关人员进出鸡舍，严禁野禽、猫、犬等出入鸡舍。要注意天气变化，加强通风保暖工作，尽量减少各种应激的发生。

6）及时扑杀和无害化处理病鸡。确认发生马立克病后，立即对鸡只进行扑杀、淘汰并做无害化处理。对全场鸡舍进行彻底清扫和消毒，必须空置数周后，方可考虑引进新鸡。

20. 怎样防控鸡产蛋下降综合征？

鸡产蛋下降综合征又称减蛋综合征，是由腺病毒引起的一种传染病。以畸形蛋增多和产蛋率大幅下降为临床特征。该病毒主要经卵垂直传播，此外，还可通过繁殖、粪便污染等传播。任何年龄的鸡均可感染，26～36周龄的鸡最易感，幼年鸡症状不明显，开产后才转为阳性。

（1）症状。病初出现短暂的病毒血症，排出绿色水样腹泻，产蛋量急剧下降10%～50%，一般在30%左右。同时出现大量的软壳蛋、薄壳蛋及表面有灰白、灰黄粉末状物质的变形蛋。蛋的破损可达20%～40%，蛋的重量减轻，体积明显变小。种鸡群发生本病时，种蛋的孵出率降低，且出现大量弱雏。若开产前感染本病，开产期可推迟5～8周或更长。本病的死亡率非常低，一般小于3%。病程长，常延续50余天，患病鸡很难恢复原有的产蛋水平。

（2）病理变化。病死鸡剖检无明显特征性眼观病变，重症死亡者可发现卵泡充血、变形、脱落或发育不全，卵巢萎缩或出血，子宫和输卵管管壁明显增厚、水肿，其表面有大量白色渗出物或干酪样分泌物。

（3）防控措施。

1）免疫预防。免疫是预防本病的主要措施。商品蛋鸡在100～200日龄肌内注射新支减流四联或新支减三联、新减二联油乳剂灭活疫苗。蛋鸡父母代一般可与商品蛋鸡相同免疫，若在本病流行地区最好免疫2次，即70日龄肌内注射减蛋综合征油乳剂单苗，100～120日龄再肌内注射新支减流四联或新支减三联、新减二疫苗。种鸡场发生本病时，无论是病鸡群还是健康鸡群生产的后代雏鸡，产蛋前都应接种灭活疫苗，以防遭受垂直感染或水平传染。

2）执行“全进全出”制度：在本病流行地区，未发生本病的鸡场应采取隔离措施，严格执行“全进全出”制度，绝不引进或补充正在产蛋的鸡，不从有本病的鸡场引进雏鸡或种蛋。

3）对症治疗：发病后使用减蛋综合征油乳剂单苗，每鸡紧急肌内注射0.7～0.8毫升，可缩短产蛋下降时间。饮水使用硫酸新霉素5克，加水100千克，连饮4天。主要用于控制病毒的复制繁殖，清除体内尤其输卵管中的病毒。拌料使用“金蟾毒败”（主要成分为金丝桃素、蟾酥、大青叶等），连用5～7天。同时加强饲养管理，适当增喂多种维生素与微量元素，添加增蛋灵之类的中药制剂，有助于恢复产蛋能力。

21. 怎样防控鸡痘？

鸡痘是鸡的一种急性、热性、接触性传染病，晚秋和冬季易发生，其病原是鸡痘病毒。临床以鸡体无毛或少毛的皮肤上发生痘疹，或在口腔、咽喉部黏膜形成纤维素坏死性假膜为特征。任何年龄、性别和品种均可感染，但以雏鸡和青年鸡较多见，雏鸡感染后病死率高，群体传播速度慢。产蛋鸡患病后可使鸡群产蛋

率下降，甚至发生死亡。临床上可将该病分为皮肤型、黏膜型和混合型三种类型，其中以黏膜型和混合型死亡率较高，皮肤型很少死亡。

（1）症状。皮肤型在鸡冠、肉髯、眼睑、嘴角等部位出现痘斑，其他无毛或少毛部位也可见。典型发痘的过程是红斑—痘疹—糜烂—痂皮—脱落—痊愈。人为剥去痂皮会露出出血病灶。病程持续30天左右，一般无明显全身症状，如果有感染细菌，结节则形成化脓性病灶。雏鸡的症状较重，母鸡产蛋减少或停止。

（2）病理变化。黏膜型痘斑发生于口腔、咽喉、食道或气管，初呈圆形黄色斑点，以后小结节相互融合形成黄白色假膜，随后变厚成棕色痂块，不易剥离，常引起呼吸、吞咽困难，甚至窒息而死。混合型病鸡表现出皮肤和黏膜同时受到侵害。

（3）防控措施。

1）加强饲养管理。坚持“养重于防”的防病理念，加强鸡群的饲养管理，保持日粮营养全面，以增强鸡群整体抗病力。及时清除鸡舍内污物，高温季节避免热应激，保持鸡舍通风、干燥，并补饲电解多维或黄芪多糖强化抗应激能力。注意调控鸡舍内的饲养密度，保持合理的饲养密度也是减少该病发生的有效手段。蚊、蝇是鸡场传播鸡痘的媒介，必须在蚊、蝇滋生的季节采取措施灭蚊、蝇，以防止传播疾病。定期消毒，可用甲醛或福尔马林按照一定比例兑水消毒鸡舍，每隔5天消毒1次，消毒时，注意将鸡舍内墙体、舍栏喷施消毒到位，必要时可带鸡消毒。

2）做好免疫接种工作。“养防结合”，做好常规疫苗免疫是鸡场的基础性工作。目前，预防鸡痘首选鸡痘弱毒疫苗，用生理盐水稀释100倍后，用普通注射针头蘸取疫苗，在鸡翅内侧无血管处皮下刺种，按照说明书确定具体稀释量与刺种次数，刺种后5～7天见刺种部位红肿，随后产生痂皮，则接种有效；否则，须补免。免疫期雏鸡为2个月，青年鸡及成鸡为5个月。

3）辨证施治。治疗时应辨证施治，有针对性用药，在选准治疗“主药”的同时，结合“并发症”针对性添加“辅药”，有炎症则兼顾抗菌消炎，有寄生虫则兼顾杀虫，有肠道溃疡则兼顾肠黏膜修复，消化不良则添加健胃化食消积的“辅药”。中西医结合，各取所长，以达到高效治疗。依据患禽体重、症状等灵活掌握用药的剂量，切忌盲目用药，以免影响疗效。

22. 怎样防控鸡白痢？

鸡白痢是一种由鸡白痢沙门菌引起的常见传染病。鸡白痢可致育雏成活率降低，造成母鸡产蛋量下降和成年鸡死淘率的增加，成为危害养鸡业的主要疾病之一。该病广泛存在，既可水平传播，也可通过种蛋进行垂直感染。不仅给养鸡业带来严重经济损失，还可能会导致鸡白痢沙门菌在家禽肠道内定植，污染鸡肉，进入人类食物链，成为人类感染沙门菌的潜在来源，造成人类健康隐患。

（1）症状。病雏排出白色糊状或带绿色的稀粪，污染肛门周围的绒毛，结成硬块，堵塞肛门，使病雏排粪困难，同时出现呼吸急促，继而呼吸困难、离群呆立、缩颈闭目、两翅下垂、后躯下坠，喜欢靠近热源、打堆等。青年鸡，多发生于40～80日龄。一般突然发生，呈现零星突然死亡，从整体上看鸡群没有什么异常，但总有几只鸡精神沉郁、食欲差和腹泻。病程较长，15～30天，死亡率达5%～20%。

（2）病理变化。4日龄以内死亡的病鸡剖检病变不明显，病程稍长者见蛋黄吸收不良，呈污绿色或灰黄色奶油样或干酪样，肾脏因充满尿酸盐而扩张呈花斑状，肺和心肌表面、肝、脾、肌胃、小肠及盲肠表面有灰白色稍隆起的坏死结节或块状出血，嗉囊空虚，肝、脾肿大，胆囊扩张。青年鸡剖检病鸡见肝脏肿大，

有散在或密集的大小不等的白色坏死灶，偶见整个腹腔充满血水，心包膜增厚呈黄色、不透明，心肌上有数量不等的坏死灶，肠道有卡他性炎症。成年母鸡剖检，主要病变为卵子变形、变色，有腹膜炎，伴以急性或慢性心包炎；成年公鸡则睾丸极度萎缩，输精管管腔增大，充满稠密的均质渗出物。

（3）防控措施。

1）严格消毒种蛋孵化室。将种蛋蛋壳使用2%来苏儿或0.1%新洁尔灭溶液洗涤，大头朝上置于蛋盘，送入孵化室。入孵前熏蒸消毒20分钟。孵化前对孵化器以及所有用具使用甲醛进行消毒。对新引进的种蛋应该进行严格检疫。

2）做好雏鸡的选择和日常管理。育雏舍和用具应彻底消毒。育雏舍保持适当的温度、相对湿度、饲养密度、通风以及光照条件。尽量采用育雏笼育雏。用小食槽饲喂，以减少粪便对饲料的污染。应勤换饮水并保持清洁。由于温度对雏鸡的成活率影响较大，育雏时要求特别注意鸡舍的温度，一般情况下雏鸡出壳后1~7天应控制在32~33℃。

3）坚持自繁自养，杜绝病原的传染。选择健康的种蛋和种鸡，建立健康的鸡群。定期对种鸡群进行检疫，坚决淘汰阳性鸡，净化鸡场。一旦发现病鸡要立即进行隔离、封锁和治疗，尽快扑灭传染源。

4）加强饲养管理。供给优质、全面的高营养饲料，根据各阶段鸡的生长需要，供给符合营养需要、适口性好的全价优质原料。要保证微量元素、蛋白质、钙、磷以及各种氨基酸含量的充足和比例的平衡。

5）对症治疗。及时淘汰发病鸡的同时，应该使用磺胺类、呋喃类药物和抗生素药物进行治疗。首选磺胺类药物为磺胺嘧啶、磺胺甲基嘧啶和磺胺二甲基嘧啶。在饲料中的添加量不应超过0.5%，在饮水中可添加0.1%~0.2%，连续使用5天后，需停药3天后再继续使用2~3次。首选呋喃类药物为呋喃唑酮，在饲料中的添加量为0.01%~0.04%。连喂1周，或者在饮水中添加0.02%~0.03%。持续1周，停药3~5天后再继续使用。另外，常使用0.1%氟苯尼考拌入饲料0.01%~0.02%氟哌酸拌入饲料中投服5~6天。或用庆大霉素针剂放入饮水，雏鸡每天上、下午各饮1次，用量为每次1 000~1 500国际单位，连饮4天，对感染鸡白痢的鸡群具有较好的治疗效果。在使用抗菌类药物时，要注意药物的交替、轮换使用，而且药物剂量要按照说明书合理使用。

6）抓好免疫预防。以前的沙门菌疫苗主要为菌体灭活苗和弱毒活苗，新研制的疫苗有亚单位苗、重组疫苗等。但是，弱毒活苗由于毒力强具有一定的危险性，而新研制的疫苗价格昂贵，效果尚不稳定，还不能大规模使用。

23. 怎样防控鸡大肠杆菌病?

大肠杆菌病是由某些血清型的大肠杆菌引起的一类人畜共患传染病的总称。各种年龄的鸡都可发病，雏鸡多发，特别是3~6周龄的雏鸡最易感。四季皆可发生，冬春寒冷季节多发。发病率一般在30%~70%，死亡率一般为40%~75%，有时也可高达100%。母源性种蛋带菌，可垂直传递给下一代雏鸡；被大肠杆菌污染的饲料、饮水、垫料、空气等是主要的传染媒介，可通过消化道、呼吸道、脐带、皮肤创伤等途径感染同群雏鸡。饲养环境恶劣、饲养密度大、空气质量差、免疫接种不到位、饲料饮水被污染等都会诱发本病的发生。

（1）症状及病理变化。临床上通常为混合型感染，常并发或继发于慢性呼吸道病、鸡白痢、鸡伤寒、禽霍乱、传染性支气管炎、传染性喉气管炎、传染性法氏囊病、鸡新城疫等。

1）雏鸡脐炎型。3日龄内的雏鸡多发，腹部膨大，脐孔红

肿、闭合不良甚至破溃。皮肤较薄，严重者颜色青紫。病雏精神沉郁，饮食、饮水减少或废绝，绒毛蓬乱，排绿色或灰白色水样稀粪，肛门外凸，发出尖叫声。病雏生长缓慢、发育受阻。

2）脑炎型。1 周龄雏鸡多发，病雏扭颈，出现神经症状，吃食减少或不食。

3）浆膜炎型。2～6 周龄雏鸡多见，病鸡精神沉郁，缩颈闭眼，嗜睡，羽毛松乱，两翅下垂，食欲不振或废绝，出现呼吸道症状，眼结膜和鼻腔带有浆液性或黏液性分泌物，严重者呈企鹅状，腹部触诊有液体波动。死于浆膜炎型的病鸡，可见心包积液，纤维素性心包炎；气囊混浊，呈纤维素性气囊炎；肝脏肿大，表面亦有纤维素膜覆盖，有的肝脏伴有坏死灶。

4）急性败血症型。6～10 周龄的鸡多发，呈散发性或地方流行性，病死率达 5%～20%，有时可达 50%。特征性的病理剖检变化是可见明显的纤维蛋白性心包炎、肝周炎和气囊炎；肝脏肿大，有时肝表面可见灰白色针尖状坏死点，胆囊扩张，充满胆汁，脾、肾肿大。

5）关节炎和滑膜炎型。一般是大肠杆菌性败血症的后遗症，多数病鸡可在 1 周左右康复，有些病鸡则转为慢性炎症，机体逐渐消瘦。病鸡行走困难、跛行或呈伏卧姿势，一个或多少腱鞘、关节发生肿大。剖检可见关节液混浊，关节腔内有干酪样或脓性渗出物蓄积。滑膜肿胀、增厚。

6）气囊炎型。多发生于 5～12 周龄的幼鸡，6～9 周龄为发病高峰。病鸡表现为轻重不一的呼吸道症状。剖检病变为气囊壁增厚混浊呈灰黄色，囊内有淡黄色干酪样渗出物或干酪样物。心包增厚、不透明，心包腔内积有淡黄色液体。肝脾肿大，肝包膜增厚、表面有纤维素性渗出物覆盖。死亡率为 8%～10%。

7）肉芽肿型。45～70 日龄鸡多发。病鸡进行性消瘦，可视黏膜苍白，腹泻。特征性病理剖检变化是在病鸡的小肠、盲肠、肠系膜及肝脏、心脏等表面见到黄色脓肿或肉芽肿结节，外观与结核结节及马立克病的肿瘤结节相似。严重时死亡率可高达75%。

8）卵黄性腹膜炎和输卵管炎型。主要发生于产蛋母鸡，病鸡表现为产蛋停止，精神委顿，腹泻，粪便中混有蛋清及蛋黄小块，有恶臭味。剖检时可见腹腔中充满黄色腥臭的液体和纤维素性渗出物，肠壁互相粘连，卵泡皱缩变成灰褐色或绛紫色。输卵管扩张，黏膜发炎，上有针尖状出血，扩张的输卵管内有核桃大至拳头大的黄白色干酪样团块，切面呈轮层状，人们常称其为"蛋子瘟"。

9）全眼球炎型。表现为一侧眼睑肿胀，流泪，羞明，眼内有大量脓液或干酪样物，角膜混浊，眼球萎缩，失明。偶尔可见两侧感染，内脏器官一般无异常病变。

10）肿头综合征。病鸡眼眶周围皮肤红肿，严重的整个头部明显肿大，皮下有干酪样渗出物。

（2）防控措施。

1）减少应激和发病诱因。定期用高效强力消毒剂消毒鸡舍，特别要保持雏鸡舍的干燥和清洁卫生。育雏舍温度适宜，空气新鲜清洁、饲料及饮水安全无污染，消除各种应激因素和发病诱因，这是控制大肠杆菌病的基础。

2）搞好免疫接种。由于大肠杆菌有许多血清型，型与型之间不产生交叉免疫，制苗菌株应该采用本场发病鸡群分离菌株制成的大肠杆菌苗，对本场鸡群使用效果较好，否则一般效果不明显。灭活苗、大肠杆菌多价氢氧化铝菌苗或多价油乳剂苗进行2次免疫，第1次接种时间为4周龄，第2次接种时间为18周龄，以后每隔6个月进行1次加强免疫注射。体重在3千克以下的鸡皮下注射0.5毫升，在3千克以上的鸡皮下注射1.0毫升。

3）饲喂微生态制剂。在鸡料中添加麦芽寡糖，配合使用双

歧杆菌、乳酸杆菌、芽孢杆菌等微生态制剂能迅速补充肠道有效菌群，加速有益菌的生长繁殖速度，或使发病菌成为劣势菌，建立起完整的微生物保护屏障，改善鸡的肠道环境，积极调整肠道菌群，恢复肠道菌群平衡，抑制大肠杆菌的繁殖，并加速药物排出，减少鸡体内的药物残留。

4）控制其他疾病的暴发。大量的临床病症证明，很多疾病导致大肠杆菌病的继发或混合感染。对于这些疾病目前都有较好的疫苗进行预防。因此，应制定适合本场的防疫程序并认真实施，尽可能防止其他疾病的发生，这样也就间接地起到预防和减少了大肠杆菌病的发生。

5）正确选择和使用抗菌药物。发病后应采取必要的隔离措施并及时配合药物治疗。选择高度敏感的药物用于治疗，最好通过药敏试验选择高敏药物，避免盲目用药。常用的抗菌药有安普霉素、黏杆菌素、庆大霉素和沙拉沙星等，注意合理选择和交替使用抗生素，还可配合应用中成药如黄连合剂、大蒜素、复方穿心莲等。

24. 怎样防控禽霍乱？

禽霍乱又称禽出血性败血病，是由禽型多杀性巴氏杆菌引起的一种慢性或急性败血性传染病。急性型临床以呈败血症和剧烈下痢为特征，慢性型临床以发生肉髯水肿和关节炎为特征。一般是经消化道和呼吸道传播，被病禽污染过的饲料饮水土壤等都可传播该病。苍蝇、鸡虱、螨等昆虫也是传播本病的媒介。各种日龄和各品种的鸡均易感染本病，但主要发生于产蛋鸡群，通常16周龄以下的鸡对该病有较强的抵抗力。该病一年四季均可发生流行，以高温高湿多雨的夏秋两季发病率最高。常因应激因子的作用，如断水断料、突然改变饲料、天气的突变等，使鸡的抵抗力降低而发病。本病发病率和死亡率很高，但也常出现慢性或良性经过。

(1) 症状及病理变化。

1) 最急性型。无前驱症状，或仅见病鸡精神沉郁，倒地挣扎，迅速死亡，病程数分钟至数小时不等。剖检无特殊病变。

2) 急性型。由毒力强的菌株引起，表现为体温升高、食欲减少，口鼻分泌物增多而引起呼吸困难、摇头企图甩出喉头黏液、腹泻、拉黄绿色稀粪。蛋鸡产量减少，一般在发病后 1 ~ 3 天死亡。剖检时可见心冠脂肪上有出血点；肝、脾肿大，质变脆，表面密布有大量针尖大灰白色坏死点；肠道出血严重，肠内容物呈胶冻样，肠淋巴集结环状肿大、出血；有的腹部皮下脂肪出血，产蛋鸡卵泡出血、破裂。

3) 慢性型。以鸡冠、肉髯水肿和关节炎为特征，慢性型是由急性型转变而来。多见于流行后期，以慢性肺炎慢性呼吸道炎和慢性胃肠炎较多见。病鸡鼻孔有黏性分泌物流出，鼻窦肿大、喉头积有分泌物而影响呼吸，经常腹泻，病鸡消瘦，精神委顿，冠苍白。局限于关节炎和腱鞘炎的病例，主要见关节肿大变形有炎性渗出物和干酪样坏死。公鸡的肉髯肿大，内有干酪样的渗出物，母鸡的卵巢明显出血，周围有时有坚实黄色的干酪样物质，有时卵泡变形似半煮熟样。病鸡肝脏有针尖大的坏死，心肌和冠状沟脂肪有出血点和出血斑。

(2) 防控措施。

1) 加强饲养管理，提倡自繁自养，由外地引进种鸡时，应从无本病的鸡场选购，并隔离观察 1 个月，无问题后再与原有的鸡合群。采取“全进全出”的饲养制度，搞好清洁卫生和消毒工作。

2) 免疫预防。预防禽霍乱 G190E40 弱毒菌苗适用于 3 月龄以上的鸡，每只鸡肌内注射稀释后的疫苗 0.5 毫升，3 天后产生免疫力，免疫期为 3 ~ 3.5 个月。禽霍乱氢氧化铝菌苗、禽霍乱

油乳剂灭活菌苗、禽霍乱乳胶灭活菌苗等，一般在 10～12 周龄肌内注射接种 1 次，16～18 周龄蛋鸡上笼时再加强免疫 1 次。

3）治疗。免疫抗体疗法，用牛或马等异种动物制备的禽霍乱抗血清用于本病的治疗，有较好的效果。药物疗法，每只鸡用青霉素、链霉素各 5 万单位，胸肌注射，连用 2 天。肌内注射氟苯尼考每千克体重 20 毫克，每天 1 次。黄芪、野菊花、金银花、蒲公英、板蓝根、葛根、雄黄各 350 克，藿香、白芷、大黄、乌梅各 250 克，苍术 200 克，研成细末。每天按饲料量的 1.5% 添加饲喂，连喂 7 天，疗效好。

25. 如何防治鸡传染性鼻炎?

鸡传染性鼻炎是由副嗜血杆菌引起的鸡一种急性呼吸道疾病。临床上以鼻腔、鼻窦发炎、打喷嚏、流鼻涕、面部水肿、厌食、腹泻为主要特征。病鸡和隐性带菌鸡是该病的主要传染源，主要经呼吸道传染，以飞沫、尘埃和直接接触为主。秋冬和初春时节多发。随着集约化养鸡业的快速发展，该病已成为影响养鸡生产的主要疾病之一。不同日龄的鸡均可发病，4 月龄以下的鸡、育成鸡和产蛋鸡最易发生，症状也最典型、最严重。鸡舍通风不良、密度过大、潮湿寒冷等应激因素，以及营养不良或寄生虫感染等均可促使该病发生和流行。发病率可达 70%～100%，死亡率低，在急性发病鸡群死亡率为 5%～20%。幼龄鸡感染后生长发育受阻，育成鸡开产延迟，产蛋鸡产蛋率可下降 10%～40%。

（1）症状。鸡群染病之初表现为流出水样鼻液，打喷嚏；随后流出浆液性或黏液性分泌物，黏液慢慢变稠，常黏附饲料碎屑在鼻道，患鸡常甩头，不时用爪子抓挠鼻喙部，分泌物干燥后结痂，影响呼吸；单侧或两侧眼睑发炎、充血、肿胀、流泪，有时上下眼睑黏合在一起，引起暂时性失明；病鸡无法正常采食饮水，逐渐消瘦，精神委顿，出现下痢，部分鸡肉垂肿胀。

(2) 病理变化。病死鸡剖检见鼻腔和鼻窦黏膜呈现急性卡他性炎症，黏膜充血、肿胀，表面有大量黏性渗出物，鼻腔、眶下窦内积聚大量豆渣样分泌物。有的病例见气管、支气管内有黏液性、脓性渗出物，渗出物多时堵塞呼吸道，偶尔发生肺炎、气囊炎。产蛋鸡输卵管内有黄色干酪样分泌物，卵泡变性、充血和出血，卵巢萎缩。

(3) 防控措施。

1) 加强饲养管理。日粮营养全面，维生素A丰富，饮水清洁卫生；经常清理和消毒鸡舍、设备；饲养密度合理，温湿度适宜，通风良好，为鸡群创造一个良好的饲养环境。

2) 减少各种应激因素。注意防范天气骤变、高温、鸡舍寒冷、潮湿、噪声、维生素A缺乏及寄生虫病等各种应激因素。

3) 坚持自繁自养和全进全出。坚持自繁自养制度，若需引种，坚决不能从发生过鸡传染性鼻炎的鸡场引进种鸡或康复的后代。提倡全进全出的饲养模式，全群出售之后对鸡舍彻底清理消毒，所有清理物堆放统一，定点消毒和发酵处理，鸡舍空置7天后就可再饲养新的鸡群。

4) 定期血清学检测。严格执行各项生物安全措施，净化商品鸡群。建立血清学检测制度，随时进行抽样检测，并且及时淘汰传染性鼻炎血清学反应呈阳性的鸡群。

5) 免疫预防。免疫接种是预防该病最好的方法。健康鸡群一般是用A型油乳剂灭活苗或A-C型二价油乳剂灭活苗在6~7周龄进行首免，每只鸡胸部肌内注射0.3毫升；110~120日龄二免，每只鸡腿部肌内注射0.5毫升。

6) 治疗措施。确诊后，立即淘汰和无害化处理病重鸡只，鸡舍进行全面清洗和彻底消毒。最好进行药敏试验，筛选出高度敏感药物。磺胺类药物是治疗该病的首选药物，但要注意掌握好剂量和用药时间，以免影响产蛋；青年鸡每千克饲料0.5克，产

蛋鸡每千克饲料0.3克。如磺胺二甲基嘧啶片按0.2%混饲3天，或按0.1%～0.2%混饮3天。此外，可用土霉素20～80克拌入100千克饲料自由采食，连喂5～7天。

26. 如何防治鸡支原体病？

鸡支原体病又称败血霉形体病，是由鸡毒霉形体引起的鸡的一种接触性、慢性呼吸道传染病。临床上以呼吸啰音、咳嗽和鼻漏为特征。该病主要经空气传播，以直接接触、飞沫和尘埃为主。传播方式有垂直传播和水平传播两种，其中经种蛋孵化垂直传播是该病发生的主要原因。不同日龄的鸡均能感染，以30～60日龄最易感。寄生虫病、长途运输、卫生不良、鸡群拥挤、鸡舍通风不良、饲料突变等可成为该病暴发和复发的诱因。冬末春初多发，发病率高但死亡率低，多数情况下出现混合感染，造成较高的死亡率和严重的经济损失。

（1）症状和病理变化。雏鸡感染后主要表现呼吸道的症状，刚发病时流鼻液、咳嗽、打喷嚏，有呼吸啰音，到后期呼吸困难时常张口呼吸，病鸡眼部和脸部肿胀，眼内积有干酪样渗出物，严重时眼球萎缩，可造成失明。雏鸡生长缓慢，出现大量弱雏和病雏，雏鸡淘汰率提高。产蛋鸡感染多表现为产蛋率和蛋的孵化率下降，产蛋率维持一个低水平，持续几十天到几个月，下降幅度不明显，易被饲养人员忽视。

（2）症状和病理变化。病理变化病死鸡剖检见到在鼻腔、眶下窦、气管、支气管和气囊内含有稍混浊的黏稠渗出物，严重者气囊混浊，气囊内有黄色泡沫样黏液或干酪样物；纤维蛋白性肝被膜炎和心包炎、输卵管炎。

（3）防控措施。

1）良好饲养管理。减少各种应激因素和发病诱因，做到饲养密度合理，通风良好，温度适中，鸡舍内湿度合适，减少冷空气、粉尘、氨气和硫化氢等有害因素对呼吸道黏膜的刺激和损伤。

2）加强种鸡管理。杜绝垂直传播，定期投药。枝力清，饮水、拌料或气雾给药，7 天 1 个疗程；枝力清加上普杆新、立本康或克利优，连用 7 天，可有效预防和治疗支原体、大肠杆菌或沙门菌的混合感染或继发感染；全面补充维生素，加速疾病康复，特别是维生素 A，能迅速修补黏膜上皮细胞。

3）定期血清学检测，淘汰阳性鸡。最好自繁自养，如需引种，新引进的种鸡必须隔离观察 2 个月，在此期间进行血清学检查，并在半年中复检 2 次。如果发现阳性鸡，应予以淘汰。对鸡群定期进行检疫，一般在 2 月龄、4 月龄、6 月龄时各进行 1 次血清学检验，淘汰阳性鸡，或鸡群中发现一只阳性鸡即全群淘汰，留下全部无病群隔离饲养作为种用，并对其后代继续进行观察，以确定其是否真正健康。

4）免疫预防。免疫接种是预防本病的有效措施。如美国先灵葆雅公司 F 株鸡毒霉形体弱毒疫苗在雏鸡 7～14 日龄点眼接种 1 次即可，但该苗与新城疫、传染性支气管炎活疫苗不能同时接种，须间隔 7 天以上。

5）治疗。能抑制蛋白质（合成）的药物可应用于防治支原体感染，如大环内酯类抗生素（红霉素、酒石酸泰乐菌素、螺旋霉素、北里霉素、林肯霉素、克林霉素和替米考星等）、四环素类（四环素、土霉素、强力霉素和金霉素等）。氟喹诺酮类药物等一些影响 DNA 合成的药物也可用于防治支原体感染。用药前最好先进行药敏试验，以保证抗菌药物获得良好的治疗效果。研究表明，利用药物的协同作用，可以提高治疗效果，提高药物的抗菌谱，如泰乐菌素和强力霉素对支原体和细菌具有协同效应。在防治支原体感染时，应在支原体感染早期使用抗菌药物治疗，尽可能防止出现呼吸道病变及继发性细菌感染。正确治疗感染禽

群，可改善临床症状，降低支原体感染率、死亡率以及提高产蛋性能。

27. 如何防治鸡球虫病？

鸡球虫病是由寄生于肠道上皮细胞内的艾美耳属的多种球虫所引起的急性或慢性肠道寄生虫病。根据寄生部位可分为小肠球虫病和盲肠球虫病。临床上以鸡只贫血、消瘦、下痢，排混有血液粪便为主要特征。本病分布广泛，导致鸡群的大批发病和死亡，阻碍鸡只生长发育，降低饲料报酬，给养鸡业造成很大的危害。

（1）症状。急性型多见于1~2月龄雏鸡，初期表现为精神不振，羽毛蓬乱，蜷缩呆立，采食减少，粪便稀水样。随后病鸡精神沉郁，食欲废绝，翅尾下垂，饮水明显增多，嗉囊内充满大量液体，鸡冠和肉苍白，排红色或黑褐色粪便，泄殖腔周围羽毛被带有血液的粪便污染，最后病鸡痉挛或昏迷而死。慢性型多见于2~4月龄的青年或成年鸡，症状与急性类似，逐渐消瘦，间歇性腹泻，蛋鸡产蛋率降低，病程较长，死亡率较低。病情较重时，病鸡饮水增多、排水样稀粪和出现脱水症状。

（2）病理变化。剖检见球虫寄生的肠段显著肿大，肠壁变厚，肠黏膜上密布粟粒大的出血点或灰白色的坏死灶，上皮细胞脱落，肠腔内充满暗红色血液或血凝块或带血的黄色干酪样物。

（3）防控措施。

1）加强管理，每天清除鸡粪，堆积进行生物热杀虫处理。

2）供给雏鸡富含维生素的日粮，增强雏鸡的抵抗力。

3）成年鸡和雏鸡分群饲养，一旦发生球虫病，将病鸡和带虫鸡及时隔离，彻底清扫、消毒鸡舍，保持环境清洁、干燥，通风良好，供给富含维生素A和维生素K的饲料。

4）免疫预防。有强毒卵囊苗和弱毒卵囊苗两类，主要用于蛋鸡和种鸡。可于1日龄进行喷料接种，饮水接种须推迟到5～10日龄进行。

5）药物预防。乌洛托品，7～10日龄雏鸡，按每100只日剂量2克，用清洁的常水稀释，任其自饮，连用3天，停药7天，再连用2～3天，可防鸡球虫病。也可用中药预防，苍术、苦参、地榆炭、茅根、柴胡各60克加水5 000毫升煎至2 000毫升，每只5毫升，每月1次，可有效防止鸡球虫病感染。

6）治疗措施。可用2.5%妥曲珠利（百球清、甲基三嗪酮）溶液混饮，每升25毫克，连用2天。或用0.2%、0.5%地克珠利（球佳杀、球灵、球必清）预混剂混饲，每千克混1克，连用3天。也可应用磺胺喹沙啉可溶粉、盐酸氨丙啉可溶粉等药物混饲。

28. 怎样防控鸡住白细胞虫病?

鸡住白细胞虫病又称鸡白冠病，是由沙氏住白细胞原虫和卡氏住白细胞原虫寄生于鸡的白细胞和红细胞内所引起的一种血液原虫病。临床上以内脏器官、肌肉组织广泛出血以及形成裂殖体结节等为特征。该病的传播和流行与蠓和蚋的活动密切相关，不同品种、性别、年龄的鸡均能感染；日龄越高感染率越高，日龄越小发病率和死亡率越高；成年鸡染病后多呈亚急性或慢性经过，死亡率一般为2%～10%，3～6周龄的鸡和轻型蛋鸡发病率最高，死亡率可达50%～80%。

（1）症状。病鸡冠髯苍白，翅羽下垂，食欲减退，体温42℃以上，呼吸急促，喜饮水，排出黄绿色稀薄粪便；双腿轻瘫，行走无力；翅、腿、背部大面积出血；有些病鸡临死前口鼻流血，常见水槽和料槽边沿有病鸡咳出的红色鲜血。成年鸡多呈隐性型感染；青年鸡多呈亚急性型感染，病鸡消瘦；少数鸡冠萎缩、发黑，羽毛蓬乱，病程超过1周，最后衰竭死亡。

（2）病理变化。病死鸡剖检可见全身性出血，血液稀薄、

骨髓变黄等贫血症状。脑实质有出血点。皮下、肌肉尤其是胸肌和腿肌常有出血点斑，胸腔、腹腔积血，内脏器官广泛性出血，肺、肝、肾出血最为常见。嗉囊、腺胃、肌胃、肠道等消化管道也有出血，其内容物呈血样。

（3）防控措施。

1）防止传播媒介库蠓或蚋侵入鸡体。最好做到鸡舍周围至少200米以内无堆肥、无水洼，经常清除杂草。必须无条件在流行季节每隔6~7天喷洒1次农药，以杀灭幼虫与成虫。鸡舍的门窗用细纱安装窗纱和门帘，每日晨昏放下并点燃蚊香可有效阻止库蠓、蚋进入。避免引入患病鸡群的鸡，因为耐过病的鸡体内仍有虫体存在。

2）药物预防。根据该病的流行特点，一般在流行前期要应用药物加以预防。可用可爱丹，每吨饲料混入150克，或泰灭净粉每吨饲料混入30克。

3）治疗措施。磺胺间甲氧嘧啶，首次用量每千克体重1次内服50~100毫克，维持量25~50毫克，每日2次，连用3~5天；也可按0.05%~0.2%混饲3~5天，或按0.025%~0.05%混饮3~5天，休药期7天。磺胺嘧啶片蛋鸡禁用，可用于育成鸡，每只育成鸡1次内服0.2~0.3克，每日2次，连用3~5天；也可按0.2%混饲3天，或按0.1%~0.2%混饮3天。25%氯羟吡啶预混剂，每千克饲料250毫克混饲3~5天。盐酸二奎宁，每只鸡注射0.25毫升，每日1次，连用6天，疗效较好。氯苯，每千克饲料拌料70毫克，连喂3~5天后，改用每千克饲料添加35毫克，维持用药4天。

29. 如何防治鸡组织滴虫病？

鸡组织滴虫病又名盲肠肝炎、黑头病，是由火鸡组织滴虫寄生于鸡盲肠或肝脏而引起的临床以盲肠发炎、溃疡、渗出物凝固，肝脏表面扣状坏死等为主要特征的一种寄生虫病。该病主要经消化道感染；此外，蚯蚓、蚱蜢、蟋蟀、蝇类等昆虫也可能是带虫者，如果雏鸡误食了这类昆虫，也易被感染。平养雏鸡发病率高，其中2~6周龄的鸡感染率最高，成年鸡多呈隐形感染和带虫者。潜伏期一般为7~12天。

（1）症状。潜伏期内，可见病鸡身体蜷缩、嗜睡，食欲减少或废绝，逐渐消瘦，冠髯苍白，排出粪淡黄色或硫黄色稀粪，严重者带有血液。随着病情的加重，病鸡头部皮肤、鸡冠及肌肉呈现典型的发绀症状，呈紫黑色，故又称“黑头病”。病程1~3周，死亡率为60%左右。

（2）病理变化。病死鸡剖检可见，肝脏肿胀变大，表面有许多溃疡灶或大片的溃疡区，溃疡灶多为圆形铜钱状或不规则形，颜色为黄色或黄褐色，中央凸陷。盲肠肠壁因肿大变得肥厚如香肠一般紧实，肠内渗出物凝固如干酪样栓，其横切面呈同心层状，中心为凝固的黑色血块，外周为灰白色或淡黄色的渗出物和坏死物。急性病例可见一侧或两侧盲肠肿胀、出血、发炎，肠腔有血液。严重病例盲肠黏膜发炎出血，形成溃疡，甚至会发生盲肠壁穿孔引起腹膜炎而死。

（3）防控措施。

1）预防。定期驱虫，除了常规免疫和抗菌药物预防外，还要定期使用驱虫药物驱除盲肠内组织滴虫的传播媒介异刺线虫。可用左旋咪唑，每千克体重25毫克，一次内服。严格做好鸡群的卫生和管理工作，及时清除粪便，定期更换垫料，将粪便等清理物定点堆积发酵，利用生物热杀灭异次线虫病；同时，定期消灭鸡舍内蚯蚓、蚱蜢、蝇类、蟋蟀等昆虫，清除污染源和切断传播途径。此外，利用阳光紫外线照射和干燥环境等物理方法可最大限度地有效减少或杀灭环境中的异刺线虫及虫卵。

2）治疗措施。发病后首先隔离患病鸡只，集中饲养和治疗

病鸡，便于集中处理其粪便垫料等；对病死鸡尸体进行无害化处理。同时，对病鸡所在鸡舍及周围环境进行彻底清洗和消毒，用百毒杀或3%的氢氧化钠消毒，每日1次，连用3天。药物治疗可用甲硝唑，按每吨250～300克混饲，连用7天，产蛋鸡禁用；20%地美硝唑（二甲硝唑、二甲硝咪唑等）预混剂，按每千克饲料500毫克混饲，产蛋鸡禁用，休药期3天。为防止继发感染，可将5%水溶性氟哌酸加入水中2克，让鸡群饮用，也可用阿莫西林、氧氟沙星、氟苯尼考拌料饲喂，连喂5天。同时，饲料中添加维生素 K_3 粉和维生素A以减少盲肠出血，促进病鸡康复。

30. 如何防治鸡蛔虫病?

鸡蛔虫病是由于鸡吞食了感染性虫卵或啄食了携带感染性虫卵的蚯蚓而感染蛔虫引起的一种线虫病。该病不仅影响雏鸡的生长发育，还可导致雏鸡肠道阻塞和死亡。5～12周龄的鸡感染后发病率较高，且病情较重，特别是平养鸡群和散养鸡。

（1）症状。患病鸡生长发育不良，精神萎靡，呆立不动，翅羽下垂，羽毛松乱，冠髯苍白，黏膜苍白，食欲异常，有时排出带血粪便，最后逐渐消瘦和死亡。12周龄以上的鸡抵抗力较强，1年以上的鸡带虫但不发病。

（2）病理变化。剖检可在病死鸡的小肠内见到蛔虫。

（3）防控措施。

1）提高鸡群免疫力。完善饲养管理，日粮营养全面丰富，提高机体抗御力。

2）改善环境卫生。每天清除鸡舍内外的积粪，定点堆积发酵杀灭虫卵。

3）雏鸡与成年鸡应分群饲养。不共用运动场，防止带虫成年鸡感染雏鸡。

4）定期驱虫。有该病流行的鸡场，每年进行2~3次定期驱虫，雏鸡在2月龄左右进行第一次驱虫，第二次在冬季进行；成年鸡的驱虫第一次在10~11月，第二次在春季产蛋季节前1个月进行。

5）改变鸡的饲养方式。最好采取笼养或网架饲养。

6）药物预防。在饲料中添加预防量的驱虫药（如0.25%酚噻嗪），长期饲喂。蛋鸡在100~110日龄已由地面或网架上笼的，可在注射液新城疫Ⅰ系苗或新支减流四联苗的当天或次日服用1次左旋咪唑，使带虫上笼的鸡体内净化，同时又有免疫增效作用。

7）治疗措施。驱蛔灵，每千克体重250毫克拌料1次投喂；或禁食禁水一夜，配成1%的水溶液让鸡在12小时内饮完。驱虫净按每千克体重40~60毫克逐只病鸡灌服或混料饲喂。也可用内服左旋咪唑，25毫克/千克，或拌料饲喂。丙硫咪唑按每千克体重25毫克1次口服。也可用阿苯达唑、丙氧咪唑、甲苯达唑、噻苯唑、硫化二苯胺等药物治疗。

31. 怎样防控鸡痛风？

鸡痛风是由于嘌呤代谢障碍，血液中的尿酸盐不能及时排出体外而引起的高尿酸血症，临床上以消瘦、衰弱、运动障碍、腹泻等为特征。造成鸡痛风的发病原因主要有：饲料中嘌呤类蛋白含量过高和（或）钙含量过高；饲料中维生素A不足、饮水不足、通风不良等因素；长期或过量使用磺胺类药物；某些疾病如传染性法氏囊病、肾型传染性支气管炎、球虫病、鸡白痢、组织滴虫病等引起肾脏功能障碍等。2~4月龄的后备母鸡患病较多。根据症状分为内脏型和关节型两种类型。

（1）症状。内脏型为慢性经过，患病鸡食欲下降，冠髯苍白萎缩，贫血，脱羽，排淀粉糊样稀粪，含大量白色尿酸盐；蛋

鸡产蛋率下降；有的发生啄癖。关节型病鸡的腿、翅关节肿胀，尤以趾、跗关节肿胀明显，跛行，无法站立。

（2）病理变化。

剖检见病死鸡身躯消瘦，眼结膜瘀血、分泌物多，冠干瘪；腹腔、内脏表层有白色尿酸盐覆盖；肝微肿，质脆硬，呈紫红相间的"花肝"；胆囊充盈，胆汁浓；肾肿大，呈"花斑肾"，输尿管肿大，内有大量尿酸盐沉积。

（3）防控措施。

1）供给营养均衡的日粮。给予种母鸡均衡全面的营养，以生产健康合格的雏鸡。育雏和育成阶段不饲喂高钙和高蛋白饲料，提供丰富的维生素A，提供充足清洁的饮水。

2）保护鸡的肾脏不受损伤。加强饲养管理，预防鸡群患各种易引起肾脏损伤的疾病。在使用抗生素时，注意不要长期使用损伤肾脏的药物。

3）查明病因，及时纠正。改善饲养管理，减少富含嘌呤类蛋白的日粮。蛋雏鸡与青年鸡饲料中饼粕和鱼粉合计不能超过28%，如引起痛风，可将其暂降至15%左右，用麸皮补足空额，经7～10天病情明显好转后，再恢复正常的饲料配方。个别鸡发生痛风时不要轻易改变全群鸡的饲料配方，以免影响产蛋和增重。改变饲料尤其是钙、磷的配合比例，供给富含维生素A的饲料或于饲料中掺加沙丁鱼粉或少许新鲜牛粪（其含维素B_{12}），供给充足的饮水等措施，可降低本病的发病率。

（4）治疗措施。用适量肾肿解毒药、口服补液盐等加入水中让鸡自饮或喂服，重症鸡可人工灌服，每天1～2次，连用3～4天。同时在饮水中加入环丙沙星、氧氟沙星等抗菌药物和5%的葡萄糖，效果更好。用阿托方，每只0.2～0.5克，1次喂服，每天1～2次，连续数日至愈。用苯基辛可宁酸，每只120毫克，1次喂服，连喂数日至愈。用别嘌呤醇每支20毫克1次喂服，连喂几天至愈。也可取适量碳酸氢钠，按2.5%～3%拌入饲料或按0.5%～2%加入饮水中使用，连用几天。

32. 怎样防控鸡中暑?

鸡群在气候炎热、舍温过高、通风不良、缺氧的情况下，因机体产热增加、散热不足所导致的一种全身功能紊乱的疾病，称之为鸡中暑。鸡本身无汗腺，在高温环境下仅能依靠张口呼吸及张开翅膀来散热，因此在闷热潮湿的环境、过大的饲养密度、饮水供应不足、长途密闭运输等情况下鸡极易发生中暑。夏季发生率高，雏鸡和成年鸡均易发生。我国南方地区开放式或半开放式鸡舍较易发生鸡中暑。

（1）症状。症状轻者表现为采食减少，饮水量增多为采食量的3倍，排稀薄粪便；产蛋率下降，一般维持在80%～85%，蛋变小，蛋壳色泽变浅；可见呼吸变快和喘息现象。重症患鸡体温升高，肛温可达43 ℃，胸腹部触感灼热，呼吸、心跳加快，半展双翅，伸颈张口，喘息急促；采食减少或废绝，废食，频繁饮水，排出大量水样便。鸡群出现中暑症状时，常伴有个别或少量鸡只死亡，夜间与午后死亡较多，上层鸡笼的鸡死亡较多。中暑严重的短时间内大批鸡就会神志不清，其中一部分出现死亡。

（2）防控措施：

1）夏季做好防暑降温工作。如搭建防晒网可使舍温降低3～5 ℃，也可在鸡舍前后多种藤蔓植物，让藤蔓爬满屋顶，可遮阳保湿，明显降低舍温；鸡舍安装风扇；饮用清凉井水，少添勤添，保持清凉。

2）保证夜间饮水。产蛋鸡舍安装弱光小灯，夜间使用保证鸡群能正常饮水。高温天气夜间打开弱光灯至天亮，使鸡群在夜间仍能正常饮水，可有效减少夜间中暑死亡。

3）控制喂料。高温天气中午适当控制喂料，不要喂得太饱，

可防止午后中暑死亡。

4）喷雾降温。在鸡头部、背部喷洒纯净的凉水，尤其是午后气温高时每2～3小时喷1次。病情危急时，将病鸡置于凉爽通风处，用凉水喷浇或浸浴，争取多数能够获救。

5）药物防治。环境温度升高时，鸡对维生素C的需要量增多，夏季应注意补充维生素C，100升饮水添加5～10克，或每100千克饲料加10～20克。若采食量明显减少，最好饮服。同时也要注意添加维生素E与B族维生素，可提高产蛋性能，蛋壳质量较好，抑制多饮多泻，并增强免疫抗病力。舍温在34℃以上时可在饲料中加0.3%碳酸氢钠，或于饮水中加0.1%碳酸氢钠，日夜饮服，对防止中暑死亡有显著效果。若自配饲料，可减少食盐用量，增加碳酸氢钠在饲料中的比例到0.4%～0.5%，或在饮水中加到0.15%～0.2%。在饮水中加0.3%氨化铵，24小时饮服，疗效较好。

33. 怎样防控鸡黄曲霉毒素中毒？

鸡因采食被黄曲霉菌、毛霉菌、青霉菌等真菌及其代谢产物污染的饲料，引起急性或慢性肝中毒、腹水、全身性出血、消化功能障碍和神经症状等临床症状，这种中毒病称之为鸡黄曲霉毒素中毒。

（1）症状。急性病例常无故突然死亡。病程稍长中毒鸡表现为精神萎靡、嗜睡、体弱无力、冠髯苍白、逐渐消瘦、腹泻、排带血便、鸣叫、运动失调，重者跛行，死前出现抽搐、角弓反张等神经症状。育成期和产蛋期鸡一般为慢性中毒，羽毛蓬乱，食欲减退，开产延迟，产蛋量减少，蛋形小，蛋的孵化率降低；中毒后期出现伸颈，张口呼吸，昏睡，直至死亡。

（2）病理变化。部检急性中毒死亡的雏鸡可见，肝脏肿大，颜色呈黄白色，表面有出血斑点；胆囊扩张；肾脏苍白，稍肿大；胸部皮下和肌肉出血。成年鸡慢性中毒时，可见肝脏变黄，逐渐硬化，体积缩小，表面有白色点状或结节状病灶；心包和腹腔有积液；小腿皮下有出血点。中毒时间超过1年以上，中毒鸡可形成肝癌结节。

（3）防控措施。

1）预防饲料被黄曲霉毒素污染。日常加强饲料保管和防霉工作，保持干燥、通风良好，尤其在温暖多雨的谷物收割季节更要注意防霉。若饲料仓库已被黄曲霉菌污染，最好用福尔马林熏蒸或用过氧乙酸喷雾消毒，将霉菌孢子彻底杀灭。此外，所有可能被该类毒素污染的用具、鸡舍、地面，用2%次氯酸钠全面消毒。

2）治疗措施。立即停喂霉变饲料，更换新鲜优质饲料。饲料和饮水中加入制霉菌素、葡萄糖、维生素C、电解多维等，促进鸡群恢复健康。每只5～10克硫酸钠或每只5克硫酸镁，1次内服，并给予大量饮水。急性中毒鸡每只鸡1次喂给10毫升5%葡萄糖，效果较好。用制霉菌素3万～4万单位混于饲料中1次喂服，连喂1～2天。由于黄曲霉毒素比较稳定，加热煮沸均不能使之分解，故中毒死亡鸡、粪便排泄物等要集中销毁或深埋，鸡肉不能食用，防止造成二次污染。

34. 怎样防控鸡群啄癖症？

啄癖又称异食癖，是由于鸡群饲养管理不当、鸡体内营养缺乏或营养代谢功能紊乱、疾病等原因引起的多种疾病的总称。类型主要包括啄羽、啄肛、啄蛋、啄趾、啄头、啄冠、啄磷癖等。各种年龄的鸡都会发生啄癖症，一般雏鸡发生率高，笼养鸡发生较多。

（1）发病原因。①营养失调。特别是饲料中缺乏含硫氨基酸、矿物质和某些维生素时，易诱发啄癖。②饲养管理不当。光

线过强，密度过大，产蛋箱狭小，鸡舍环境闷热、潮湿、通风不良，捡蛋不及时，不同日龄的鸡混养等，都会引起啄癖。③疾病。鸡只体表出现创伤，患脱肛和腹泻疾病以及患寄生虫病时，均易诱发啄癖。④激素。⑤蛋鸡开产前血液中雌激素和孕酮水平增高，公鸡雄激素增高，都可使啄癖倾向增强。

（2）防控措施。

1）断喙。断喙是减少各种啄癖的一项重要措施，虽然不能完全阻止啄癖，但能显著减少啄癖。出现啄癖现象后，要尽快查明原因，对症防治。

2）产蛋鸡啄肛癖的防控。产蛋鸡啄肛多发生在中午时分，可采取让鸡群饮用1%食盐水的方法来制止啄肛，从上午10时到下午1时共饮用3小时，连用3~4天。盐水浓度必须掌握准确，饮用时间不能超过3小时，到时间后撤换未饮完的盐水，以防食盐中毒。

3）雏鸡啄肛、啄肉癖的防控。啄肛和啄肉癖主要袭击部位是肛门、尾尖和腰背部，24小时都可发生，白天更严重。该类啄癖发生时，首先立即降低雏鸡的饲养密度，将光照调暗，白天适当采取遮光措施，只要不影响常采食饮水即可；被啄受伤的雏鸡，在伤口涂上紫药水或废机油，能有效防止继续被啄；添加饲喂多种维生素与微量元素，或饮水中加0.2%蛋氨酸，连用1周左右；若啄避严重，可连续3天在啄癖最严重的时间段，给雏鸡1%的盐水，连饮3小时撤换。盐水浓度严格控制，不能高于1%，也不能低于0.9%，3小时饮用时间也不能延长；如发现雏鸡拉稀粪，应立即停用此法。

4）啄羽癖的防控。啄羽癖的表现是鸡只啄食其他鸡只的羽毛，致使被啄鸡腰背变秃，皮肤裸露。一旦发生啄羽癖，可让鸡群饮用添加0.2%蛋氨酸的水，饮用5~7天后，改为饲料中加0.1%蛋氨酸，连用1周；育成期饲料中麸皮含量应在10%以上，鸡群密度要适宜，定期驱虫；饲料中添加1%干燥硫酸钠（元明粉），连喂5～7天，再改为0.3%的添加量，接着喂1周；注意用量和使用时间都不可随意改变，用后粪便会稍稀，太稀时应停用，以防钠中毒；也可在饲料中加2%～2.5%生石膏粉，连喂5～7天。

5）啄趾癖的防控。啄趾癖偶而发生于幼雏，主要原因是灯泡安装位置太低、光线太亮，光线照射到幼雏脚趾的血管上，其他雏鸡误以为是小虫，发生啄食行为。应及时消除诱因，灯泡位置调整合适，光线不能太亮。

6）啄蛋癖的防控。笼养蛋鸡少见，多见于平养蛋鸡。鸡笼变形也易发生。维修鸡笼就可制止啄蛋；平日及时捡蛋，以免蛋被踩破或打破而被鸡啄食；同时要提供营养丰富全面的日粮，保证蛋白质、维生素和矿物质的供给。

35. 怎样防控笼养蛋鸡水样腹泻?

笼养蛋鸡受笼养环境局限，缺乏运动，在产蛋初期饲料含钙量骤然升高、炎热高温等应激因素作用下，常因饮水过量而导致腹泻，轻者粪便稀薄，严重时水泻不止，笼下粪液横流，这种情况被称为笼养蛋鸡水样腹泻。

（1）症状。笼养蛋鸡水样腹泻与细菌性、病毒性下痢不同，中轻度腹泻持续时间久，鸡群的精神、采食、产蛋量及蛋壳色泽正常，粪便虽稀并无黄绿等异常颜色及恶臭，抗菌药治疗无效；严重腹泻可引起电解质失衡、肠内菌群失衡、饲料利用率降低、诱发肠道细菌性感染以及脱肛啄肛等。

（2）防控措施。

1）饲喂预混料时，不宜另加鱼粉，否则会使饲料含盐偏高，致使鸡群多饮多泻。

2）在鸡群18～30周龄时添加优质多维素，每500千克饲料

中添加100克，尤其要保证维生素A的供应，以维护使肾小管上皮细胞完整和肾脏排泄功能正常，防止尿酸盐沉积，以免因此加重腹泻。

3）夏季饮水最好用井水，少喂勤添。水温低，鸡的饮水量相应较少。

4）腹泻严重时，可酌用收敛吸附剂来减轻症状，如腐殖酸钠或中药制剂等；也可用微生态制剂，如益生素等。

5）鸡群长期腹泻诱发肠道细菌性感染时，排出带臭味的黄绿粪便，可适当使用抗菌药，如乙酰甲喹与氟哌酸混合拌料或饮水、甲砜霉素饮水等，连用3~4天。

6）服药期间腹泻可能明显减轻，但停药后仍会腹泻，因此，尽量从蛋鸡福利的角度改善笼养蛋鸡的饲养环境，降低饲养密度，增加活动量，以减少该病的发生。

九、蛋鸡高产经营管理技术

1. 蛋鸡生产成本主要包括哪些内容?

加强鸡场经营管理和成本核算，是获得最大经济效益的有效途径。蛋鸡生产成本的主要内容及其常见比例见表9－1和表9－2。

表9－1　0～20周龄育雏、育成鸡成本构成比例（100%）

主要内容	雏鸡费	饲料费	工资福利费	防疫医药卫生费	运输费	折旧费	维修费	水电与燃料费	低值易耗品费	企业管理费
所占比例	20%	67%	3%	2.5%	1%	2.25%	1.23%	2%	0.35%	0.4%

表9－2　产蛋鸡成本构成比例（100%）

主要内容	购24周龄青年蛋鸡费	饲料费	工资福利费	防疫医药卫生费	运输费	折旧费	维修费	水电与燃料费	低值易耗品费	企业管理费
所占比例	22%	70.7%	2%	1.2%	0.5%	1%	1%	1.1%	0.2%	0.3%

2. 蛋鸡生产预测的内容和方法是什么?

（1）预测内容。

1）成本预测。蛋鸡生产成本主要由原材料、劳动力、固定资产折旧等构成，应通过市场调查分别进行预测，包括预测单位成本。

2）市场需求预测。鸡场产品（如肉、蛋、雏）属非生存必需品。这类产品的需求量弹性比较大，它往往随着产品的价格、质量、品种和消费对象的收入水平、消费结构等因素的变化发生。应根据消费者购买力、消费结构、消费水平、消费习惯等因素来预测蛋鸡产品的需求量。

3）销售量预测。根据销售趋势（时间序列）或市场因素（如价格、收入水平等）的变化来估算。

4）市场占有率预测。是对蛋鸡产品在市场上竞争能力的预测。

（2）预测方法。预测的基本原则："以销定产，产销平衡"。

1）定性预测。又叫判断预测，是指预测者根据已有资料，依靠个人的经验和分析能力，对生产经营情况、未来的变化趋势做出的判断。本法简单适用，费用不大，得到广泛的应用。方法主要有经验判断法、集体判断法、专家意见调查法、主管概率调查法、客户意见法等。

2）定量预测法。根据各种统计资料和数据，运用数学方法来进行分析，找出市场需求规律，然后做出判断。本法比较客观，可以消除主观偏差，但对一些非定量的经营因素难以做出精确的定量估计。方法主要有简单的平均法、平移平均法、指数平滑法、季度变动预测法、因果预测法等。

3. 蛋鸡生产经营决策的内容、程序及方法分别是什么？

（1）决策内容。①生产经营方向决策：即确定鸡场是生产蛋鸡或蛋种鸡等。②生产经营目标决策：是指鸡场在一定时期内的生产经营活动中应该达到的水平和标准。主要包括贡献目标、市场目标和利益目标。③生产经营技术决策：物质技术设备以及生产技术和方法的选择、设备更新、技术改造及职工的技术水平等，都直接关系到鸡场的前途。④组织决策：包括生产组织机构的设立、技术力量的配备、职工的安排等。⑤财务决策：包括扩大生产能力的投资决策，产品定价和降低产品成本的决策，加速资余周转、提高盈利水平的决策等。

（2）决策程序。①提出问题。②搜集整理资料。③确定决策目标。④设计各种可行方案的评价。⑤可行方案的评价。⑥执行鸡场生产经营决策。⑦跟踪检查。

（3）决策方法。①确定型决策方法：对未来情况能准确掌握时采用这种决策方法。具体方法主要有线性规划法和盈亏临界点分析法。②风险型决策法：又叫随机状态决策，决策者没有完全掌握与决策有关的自然状态信息，通过充分考虑几种可能发生的自然状态及其概率做出的决策，有一定风险。③不确定型决策方法：决策者没有掌握与决策有关的自然状态信息而做出的决策。主要靠主观判断，具体又可分为等概率法、悲观法和乐观法。

4. 什么是蛋鸡生产信息化管理技术？

随着我国蛋鸡规模化和产业化生产的发展，一些规模化蛋鸡场已经开始使用蛋鸡生产信息化管理技术进行管理，这项技术包括生产信息管理系统和自动化监控系统，主要用于蛋鸡场生产管理全过程，承担信息的收集、显示、存贮、传送等功能；应用这项技术，管理者能通过计算机实时监控生产现场，及时了解企业生产管理情况，为企业决策提供依据。目前这项技术已经在部分规模化蛋鸡场得到应用，取得了良好成效。

（1）生产信息管理系统。

1）生产信息管理系统的构成。生产信息管理系统集成多个应用软件，分布于规模化蛋鸡场生产管理全过程，具有网络化、

管理控制一体化的特点，一般根据规模化蛋鸡场生产管理的要求，分成不同的功能模块，功能模块主要包括鸡场概况、养殖动态、投入品管理、疾病与防疫、产品品质、蛋品处理、无害化处理报表统计和系统管理等。

2）生产信息管理系统的功能。系统利用计算机系统和网络平台等技术，在数据库管理系统的支持下，通过应用程序承担信息的收集、处理、加工、传送、存贮、显示及记录等作用，对蛋鸡场的生产情况，蛋鸡饲养过程中的各种变化，包括蛋鸡生长、产蛋、饲喂、鸡群变化、环境控制、免疫、用药等数据进行记录和编辑。

3）生产信息管理系统的优势。生产信息管理系统对任何一个环节的生产数据按不同时期或阶段进行统计、制表及图形分析，可及时为管理者和技术员评价生产趋势，解决生产中存在的问题提供科学依据，更好地为蛋鸡场的生产制定精细化的管理措施和科学的决策，达到降低生产成本、投高生产效率的目的。

（2）自动化监控系统。

1）自动化监控系统的构成。自动化监控系统包括环境监控、移动设想和远程传输三部分，整个系统由机器视觉、人工智能技术、单片机技术、图像处理技术和计算机技术集成。

2）自动化监控系统的功能。以鸡舍或生产车间为单位建立监视、监听、检测和自动化控制的智能测控端，各测控端通过转化器连接监控计算机。该系统的应用，实现了鸡舍现场的实时监视，包括温度、湿度、氨气浓度的环境参数的采集，对鸡舍产蛋和鸡群状况的监测，鸡舍温度、通风喂料的自动化控制、移动摄像监视以及远程图像传输和设备故障报警等。

3）自动化监控系统的优势。自动化监控系统的安装与使用，可降低养殖场的生产和管理成本，提高养殖场的整体防疫水平，提高养殖场的综合经济效益。首先减少了人员进出鸡舍的频率，降低了鸡群应激和疫病发生的可能性，提高了鸡舍的免疫水平，更有利于鸡群优良生产性能的发挥；其次养殖场管理人员在办公室就可以随时观察生产现场状况，对鸡舍出现的各种情况做出及时处理，使现场管理更加有效；此外，用户不进入鸡场就可了解到生产一线的具体信息。

5. 如何编制鸡场蛋鸡群的饲养周转计划?

（1）编制育雏育成鸡群周转计划。根据蛋鸡入笼时间和入笼数量进行编制。进雏数量 = 入舍母鸡数 ×（1 + 育雏育成期死淘率 + 公雏率），如果育雏育成期死淘率按 8% 计算，则育雏育成鸡群周转计划见表 9－3。

表 9－3　育雏育成鸡周转计划

批次	购入		育成		成活率（%）
	月份	数量（只）	月份	数量（只）	
1	9 月	10 800	1 月	10 000	92
2	2 月	10 800	5 月	10 000	92
3	5 月	10 800	9 月	10 000	92
4	9 月	10 800	1 月	10 000	92

（2）编制蛋鸡群周转计划。如果鸡场有 3 栋蛋鸡舍，1 栋育雏育成舍，每栋可以入舍 10 000 只新母鸡，月计划死淘汰 100 只，120 日龄入蛋鸡舍，72 周龄淘汰。一般安排在月底淘汰，淘汰后空舍 10 天清理消毒再入鸡。蛋鸡群周转计划见表 9－4。

表 9－4　蛋鸡群周转计划

月份	栋号			合计
	1	2	3	
1 月	10 000	8 800	9 200	

续表

月份	栋号			合计
	1	2	3	
2 月	9 900	8 700	9 100	
3 月	9 800	8 600	9 000	
4 月	9 700	8 500	8 900	
5 月	9 600	10 000	8 800	
6 月	9 500	9 900	8 700	
7 月	9 400	9 800	8 600	
8 月	9 300	9 700	8 500	
9 月	9 200	9 600	10 000	
10 月	9 100	9 500	9 900	
11 月	9 000	9 400	9 800	
12 月	8 900	9 300	9 700	
合计				

6. 蛋鸡养殖场的利润考核指标有哪些?

（1）销售利润及销售利润率。

销售利润 = 销售收入 − 生产成本 − 销售费用 − 税金

销售利润率 = （产品销售利润 ÷ 产品销售收入） ×100%

（2）营业利润及营业利润率。

营业利润 = 销售利润 − 推销费用 − 推销管理费

企业的推销费用包括接待费、推销人员工资及差旅费、广告宣传费等。

营业利润率 = （营业利润 + 产品销售收入） ×100%

（3）产值利润及产值利润率。

产值利润 = 产品产值 − 可变成本 − 固定成本

产值利润率 = （利润总值 ÷ 产品产值） ×100%

(4) 经营利润及经营利润率。

经营利润 = 营业利润 ± 营业外损益

营业外损益是指与企业的生产活动没有直接联系的各种收入或支出。例如，罚金、由于汇率变化影响到的收入或支出、企业内事故损失、积压物资削价损失、呆账损失等。

经营利润率 = （经营利润 ÷ 产品销售收入） ×100%

(5) 衡量一个企业的赢利能力。利润是资金周转一次或使用一次的结果。资金周转的衡量指标是一定时期内流动资金周转率。企业的销售利润和资金的周转共同影响资金利润高低。

资金周转率 = （年销售总额 ÷ 年流动资余总额） ×100%

7. 如何确定鸡场的劳动定额?

劳动定额指在一定的劳动条件下，一个中等技术水平的普通劳力在不影响其身体健康的前提下所能承担的劳动量。经营者必须从计划饲养规模，设计棚舍、设施以及布局等基建工作开始考虑，才能实施一个比较理想的劳动定额。劳动定额不可能也不应当一成不变，应从实际出发，随时修订和完善。一般鸡场的劳动定额见表 9－5。

表 9－5　一般鸡场的劳动定额

工种	工作内容	一人定制（只）	工作条件
蛋鸡 1 ~ 49 日龄	饲养管理，第一周值夜班，注射疫苗	3 000	四层笼养，人工加温，辅助免疫
蛋鸡 50 ~ 140 日龄	饲养管理	6 000	三层笼养，自动饮水，人工喂料
1 ~ 140 日龄一段育成	饲养管理	6 000	网上或笼养，自动饮水，机械喂料，机械刮粪

续表

工种	工作内容	一人定制（只）	工作条件
蛋鸡笼养	饲养管理	5 000 ~ 10 000	人工喂料、捡蛋、清粪
		7 000 ~ 12 000	机械喂料，机械刮粪或一次清粪
蛋鸡笼养（祖代减半）	饲养管理，人工授精	2 000 ~ 2 500	自动饮水，不清粪
孵化	由种蛋到出售鉴别雏鸡	10 000 个	蛋车式、全自动孵化器
清粪	人工笼下清粪	20 000 ~ 40 000	清粪后人工运至 200 米左右

8. 如何进行鸡场的投资概算和效益预测？

（1）投资概算。

1）固定投资。包括建筑工程的一切费用（设计费用、建筑费用、改造费用等），购置设备发生的一切费用（设备费、运输费、安装费等）。

2）流动资金。包括饲料、药品、水电、燃料、人工费等各种费用，并要求按生产周期计算流动资金（产品产出前使用）。

3）不可预见费用。主要考虑建筑材料、生产原料的涨价，其次是其他变故损失。

（2）效益预测。按本场产品销售量和售价进行预期效益核算。常用静态分析法。主要指标公式：

投资利润率 =（年利润 ÷ 投资总额）×100%

投资回收期 = 投资总额 ÷ 平均年收入

投资收益率 = [（收入 - 经营费用 - 税金）÷ 投资总额] ×100%

9. 何时淘汰鸡群最合适?

产蛋鸡群产蛋率达到一定水平时，正好收支平衡，产蛋率高于这个水平就盈利，低于这个水平就亏本，通常把这个水平叫作盈亏临界产蛋率。产蛋高峰过后，产蛋率下降到盈亏临界率时，就必须将鸡淘汰，淘汰过晚就会亏本。

盈亏临界产蛋率 = （饲料价格/鸡蛋价格） ×［（每只鸡每天耗料量 × 每千克鸡蛋的个数） ÷ 本批鸡饲料费占总成本的百分比］ ×100%

10. 如何做好鸡蛋的销售?

1 千克鸡蛋多卖 1 角钱是很现实的问题，可以提高养殖户的规模利润，增强农户养鸡的积极性，但目前鸡蛋销售的现实是：个体经营的养鸡户由于缺乏走进市场的能力，常常处于被动状态，有时还会出现卖蛋难的问题，可从如下几个方面来把握：①选择适宜的分销渠道，减少中间环节，尽快投入市场。②农户组织起来，建立销售网络，要从产品生产、价格、当地消费现状、产品销售到售后服务、其他企业经营销售状况等进行详细调查、分析，结合自身特点，找出成功的因素，建立自己的销售网络，并加以完善。③突出地方特色，树立品牌意识。④农户的销售技巧、讨价还价能力也影响销售价格。

11. 如何使蛋鸡场综合效益得到有效提高?

（1）正确决策。科学决策是企业领导的首要职责，它来源于准确地把握各类信息，对市场进行正确预测，包括引种计划、鸡群淘汰及周转计划等；进行及时分析，果断处理，这直接关系到鸡场经济效益的实现。

（2）树立品牌意识。蛋鸡生产成败的关键，一方面是科学

的饲养管理，另一方面是针对消费需求，打造生产品牌。

（3）投资适度。适度投入，以销定产，切忌盲目而上和贪大求多，只有这样，鸡场才能稳步发展。

（4）强化经营管理。强化产、供、销一体化的经营管理，制订严密的产销计划和措施，协调各环节之间的产品价格和利益关系，组织相应的技术服务手段，有利于降低产品的成本，提高产品质量和增强市场竞争力。

（5）引进良种。农户要选择既要适合市场销售又能适应本地和自身饲养条件的鸡种，这样就可在不增加任何投资的条件下，增加10%～15%的收益。

（6）科学配制效益最佳的饲料。同料配方应结合鸡群条件与管理方式，考虑环保要求科学地配制效益最佳的饲料。

（7）提高房舍及养鸡设备的利用率。房舍和设备投资是固定的，如果鸡舍饲养量不足，每只鸡的饲养成本就相应增加，经济效益降低。

（8）生产适销对路的产品。在对市场进行重复调查论证的基础上压缩原有品种数量，适量引进某一时期更具有竞争力的新品种，在市场中走出一条“你无我有，你有我优，你优我转”的生产经营之路。

（9）加强疫病监控防疫体系。制定切合实际的免疫程序，使用经过验证、质量可靠的疫苗，按科学程序进行防疫、建立疫病定期监控制度，认真完善消毒和卫生，加强疫病监控防疫体系建设，提高蛋鸡单产水平。

（10）充分利用副产品。对鸡粪综合利用是养鸡的一项重要收入，不仅能提高养鸡的经济效益，而且可形成多层次结构模式和物质多级利用的良性循环，促进畜牧业的可持续发展。

12. 蛋鸡场需要制定哪些岗位管理规章制度？

建立健全岗位管理规章制度是搞好蛋鸡养殖工作的关键，要从实际出发，不流于形式。养鸡场管理制度应包括如下内容：技术人员岗位责任制，班组长岗位责任制，饲养员岗位责任制，交接班制度，班组长安全职责，岗位工人安全职责，安全用电管理规定，安全使用天然气管理规定，标准化现场、标准化岗位、标准化班组制度，育雏质量负责制，安全操作规程，卫生防疫制度，鸡群免疫程序，喂料、饮水、光照控制程序等。

参 考 文 献

[1] 白元春，刘长春．蛋鸡养殖主推技术［M］．北京：中国农业科学技术出版社，2013.

[2] 孙卫东，朗应仁．蛋鸡高产养殖技术问答［M］．福州：福建科学技术出版社，2012.

[3] 尤明珍，杨荣明．蛋鸡无公害饲养200问［M］．北京：中国农业出版社，2006.

[4] 郑成江，潘振亮．蛋鸡经营管理与保健问答［M］．天津：天津科技翻译出版公司，2012.

[5] 马秋刚，计成．科学自配蛋鸡饲料［M］．北京：化学工业出版社，2012.

[6] 高玉鹏，黄建文．蛋鸡健康养殖问答［M］．北京：中国农业出版社，2008.

[7] 陈宗刚，倪印红．果园、山林高效益散养土鸡技术问答［M］．北京：科学技术文献出版社，2012.

[8] 魏刚才，刘保国．现代实用养鸡技术大全［M］．北京：化学工业出版社，2010.

[9] 王凤山，陈余．散养蛋鸡实用养殖技术［M］．北京：中国农业科学技术出版社，2012.

[10] 全国畜牧总站．蛋鸡标准化养殖技术图册［M］．北京：中国农业科学技术出版社，2012.